普通高等教育网络空间安全系列教材

隐私保护技术实验教程

主　编　殷丽华　孙　哲　何媛媛
副主编　孙　燕

科 学 出 版 社
北　京

内 容 简 介

“隐私保护技术”是一门综合运用现有安全技术解决实际场景中隐私问题的课程，它不仅拥有自身特有的隐私保护理论知识，如匿名化技术、差分隐私等，还涉及密码学、访问控制、数字水印等众多其他信息安全技术。本书分别为*k*-匿名模型、差分隐私、可搜索加密、安全多方计算、深度学习、多媒体服务、访问控制、隐私侵犯行为的取证与溯源等知识单元设计了8个实验项目。每个实验项目包含实验内容、实验原理、核心算法示例、应用案例、讨论与挑战、实验报告模板等，内容全面、可操作性强。

本书可作为网络空间安全学科研究生的实验指导用书，也可作为网络空间安全专业高年级本科生的选修教材，还可以作为相关学科研究人员的参考用书。

图书在版编目（CIP）数据

隐私保护技术实验教程 / 殷丽华，孙哲，何媛媛主编；孙燕副主编. —北京：科学出版社，2022.10

普通高等教育网络空间安全系列教材

ISBN 978-7-03-072912-5

Ⅰ. ①隐…　Ⅱ. ①殷…　②孙…　③何…　④孙…　Ⅲ.①计算机网络－隐私权－安全技术－高等学校－教材　Ⅳ. ①TP393.08

中国版本图书馆 CIP 数据核字（2022）第 148734 号

责任编辑：潘斯斯 / 责任校对：王　瑞

责任印制：张　伟 / 封面设计：迷底书装

科 学 出 版 社 出版

北京东黄城根北街 16 号

邮政编码：100717

http://www.sciencep.com

涿州市般润文化传播有限公司 印刷

科学出版社发行　各地新华书店经销

*

2022 年 10 月第　一　版　开本：787×1092　1/16

2023 年　1　月第二次印刷　印张：12 1/4

字数：304 000

定价：55.00 元

（如有印装质量问题，我社负责调换）

前　言

隐私保护技术是网络空间安全领域中的重要分支，其核心是利用技术手段维护公民自身的隐私权利，包括个人信息的保密权、个人生活不受干扰权和私人事务决定权。近年来，隐私泄露事件频发，隐私保护技术在国内外研究机构和高校中受到了高度重视。研究者们针对各类隐私保护技术开展了大量的研究，如今隐私保护技术已成为一个门类较为齐全的学科方向。

随着《中华人民共和国数据安全法》《中华人民共和国个人信息保护法》等法律法规的正式实施，各行各业都在完善自身数据安全和隐私保护的技术标准，不少高校也开设了隐私保护相关的理论和实验课程。现有隐私保护方面的图书大多偏重理论概念和学术前沿，缺少系统深入的实践指导，尤其缺少隐私保护技术相关实验和实践的指导教材。本书依托于广州大学“方滨兴院士网络空间安全实验班”（简称“方班”）的实验教学经验和材料，旨在为学习隐私保护技术的学生和研究人员提供切实有效的实验指导。

本书采用技术与实际应用案例相结合的方式组织内容：在每个实验中，读者可以先了解该项隐私保护技术的预备知识，再通过动手实践了解技术的运行原理，最后将该技术运用在实际案例中，实现“学—做—用”的知识学习应用闭环。

本书内容全面，涵盖了隐私保护的数据发布、数据交互、数据处理和数据管理等多个技术领域，并设计了8个与现实场景紧密相关的实验案例。读者可在了解隐私保护中k-匿名模型、差分隐私、可搜索加密、安全多方计算、深度学习、多媒体服务、访问控制、隐私侵犯行为的取证与溯源等关键技术的基础上，通过动手实验掌握隐私保护的核心知识。

本书内容共9章。第1章为绪论，介绍本书涉及的隐私保护技术实验所需的实验环境、实验设备、安装步骤和基本实验操作，使读者对隐私保护工程技术有初步的认识。

第2、3章选取了隐私保护数据发布的两个经典方法——匿名化技术和差分隐私方法，通过复现k-匿名算法和拉普拉斯噪声生成机制，结合位置隐私保护和医疗数据库隐私保护案例，帮助读者理解隐私数据脱敏机理。

第4、5章安排了两个基于密码学的数据保护方法——可搜索加密和安全多方计算，结合电子病历密文搜索和封闭式电子拍卖场景，让读者通过密码学方法实现隐私数据的查询和匹配操作。

第6、7章围绕数据处理中常用到的机器学习技术，设计了深度学习隐私保护和多媒体服务隐私保护两个实验，通过实现深度学习模型参数隐私保护和社交应用中视频隐私保护两个案例，培养读者熟悉新技术和利用新技术进行隐私保护的思维。

第8、9章涵盖了隐私信息管理过程中的基于访问控制的隐私保护、隐私侵犯行为的取证与溯源等方面，通过对多主体的隐私策略进行分析，设定规则消除冲突，利用数字水印技术记录隐私信息操作行为，为溯源和取证提供支撑。

本书在方滨兴院士的指导下，主要由殷丽华教授、孙哲副教授、何媛媛博士、孙燕博士完成，是“方班”多年在隐私保护实验教学方面的积累。在编写过程中，得到了李丹、张美范老师和陶富强、林思昕、李雨婷、操志强、谭新宇、万俊平、刘帅、罗天杰、冯纪元等硕士研究生的协助，他们为本书的实验资料采集、实验图片整理、实验步骤校对、实验验证做了大量细致的工作，在此表示衷心的感谢。感谢科学出版社的大力支持，感谢为本书出版付出辛勤劳动的工作人员。

本书的出版得到了广东省高等教育教学研究和改革项目“人工智能方向应用型人才创新能力培养模式研究与实践”、国家自然科学基金“多模态学习中的隐私关联泄露模型与保护机制研究”（62002077）的支持和资助。

本书旨在为读者提供隐私保护技术的入门实验指导案例，但由于涉及的领域种类繁多、知识面广，且作者水平有限，书中难免存在疏漏，敬请各位读者批评指正。

殷丽华

2022 年 1 月

目　　录

第1章　绪　　论

1.1　引　　言

大数据是信息技术发展的必然产物，更是信息化进程新阶段的标志，它的发展推动了数字经济的形成与繁荣。当前，我国正在进入以数据的深度挖掘和融合应用为主要特征的智能化阶段。在“人机物”三元融合的大背景下，以“万物均需互联，一切皆可编程”①为目标，数字化、网络化和智能化呈融合发展新态势。近年来，数据规模呈几何级数高速增长。据国际数据公司（IDC）的报告，2020 年全球数据存储量达到 44ZB（10^{21} B），到 2030 年将达到 2500ZB。作为人口大国和制造大国，我国的数据产生能力巨大，大数据资源极为丰富。随着数字中国建设的推进，各行业的数据资源采集、应用能力不断提升，将会更快地积累更多的数据。

然而，大数据作为战略资源发展迅速，大数据应用存在安全与隐私的风险日益凸显。个人数据正在不经意间被企业、他人搜集并使用。企业可以通过数据挖掘和机器学习等技术从用户数据中获得大量有经济价值的信息。这些数据一旦泄露，将会给用户的隐私带来极大的危害。自大数据行业诞生以来，已经发生了多起隐私泄露事件。其中，一类是大规模用户信息因保护不当造成的隐私泄露，如美国马萨诸塞州医疗隐私信息泄露事件。该州为推动公共医疗研究，发布了政府雇员的医疗数据，尽管删除了敏感信息，如姓名、身份证号和家庭住址等，依然被攻击者通过性别、出生日期和邮编等信息确定出某公民的医疗记录。另一类是针对单一用户的隐私攻击案例。例如，2010 年，一名中国网友根据某用户的微博、谷歌地图和简单的地理常识，在 40min 内推断出该用户的家庭住址。除了上述几个典型的用户隐私泄露事件，大数据行业带来的整体性变革使得个体用户很难对抗个人隐私被全面暴露的风险，只要用户使用智能手机、上网购物或参与社交媒体互动，就需要将自己的个人数据提供给服务商以换取服务。更为复杂的是，经过多重交易和第三方渠道的介入，个人数据的权利边界变得模糊不清，公民的个人隐私保护遇到了严峻的挑战。

面对频发的隐私泄露事件，人们对隐私保护的认识在不断提升，个人信息隐私保护的立法也不断完善。欧洲联盟（简称欧盟）对于侵犯个人数据行为的处罚措施十分严格，2018 年 5 月欧盟颁布了《通用数据保护条例》（GDPR），该条例界定了个人信息的范围，并明确提出信息安全管理和评估方面的要求，对违法企业的罚金最高可达 2000 万欧元或者其全球营业额的 4%，以高者为准。在我国，2016 年 11 月颁布了《中华人民共和国网络安全法》，其中明确规定了网络运营者应当对其收集的用户信息严格保密，并建立健全用户信息保护制度；2021 年 6 月颁布了《中华人民共和国数据安全法》，其中规定了任

---

① 梅宏，曹东刚，谢涛. 泛在操作系统：面向人机物融合泛在计算的新蓝海. 中国科学院院刊, 2022, 37(1): 30-37.

何组织、个人收集数据，应当采取合法、正当的方式，不得窃取或者以其他非法方式获取数据；2021 年 8 月颁布了《中华人民共和国个人信息保护法》，对个人信息和个人信息处理有了更加明确的界定，并明确了自动化决策对数据进行处理的基本规则。这些法律对于保护公民的隐私权具有重要意义。

为了保障法律法规的落地，隐私保护技术支撑尤为重要。本书作为信息安全专业的高年级本科生、研究生和隐私保护行业的从业人员的入门实验教程，具体涉及基于 *k*-匿名模型的隐私保护、基于差分隐私的隐私保护、基于可搜索加密的隐私保护、基于安全多方计算的隐私保护、基于对抗训练的深度学习隐私保护、多媒体服务中的隐私保护、基于访问控制的隐私保护、隐私侵犯行为的取证与溯源等 8 个实验。

1.2　教学内容和目标

1.2.1　教学内容

本书的教学内容主要包括以下 8 个部分，其各自的特点如下。

(1) 基于 *k*-匿名模型的隐私保护是指对原始待发布的数据进行泛化处理，保证敏感数据及隐私的泄露风险在可容忍范围内，包括 *k*-anonymity、*l*-diversity、*t*-closeness 等。

(2) 基于差分隐私的隐私保护建立在坚实的数学基础之上，对隐私保护效果进行了严格的定义并提供了量化评估方法，可以有效抵御拥有背景知识的攻击者进行的攻击。

(3) 基于可搜索加密的隐私保护是指在加密的情况下实现搜索功能，还可以在保密的情况下对搜索的文件进行修改。

(4) 基于安全多方计算的隐私保护是指多个数据持有者在互不信任的情况下，进行协同计算并输出计算结果，且保证任何一方均无法得到除应得的计算结果之外的其他任何信息。

(5) 基于对抗训练的深度学习隐私保护涉及很多领域，本书介绍了一种基于多任务学习和对抗训练的数据特征提取器训练方法。该特征提取器可以在防止发生隐私攻击的情况下，尽可能提升业务分类的准确率。

(6) 多媒体服务中的隐私保护是指应用图像处理、音频处理、机器学习等方面的理论和方法，构造综合性的防护方案，防止发生多媒体服务中的用户身份和隐私信息的泄露。

(7) 基于访问控制的隐私保护是指用户根据自身需求来对隐私保护策略进行配置以及进行策略执行，当多个用户主体的隐私保护策略产生冲突时，利用适当的方法对冲突进行消解。

(8) 隐私侵犯行为的取证与溯源是对隐私侵犯行为进行记录、验证和审计的技术。本书以图片为例，通过添加特定的数字水印，实现二次转发过程中的隐私侵犯行为的取证与溯源。

1.2.2　教学目标

本书的教学目标如下。

(1) 加深学生对隐私保护相关技术的基本原理、核心思想的理解，使学生掌握隐私保护系统的设计和实现方法。

(2) 培养学生利用隐私保护理论解决实际问题的能力。针对实验所设场景，综合应用所学知识制定技术方案，通过检索、对比来设计和采纳可行技术路线，完成匿名、差分、加密等隐私保护实践操作，并对实验数据进行整理和检验，从而解决各类应用场景中隐私保护的实际问题。

(3) 引导学生了解国际上重要的与隐私保护相关的科研项目，培养学生勤奋踏实、刻苦钻研、严谨求实、团队协作等品格，锻炼学生的学习能力、创新能力、动手能力和灵活运用知识能力。

基本要求：实验前做好预习，熟悉实验目的、实验要求等，并做好软件环境和隐私保护数据集的安装设置；学生可进行分组，合作完成部分实验，需要分工协作、积极充分地参与讨论，并提供实验报告。

1.2.3　实验工具

本书的实验语言采用 Python，大部分实验都可以在个人计算机上进行，在此对本书实验的基础环境配置进行介绍。

1. Python 语言

Python 是一种面向对象的解释型计算机程序设计语言，具有跨平台的特点，可以在 Linux、macOS 以及 Windows 系统中搭建环境并使用，此外，Python 的应用领域范围广泛，在人工智能、科学计算、Web 开发、系统运维、大数据及云计算等方面均有涉及。

2. Python 语言环境的配置

1) 实验目的

(1) 掌握 Python 语言环境的配置方法。

(2) 对 Python 语言环境的配置结果进行测试。

2) 实验环境

本实验使用个人计算机，操作系统可为 Windows 10、Linux 或 macOS。需要准备 Python 3.6.6 或者更高版本的安装包。

3) 实验步骤

首先对 Python 语言的编译环境进行配置，已安装的读者可以跳过。

(1) 安装 Python 语言。

进入 Python 的官方网站，如图 1-1 所示。

选择需要的 Python 版本(图 1-2)，单击 Download 按钮，建议选择 Python 3.6.6 或者以上版本。

下载成功后，找到 Python 安装包路径，根据系统默认/自定义路径进行安装。安装成功后，打开 cmd 命令行窗口，输入“python”，显示图 1-3 所示输出则表示 Python 语言环境搭建成功。

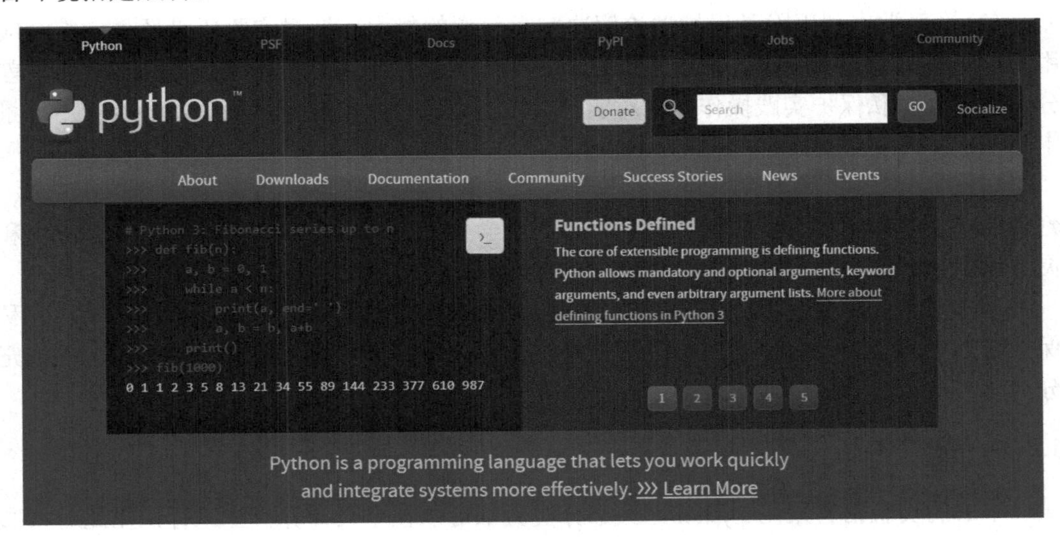

图 1-1　Python 官方网站

Release version	Release date		Click for more
Python 3.7.2	Dec. 24, 2018	Download	Release Notes
Python 3.6.8	Dec. 24, 2018	Download	Release Notes
Python 3.7.1	Oct. 20, 2018	Download	Release Notes
Python 3.6.7	Oct. 20, 2018	Download	Release Notes
Python 3.5.6	Aug. 2, 2018	Download	Release Notes
Python 3.4.9	Aug. 2, 2018	Download	Release Notes
Python 3.7.0	June 27, 2018	Download	Release Notes
Python 3.6.6	June 27, 2018	Download	Release Notes

图 1-2　Python 下载版本选择

```
Microsoft Windows [版本 10.0.17763.1697]
(c) 2018 Microsoft Corporation。保留所有权利。

C:\Users\ZJ>python
Python 3.6.6 (v3.6.6:4cf1f54eb7, Jun 27 2018, 03:37:03) [MSC v.1900 64 bit (AMD64)] on win32
Type "help", "copyright", "credits" or "license" for more information.
>>>
```

图 1-3　Python 安装结果示意

(2) 配置 PyCharm 环境。

PyCharm 是一种经典的 Python IDE (Integrated Development Environment)，带有一整套高效的开发工具，包括调试、语法高亮、项目管理、代码跳转、智能提示、自动完成、单元测试、版本控制等。

进入 PyCharm 的官方网站，如图 1-4 所示。

图 1-4　PyCharm 官方网站

选择合适的版本进行下载，其中专业版是收费的，教育版和社区版是免费的。此处以教育版为例，下载完成之后进行安装，建议不要选择.py 复选框(图 1-5)。

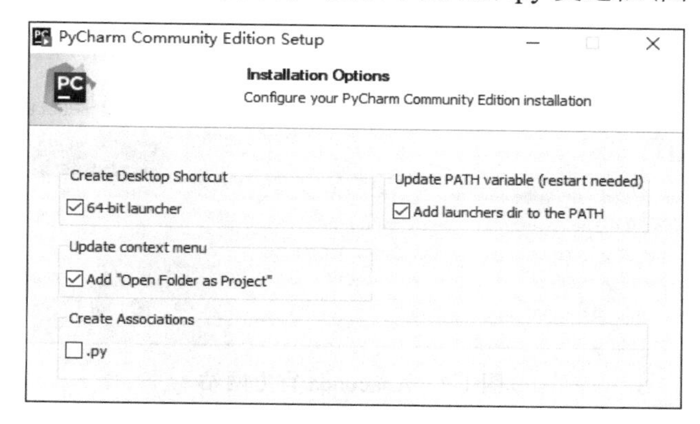

图 1-5　PyCharm 安装选项

安装完成之后，需要添加环境变量。查看 bin 文件路径是否被添加到系统环境变量中，如果没有添加，会导致创建项目时找不到 Python 解释器。

右击“我的电脑”图标，选择“属性”选项，打开“系统属性”对话框，选择“高级”标签，单击“环境变量”按钮(图 1-6)。

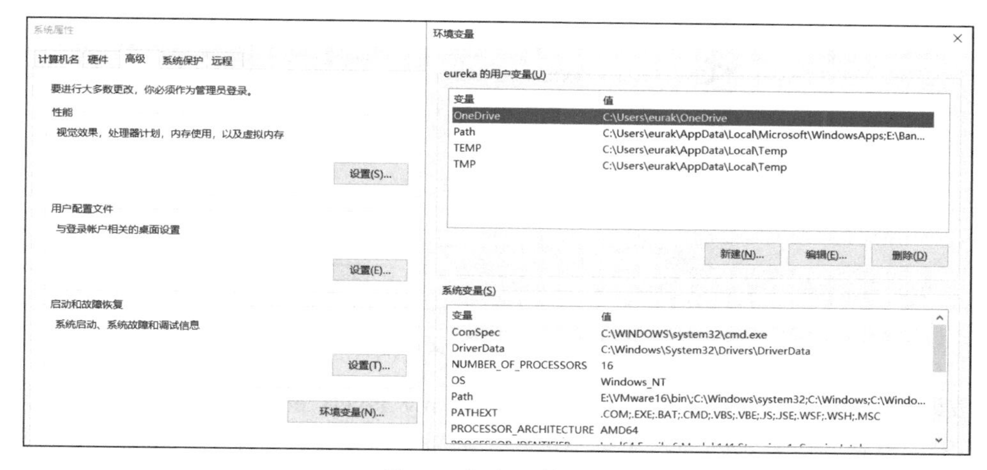

图 1-6　添加环境变量

(3) Anaconda 环境管理器。

Anaconda 是可以便捷获取包(Package)，并对包进行管理的工具。它还可以对环境进行统一管理。Anaconda 包含了 Conda、Python 在内的超过 180 个科学工具包及其依赖项。

进入 Anaconda 的官方网站(图 1-7)下载安装包，根据安装导航进行安装，安装路径不能出现中文字符。Anaconda 安装界面如图 1-8 所示。

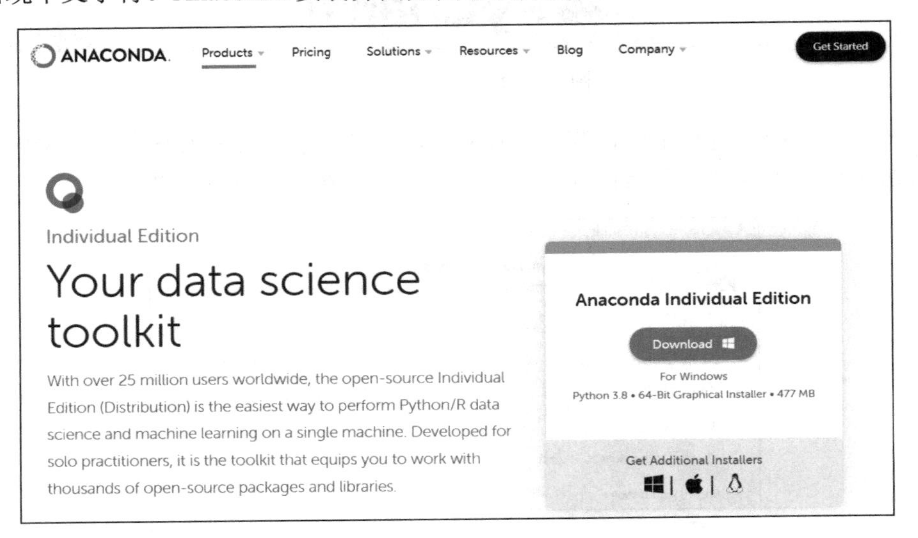

图 1-7　Anaconda 官方网站

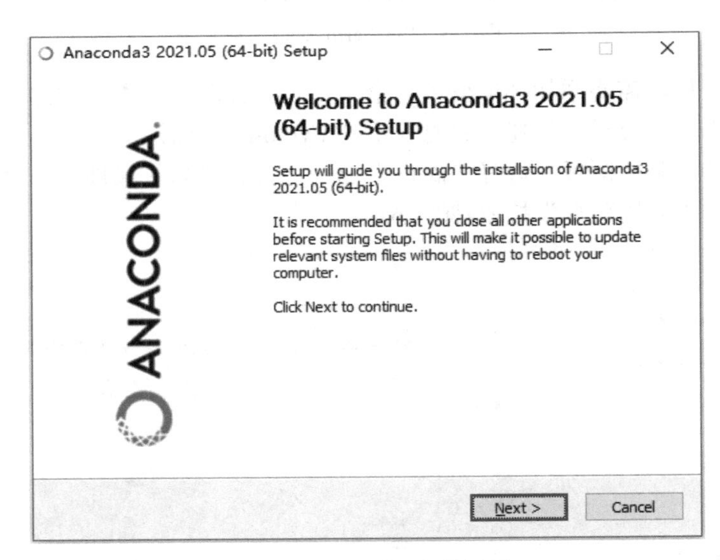

图 1-8　Anaconda 安装界面

安装过程中，需要选择 Add Anaconda3 to my PATH environment variable 复选框(图 1-9)，默认是没有选择的，如果不选择，则需要在系统设置中自行添加环境变量。

安装完成之后，可以打开 Anaconda Prompt(anaconda3)-python 窗口进行验证

（图 1-10）。输入“python --version”并按回车键，可以查看当前安装的 Python 版本。输入“python”并按回车键，可以进入 Python 解释器。

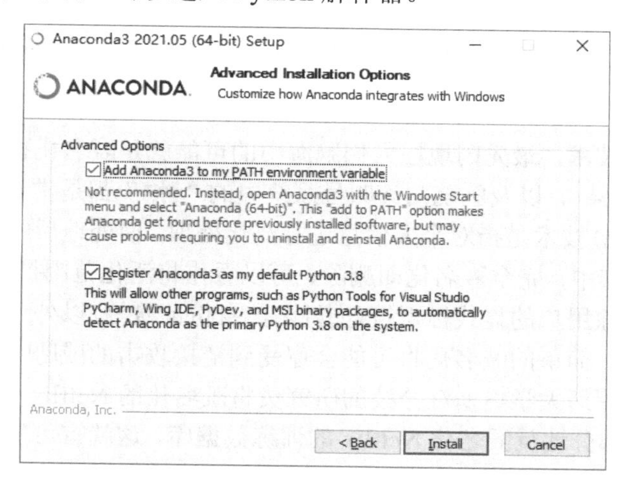

图 1-9 Anaconda 安装添加环境变量

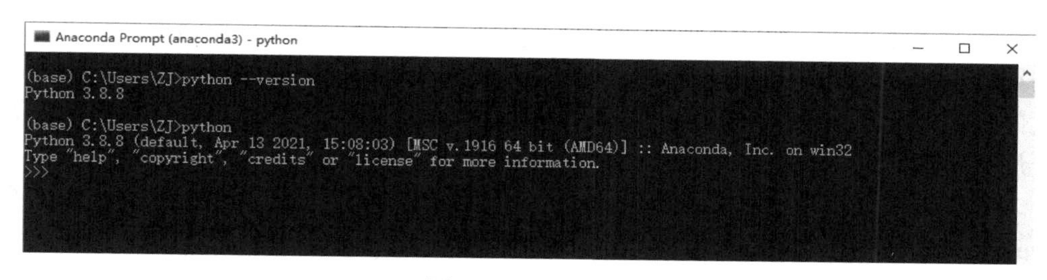

图 1-10 进行验证

至此，Anaconda 安装完毕，本书的基础实验环境也搭建完毕，可以开始进行进一步的实验学习。

第 2 章　基于 *k*-匿名模型的隐私保护

提起隐私保护技术，最先闪现在人们脑海中的可能就是匿名化技术。例如，新闻报道中的“李某”“张某”，以及医院门诊叫号系统中的“孙*”都是常见的匿名化技术。匿名化(Anonymization)技术是指对个人信息进行泛化处理，使处理后的信息无法识别到特定个人信息主体。其中，完全匿名化即删除，可以看作将泛化范围扩展到无限大。然而，当需要发布的数据除用户的显式标识符(如姓名、身份证号等)以外还包含其他可以推断用户身份的信息时，简单的匿名化将可能会遭受到链接攻击的威胁[1]。

2008 年，得克萨斯大学奥斯汀分校的研究员将匿名化的 Netflix 训练数据库与 IMDb 数据库相连，能够部分地反匿名化 Netflix 的训练数据库，这就有可能泄露部分用户的身份信息[2]。此外，卡内基・梅隆大学的 Latanya Sweeney 将匿名化的 GIC 数据库(包含每位患者的出生日期、性别和邮政编码)与选民登记记录相连后，找出了公民的病历[3]。

为解决上述问题，研究者提出了 *k*-anonymity 模型[4-6]，通过将能间接推断出用户身份的属性信息(如出生日期、性别和邮政编码等)作为准标识符，将所有标识符进行一定程度的泛化处理，阻断用户的敏感属性和用户身份之间的对应关系，使恶意攻击者无法唯一地推断出数据敏感信息所属的用户身份。

本章将详细介绍与 *k*-anonymity 模型相关的隐私保护技术，包括 *k*-anonymity 模型、*l*-diversity 模型、*t*-closeness 模型以及其评价标准。

2.1　实 验 内 容

1. 实验目的

(1) 了解 *k*-anonymity(*k*-匿名)模型以及其衍生算法 *l*-diversity、*t*-closeness 模型的原理。

(2) 掌握泛化和抑制的思想，思考如何实现 *k*-anonymity、*l*-diversity、*t*-closeness 模型。

2. 实验内容与要求

(1) 在 Windows 10 系统下实现 *k*-anonymity、*l*-diversity、*t*-closeness 三种算法。

(2) 将 *k*-anonymity、*l*-diversity、*t*-closeness 三种算法应用在基于位置的服务(Location Based Service，LBS)的应用场景实例中。

3. 实验环境

(1) 计算机配置：Intel(R) Core(TM) i7-9700 CPU 处理器，16GB 内存，Windows 10(64 位)操作系统。

(2) 编程语言版本：Python 3.7。

(3) 开发工具：PyCharm 2020.2。

注：实验采用的第一个数据集为adult数据集，该数据集从1994年美国的人口普查数据库中提取，包括用户年龄、教育水平、薪资收入、目前职业、婚姻状况等15类用户属性，其中，有9类用户属性属于类别型(离散型)变量，另外6类用户属性属于数值型(连续型)变量。

第二个数据集location则由团队自己收集，包括经度、纬度、详细地址、门号、道路、区域、地级名称、省级名称、所在国家等9类属性，其中，有6类属性属于类别型(离散型)变量，另外3类属性属于数值型(连续型)变量。

2.2　实验原理

2.2.1　匿名模型与用户标识符

匿名化技术的思想是通过对原始数据进行某种变换，使攻击者无法唯一地推导出敏感信息所属的具体个体，从而实现个体隐私的保护。换句话说，匿名模型可以看作对用户标识符的隐匿或者泛化操作。标识符(Identifier)是指用来标识某个实体的一个符号，在不同的应用环境下可以有不同的含义。例如，在计算机编程语言中，标识符是用户编程时使用的名字，用于给变量、常量、函数、语句块等命名，以建立起名称与使用之间的关系。

在原始待发布的关系型数据中，根据隐私相关程度可将用户属性分为以下4类。

(1) 显式标识符(Explicit-Identifier，ID)：一般是个体用户的唯一标识，即能唯一确定用户记录的属性集合，如用户的姓名、身份证号、电话号码等。

(2) 准标识符(Quasi-Identifier，QI)：不是个体用户的唯一标识，如用户的邮编、年龄、性别、出生日期等，指能通过链接其他数据表的信息，以较高概率识别出用户所对应记录的最小属性集合。通常情况下，准标识符的选择取决于所链接的外部数据表。

(3) 敏感属性(Sensitive Attributes，SA)：一般指涉及用户隐私或用户需要保密的信息，如用户的医疗疾病、薪资收入、购物偏好等，但它无法唯一确定用户记录，也无法提前获得。

(4) 非敏感属性(Non-Sensitive Attributes，NSA)：又称普通属性，指不属于以上三类的用户属性。

传统的匿名化技术就是对显式标识符进行处理，使其无法与相应的敏感属性进行关联。那么将所有的显式标识符进行处理是否可以达到预期的隐私保护效果呢？

2.2.2　传统匿名化技术与链接攻击

匿名化技术主要是通过隐藏用户数据中的敏感信息与其身份的对应关系来实现隐私保护的效果的。然而，研究者发现即使删除所有的显式标识符，也无法阻止用户隐私的泄露[4]。攻击者可以通过掌握的背景信息，将数据表中的QI与通过外部渠道获得的数据表进行链接操作，从而准确地推理出某一条记录对应的用户及其ID，从而进一步关联出用户对应的SA，造成用户隐私的泄露。

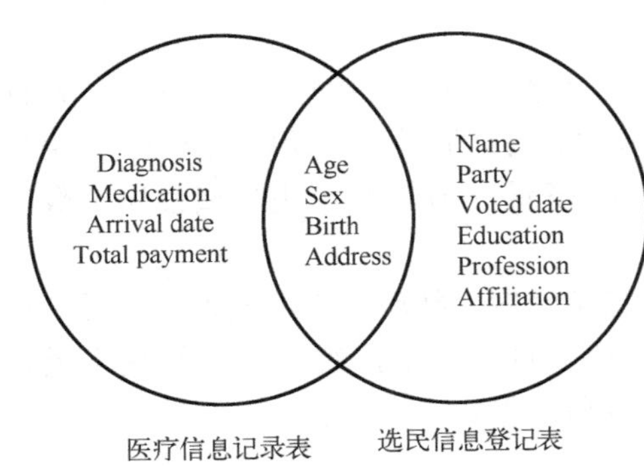

图 2-1　链接攻击示例图

如图 2-1 所示，攻击者可以链接匿名化处理后的医疗信息记录表和选民信息登记表，通过年龄、性别、出生日期、地址等 QI 来确定一条用户的记录，并找到用户的电话号码、患病信息等相关内容。医疗诊断结果作为患者的敏感属性，是他们需要保护的隐私之一。

目前，链接攻击已经成为一种从发布的数据表中获取用户隐私的常见方法。为了防止发生链接攻击，数据所有者通常也对数据表中的 QI 进行匿名化处理[7]。将新数据表 T'(QI′, SA, NSA) 中多条记录关于 QI′ 的取值泛化到相同范围，从而使恶意攻击者在链接时无法识别出 QI 对应的具体记录。

2.2.3　*k*-anonymity 模型及其变型

1．*k*-anonymity

针对链接攻击给用户数据带来的隐私泄露问题，Samarati 等[8]于 1998 年提出了 *k*-anonymity 算法，该算法要求在匿名后的数据表中，每一条记录的 QI 都必须至少和其他 $k-1$ 条记录的 QI 保持一致。

具体来说，假定原始待发布的数据表为 T(ID, QI_1, QI_2, …, QI_a, SA_1, SA_2, …, SA_b, NSA_1, NSA_2, …, NSA_c)。其中，ID 为用户的显式标识符；QI 为用户的准标识符(下标 a 为用户准标识符的个数)；SA 为用户的敏感属性(下标 b 为用户敏感属性的个数)；NSA 为用户的非敏感属性(下标 c 为用户非敏感属性的个数)。

匿名后的数据表为 RT(RQI_1, RQI_2,…, RQI_a, RSA_1, RSA_2,…, RSA_b, $RNSA_1$, $RNSA_2$, …, $RNSA_c$)。其中，RQI 为匿名后用户的准标识符(下标 a 为用户准标识符的个数)；RSA 为匿名后用户的敏感属性(下标 b 为用户敏感属性的个数)；RNSA 为匿名后用户的非敏感属性(下标 c 为用户非敏感属性的个数)。

此时，如果数据表 RT 中含有相同准标识符 RQI 的用户记录至少出现 k 次，就称数据表 RT 满足 *k*-anonymity 要求，也称这些相同记录为一个等价类。

目前，许多匿名化的技术都可以使数据表实现 *k*-anonymity，比较常用的是泛化和抑制技术。泛化一般是用一个语义相关但取值更一般的数值代替原始值，即对用户的某些数据项进行更抽象的概括，例如，将年龄“29”概括为区间“[25, 30]”，职业“数学老师”概括为“人民教师”；抑制又称隐匿，主要指不公开发布用户的某些数据项，例如，将性别“女”抑制为“*”，或从数据表中删除性别整项，以达到不公开发布的目的。从某种角度来看，抑制也可以看作一种特殊的泛化，即将泛化范围设为无限大。这两种技术的区别在于：前者主要以生成更安全的可用数据为目的，因此即使攻击者能肯定攻击目标已存在该数据表中，也无法定位到唯一具体的用户记录；后者则常用在某些用户记录的 QI 无法满足 *k*-anonymity 要求的时候，通过删除整个属性达到隐匿用户身份的目的。

表 2-1 是一个原始的医疗信息记录表，表 2-2 是针对表 2-1 采用 *k*-anonymity 算法进行匿名化处理后得到的 *k*-anonymity（$k = 3$）医疗信息记录表。

表 2-1　医疗信息记录表

Name	Sex	ZIP Code	Age	Disease
Amy	Male	47520	20	Cancer
Belly	Female	47521	23	Cancer
Cindy	Female	47539	24	Cancer
Edwin	Male	47612	52	Flu
Johnson	Male	47613	54	Leukemia
Malcolm	Female	47615	59	Cancer
Thomas	Male	47903	42	Heart Disease
William	Male	47962	46	Heart Disease
Whitney	Female	47981	47	Flu

表 2-2　经过 *k*-anonymity（$k = 3$）处理的医疗信息记录表

Sex	ZIP Code	Age	Disease
*	475**	[20, 25]	Cancer
*	475**	[20, 25]	Cancer
*	475**	[20, 25]	Cancer
*	4761*	[50, 60]	Flu
*	4761*	[50, 60]	Leukemia
*	4761*	[50, 60]	Cancer
*	479**	[40, 50]	Heart Disease
*	479**	[40, 50]	Heart Disease
*	479**	[40, 50]	Flu

如表 2-2 所示，*k*-anonymity（$k = 3$）医疗信息记录表删除了准标识符 Name 和准标识符 Sex，并且将准标识符 ZIP Code 泛化至 475**、4761*、479**三个范围，将准标识符 Age 泛化至[20, 25]、[50, 60]、[40, 50]三个区间，从而满足 $k = 3$ 的匿名要求。

2. *l*-diversity

如果攻击者拥有更多的背景知识，*k*-anonymity 算法可能无法完全保障用户隐私安全。因为在使用该算法的某些情况下，用户的数据仍可能受到其他两种类型的攻击：同质性攻击（Homogeneity Attack）和背景知识攻击（Background Knowledge Attack）。

一种情况是假定恶意攻击者现在知道自己需要查询的用户 *A* 的居住地邮编开头为 475，并且表 2-2 已经公开发布了，那么恶意攻击者可以很快将目标定位在第 1 个匿名组（等价类）上。显然，无论用户 *A* 对应哪一条记录，其患病都可以被唯一确定为 Cancer，这就是同质性攻击。

另一种情况则是假定恶意攻击者知道现在需要查询的用户 *B* 是希腊人，其年龄为 45 岁，那么恶意攻击者即可迅速将目标定位在表 2-2 中第 3 个匿名组（等价类）上。根据希腊人心脏病的发病率非常低这一背景知识，恶意攻击者即可推断出用户 B 所患疾病极有可能为 Flu，这就是背景知识攻击。

为了解决这两种攻击带来的隐私泄露问题，Machanavajjhala 等[5]在 k-anonymity 算法的基础上提出了 l-diversity 算法，即增强的 k-anonymity 算法，它要求每一个匿名组(等价类)里的敏感属性必须具有多样性，用户的数据表中每个匿名组(等价类)至少出现 l 种不同的敏感属性值，使得攻击者最多只能以 $1/l$ 的概率确认某个用户的敏感信息，进而保证用户的隐私信息不能通过同质知识、背景知识等方法推断出来，减少隐私泄露风险。

如表 2-2 所示，第二个匿名组(等价类)就满足了 l-diversity$(l=3)$要求。因为其中三个用户的敏感属性 Disease 取值都是不同的，分别为 Flu、Leukemia、Cancer，即该匿名组(等价类)含有 3 个不同的敏感属性值。

l-diversity 还有以下几种形式[5]。

1) 熵 l-多样性(Entropy l-diversity)

同一匿名组 E(等价类)中敏感属性值的信息熵至少为 $\log(l)$，即

$$H(E) = -\sum_{s \in S} \log \rho(E,s) \geqslant \log(l)$$

式中，S 为敏感属性的域值；$\rho(E,s)$ 为敏感属性值 s 在匿名组 E(等价类)中出现的概率。

从以上公式可以看出，匿名组 E(等价类)的敏感属性值分布越均匀，其信息熵 $H(E)$ 就越大，恶意攻击者通过同质性攻击和背景知识攻击方法成功获得用户记录敏感属性值的概率就越小。

2) 递归(c, l)-多样性(Recursive(c, l)-diversity)

将匿名组 E(等价类)第 i 个敏感属性值的个数定义为 r，若每个匿名组 E(等价类)均满足

$$r_1 < c(r_1 + r_{i+1} + \cdots + r_m)$$

则称该数据表符合递归(c, l)-多样性，其中，c 为数据发布者规定的一个常量值。

该方法可以保证每个匿名组 E(等价类)中不同敏感属性值出现的频率不至于太高。

除此之外，还有 Positive Disclosure-Recursive(c, l)-diversity、NPD-Recursive(c_1, c_2, l)-diversity 等 l-diversity 方法，大家若有兴趣，可以通过阅读相关论文来进一步了解。

3. t-closeness

Li 等在文献[6]中指出了 l-diversity 的局限性，首先是实现上存在一定的难度，不是所有的匿名组(等价类)都能找到 l 个不同的敏感属性。假定在某个包含 100 条用户记录的数据表中只有一个敏感属性——是否感染肺结核，其中只有 1%的用户感染肺结核，剩余 99%的用户都没有感染，这时候这 1%用户的敏感信息就需要被保护，如果要实现 l-diversity$(l=2)$就变得非常困难，而且也没有太大的必要。

另外，l-diversity 并不能阻止属性值泄露，攻击者通过一些特殊攻击下仍可分析出用户的隐私信息，特殊攻击具体可分为偏斜性攻击和相似性攻击两种。

表 2-3 是一张原始的用户信息记录表，表 2-4 是针对表 2-3 采用 l-diversity 算法处理后得到的 l-diversity ($l = 2$) 用户信息记录表。

表 2-3　用户信息记录表

Name	Sex	ZIP Code	Age	Salary	Disease
Amy	Male	47520	20	3000	Gastric Ulcer
Belly	Female	47521	23	4000	Gastritis
Edwin	Male	47612	52	6000	Flu
Johnson	Male	47613	54	11000	Leukemia
Thomas	Male	47903	42	7000	Heart Disease
Whitney	Female	47981	47	10000	Tuberculosis
Lily	Female	47810	33	12000	Gastric Cancer
William	Male	47832	36	14000	Headache

表 2-4　经过 l-diversity ($l = 2$) 处理的用户信息记录表

Sex	ZIP Code	Age	Salary	Disease
*	475**	[20, 29]	3000	Gastric Ulcer
*	475**	[20, 29]	4000	Gastritis
*	4761*	[50, 59]	6000	Flu
*	4761*	[50, 59]	11000	Leukemia
*	479**	[40, 49]	7000	Heart Disease
*	479**	[40, 49]	10000	Tuberculosis
*	478**	[30, 39]	12000	Gastric Cancer
*	478**	[30, 39]	14000	Headache

偏斜性攻击(Skewness Attack)：以上面的例子为基础，假如能保证在同一匿名组(等价类)的数据中感染肺结核和不感染肺结核的概率是相同的，即实现了 l-diversity。但是 l-diversity 并没有考虑敏感属性值的总体分布，当用户数据敏感属性值的总体分布是倾斜的时候，如表 2-4 所示，如果判断用户在第 3 个匿名组(等价类)中，则有很大的概率被推断为感染肺结核。

相似性攻击(Similarity Attack)：当某一用户信息记录表中的同一匿名组(等价类)中的敏感属性取值不同但语义内容相似时，恶意攻击者可以推断出或得到一些重要信息，以下面的例子为例。

假定知道 Belly 是一名约 20 岁的女性，目前正在一家 IT 公司上班，并且需要经常加班，于是可以迅速将目标定位在表 2-4 的第 1 个匿名组(等价类)，从疾病上不难看出无论 Gastric Ulcer 还是 Gastritis，都是与肠胃炎相关的疾病。因此，可以推断出 Belly 应该患有胃疾病，这就是相似性攻击。

为了解决以上问题，Li 等提出了 t-closeness 算法。该算法要求数据表中每个匿名组中(等价类)敏感属性值的分布要尽量接近在原始数据表中的分布，且其分布距离差值不可以超过某个阈值 t。

上述定义中提到的敏感属性值分布之间存在差异是指概率分布距离[9]上的度量差异。目前，在 *t*-closeness 算法中最常使用的概率分布距离度量公式有 EMD(Earth Move's Distance)、Hellinger 距离、Kolmogorov-Smirnov 检验[10]和 KL 散度[11]等。

本章 *t*-closeness 算法实验中采用的概率分布距离度量公式是 Kolmogorov-Smirnov 检验，其本质是比较一个频率分布 $f(x)$ 与理论分布 $g(x)$ 或者两个观测值分布之间的差异，分布距离度量的公式为

$$D = \max\left| f(x) - g(x) \right|$$

度量分布差异方法使得一个匿名组(等价类)中的属性值分布尽可能均匀，可以降低偏斜性攻击和相似性攻击的成功率。但经过如此处理后同样会降低公开数据的可用性，所以需要通过增加阈值 t 来调控数据的可用性。

2.3　核心算法示例

本章通过 Mondrian 算法实现 *k*-anonymity、*l*-diversity、*t*-closeness 3 种匿名化技术。LeFevre 等于 2006 年提出 Mondrian 算法[12]，其本质是一个贪婪算法，先通过计算数据集中所有准标识符属性取值的中位数，将数据集划分为两个区间，然后在每一个区间中继续计算新的中位数并将其划分成两个新的区间。重复这个过程，直到每个区间包含的数据集长度为 k～$2k$，此时每个区间都可称为一个匿名组(等价类)，将每个区间内的值进行泛化，即能得到一个满足 *k*-anonymity 要求的新数据集，算法具体流程如图 2-2 所示。

```
Anonymize(partition)
    If 当前分区无法继续分区
        return partition
    else
        spans←get_spans(columns)
        new_partiotion←partition_dataset(partition)
        splitVal←get_split(partition)
        data_l←{data∈partition: data.dims<plitVal}
        data_r←{data∈partition: data.dim≥splitVal}
        return←Anonymize(data_l) ∪ Anonymize(data_r)
```

图 2-2　Mondrian 算法具体流程

2.3.1　数据预处理

通过网站下载 adult 数据集并打开，将其放入 data 文件夹中并命名为 adult.txt，同时新建 k_anonymity.py。

在进行数据预处理之前，需要在控制台输入"pip install pandas"和"pip install statistic"命令来下载工具包，用于实现数据的可视化，并在 k_anonymity.py 文件开始处导入。

```
01.import pandas as pd
02.import statistic
```

根据 adult 数据集的属性和需要匿名的数据，先定义数据表 data 中的列名 columns、类别型数据 category、准标识符 quasi_id、敏感属性 sensitive，以及需要匿名的等价类 k。

```
01.columns = ['age', 'work_class', 'fin_weight', 'education', 'edu_n
um', 'mar_status', 'occupation', 'relaship', 'race', 'gender', '   cap_gain',
```

```
'cap_loss', 'hours_pweek', 'country', 'income']
    02.category=set(('work_class','education','mar_status','occupation',
'relaship', 'gender', 'country', 'race', 'income',))
    03.quasi_id = ['age', 'edu_num']
    04.sensitive = ['income']
    05.k = 3
```

接着通过 pandas 中的 read_csv()方法读取 adult 数据集的数据，通过 names = columns 语句给每一列属性增加列名，并利用 sep=","分隔每一行数据。

```
    01.data = pd.read_csv('./data/kanonymity/adult.txt', sep=",", header=
None, names=columns, index_col=False, engine='python')
```

然后使用 pandas 中的 isin()方法来清洗数据，过滤某些含有“?”的数据记录，再更新数据集并按行读取。

```
    01.data= data[~data.isin(['?']).any(axis=1)]
```

打印 adult 数据集中的前五条数据，判断 adult 数据集的数据是否清洗和读取成功，如图 2-3 所示。

```
    01.print(data.head())
```

	age	work_class	fin_weight	education	edu_num	mar_status	occupation	relaship	race	gender	cap_gain	cap_loss	hours_pweek	country	income
0	39	State-gov	77516	Bachelors	13	Never-married	Adm-clerical	Not-in-family	White	Male	2174	0	40	United-States	<=50k
1	50	Self-emp-not-inc	83311	Bachelors	13	Married-civ-spouse	Exec-managerial	Husband	White	Male	0	0	13	United-States	<=50k
2	38	Private	215646	HS-grad	9	Divorced	Handlers-cleaners	Not-in-family	White	Male	0	0	40	United-States	<=50k
3	53	Private	234721	11th	7	Married-civ-spouse	Handlers-cleaners	Husband	Black	Male	0	0	40	United-States	<=50k
4	28	Private	338409	Bachelors	13	Married-civ-spouse	Prof-specialty	Wife	Black	Female	0	0	40	Cuba	<=50k

图 2-3　adult 数据集前五条数据展示图

2.3.2　*k*-anonymity 算法

在构造匿名组之前，首先利用 for 语句对列表 columns 的每个属性进行读取，对用户的数据进行数值型和类别型的数据分类判断，若是类别型数据，则利用 pandas 中的 astype()方法实现变量类型转换。

```
    01.for name in category:
    02.     data[name] = data[name].astype('category')
```

然后定义 get_spans()和 get_split()函数。在 get_spans()函数中，先计算每个数据列的跨度。其中，数值型数据的计算方式为该列属性的最大值减该列属性的最小值；类别型数据的计算方式为利用 pandas 中的 unique()方法统计该列属性不同类型数据的数量总和。

```
    01.def get_spans():
```

```
02.    if column in category:
03.        span = len(data[column][partition].unique())
04.    else:
05.        span = data[column][partition].max()-data[column][partition].
min()
```

在 get_split() 函数中，针对数值型数据，利用 pandas 中的 median() 方法，计算该列数据的中位数，通过和中位数的比较，将小于和大于等于中位数的数据分成两个子区。

```
01.def get_split():
02.    median = data.median()
03.    datal = data.index[data_anonymity< median]
04.    datar = data.index[data_anonymity>= median]
```

针对类别型数据，使用二分法将所有的数据按照不同的类型及出现的次数进行划分，并利用 set() 方法按从小到大的顺序将其存储在不同的集合里。

```
01.values = data.unique()
02.lv = set(values[:len(values)//2])
03.rv = set(values[len(values)]//2:)
```

接着定义 partition_dataset() 函数，通过读取 adult 数据集的索引[data.index]，利用 while 语句判断是否需要继续分区，当新的分区满足继续分区的条件时，计算现在分区中所有数据列的跨度，并按中位数的数值进行分割。

```
01.def partition_dataset():
02.    partitions = [data.index]
03.    while partitions:
04.        partition = partitions.pop(0)
05.        spans = get_spans()
```

获取数据列的跨度后，利用 sorted() 对 items 对象进行排序，并通过 for 语句读取列，以完成分割操作。

```
01.for column, span in sorted(spans.items(), key=lambda x:-x[1]):
02.    lp, rp = split(data, partition, column)
```

完成所有的分区操作后，根据定义的 *k*-anonymity 要求，在 is_k_anonymity() 函数中判断每个分区的长度与 *k* 值的大小，检查生成的分区是否满足 *k*-anonymity 要求。

```
01.def is_k_anonymity():
02.    if len(partition) < k:
03.        return False
04.    return True
```

最后利用 enumerate() 将所有分区组合为一个索引序列。当 adult 数据集中所有的分区都满足 *k*-anonymity 要求后，*k*-anonymity 算法运行结束。

```
01.for i, partition in enumerate(partitions):
02.     if partition is not None and i > partition:
03.         break
```

如图 2-4 所示，以年龄 age 和教育水平 edu_num 为准标识符，收入 income 为敏感属性的 *k*-anonymity（$k = 3$）要求完成。例如，在年龄 age 为 17.0 的匿名组（等价类）中，用户的年龄 age 一致，教育水平 edu_num 也由不同的数值替代，从而实现 *k*-anonymity（$k = 3$）。

age	edu_num	income
17.0	3.000000	<=50k
17.0	4.000000	<=50k
17.0	5.000000	<=50k
17.0	6.000000	<=50k
17.0	7.197232	<=50k
...	...	...
90.0	10.600000	>50k
90.0	13.000000	<=50k
90.0	13.000000	>50k
90.0	14.375000	<=50k
90.0	14.375000	>50k

图 2-4　数据经过 *k*-anonymity（$k = 3$）操作后的结果展示图

2.3.3　*l*-diversity 算法

在年龄 age 为 17.0 的匿名组（等价类）中，无论教育水平 edu_num 怎么变化，用户的敏感属性收入 income 取值都小于等于 50000。因此，此时需要实现 *l*-diversity 算法，来防止同质性攻击和背景知识攻击。

l-diversity 算法需要在 *k*-anonymity 算法的基础上实现，所以在新建 l_diversity.py 时，需要先将其和 k_anonymity.py 存在相同的目录，并且导入该文件。

```
01.import k_anonymity
02.l = 2
```

然后定义 l_diversity() 函数，利用 unique() 统计每个分区敏感属性值，替换 *k*-anonymity 的分区方法。

```
01.def l_diversity():
02.     return len(data[column][partition].unique())
```

接着定义 is_l_diversity() 函数，用于判断生成的分区是否满足 *l*-diversity 的条件。

```
01.def is_l_diversity():
02.     return l_diversity() >= l
```

如图 2-5 所示，以年龄 age 和教育水平 edu_num 为准标识符，收入 income 为敏感属性的 *l*-diversity（l=2）要求完成。例如，在年龄 age 为 17.861304 的匿名组（等价类）中，用户的年龄 age 和教育水平 edu_num 一致，同时敏感属性 income 取值有小于等于 50000 和大于 50000 两种情况，从而实现 *l*-diversity（$l = 2$）。

age	edu_num	income
17.861304	7.248266	<=50k
17.861304	7.248266	>50k
18.324324	3.297297	<=50k
18.324324	3.297297	>50k
19.345766	10.000000	<=50k
...	...	...
89.272727	14.454545	>50k
90.000000	10.600000	<=50k
90.000000	10.600000	>50k
90.000000	13.000000	<=50k
90.000000	13.000000	>50k

图 2-5　数据经过 *l*-diversity（l=2）操作的部分结果展示图

2.3.4　*t*-closeness 算法

为了解决偏斜性攻击和相似性攻击带来的问题，还需要实现 *t*-closeness 算法。

t-closeness 算法需要在 *l*-diversity 算法的基础上实现，所以在新建 t_closeness.py 时，需要先将其和 l_diversity.py 存在相同的目录，并且导入该文件。

```
01.import l_diversity
02.t = 0.2
```

同时，利用 pandas 中的 groupby.agg()进行分组并统计数据出现的频数。

```
group_counts = data.groupby(sensitive)[sensitive].agg('count')
```

计算敏感属性值在整个 adult 数据集上的分布情况。

```
01.p = count/total_count
02.global_freqs[value] = p
```

接着定义 t_closeness()函数，在分区中计算敏感属性值的分布，并利用 Kolmogorov-Smirnov 检验计算整个数据集上敏感属性值和分区数据敏感属性值之间分布概率的差异。

```
01.def t_closeness():
02.    d_max = None
03.    for value, count in group_counts.to_dict().items():
04.        p = count/total_count
05.        d = abs(p-global_freqs[value])
06.        if d_max is None or d > d_max:
07.            d_max = d
```

然后定义 is_t_closeness ()函数，用于判断生成的分区是否满足 *t*-closeness 的条件。

```
01.def is_t_closeness():
02.    return t_closeness() <= t
```

如图 2-6 所示，以年龄 age 和教育水平 edu_num 为准标识符，收入 income 为敏感属性的 *t*-closeness($t = 0.2$)要求完成。例如，在年龄 age 为 24.608163 的匿名组(等价类)中，用户的年龄 age 和教育水平 edu_num 一致，同时敏感属性 income 取值有小于等于 50000 和大于 50000 两种情况，且其敏感属性值的分布概率和在 adult 数据集上的分布概率不超过阈值 *t*，从而实现 *t*-closeness($t = 0.2$)。

age	edu_num	income
24.608163	11.462585	<=50k
24.608163	11.462585	>50k
26.198446	10.000000	<=50k
26.198446	10.000000	>50k
26.897961	8.155285	<=50k
...	...	...
79.000000	9.000000	>50k
80.250000	9.000000	<=50k
80.250000	9.000000	>50k
86.896552	9.000000	<=50k
86.896552	9.000000	>50k

图 2-6　数据经过 *t*-closeness($t = 0.2$)操作的部分结果展示图

2.4　位置隐私保护案例

随着搭载 GPS 功能的智能移动设备的普及和成熟，基于位置的服务已成为移动用户青睐的服务之一[13]。LBS 给人们的日常生活和社交活动带来了极大便利的同时，也带来了很多与基于位置的服务相关的隐私泄露风险。

由于服务的获取需要在位置服务提供商(Location Services Provider，LSP)之间进行位置信息交互，用户的位置数据必须与 LSP 分享[14]。但是用户的位置数据不仅仅包括位置信息，还涉及大量的隐私信息，如用户的出行规律、生活习惯、社交范围等。用户的位置隐私泄露后，可以为攻击者实施进一步攻击提供便利。因此，文献[15]指出，位置隐私威胁并不仅仅指位置信息的泄露，更重要的是在位置信息泄露后用户受到的与时间和空间相关的推理攻击。

为防止发生位置信息的泄露，学者提出了许多位置隐私保护方法。其中，空间匿名是一种常用的位置隐私保护方法，一般借助第三方可信(Trusted Third Party，TTP)匿名服务器[16]来完成隐私保护工作。当用户需要获得基于位置的服务时，由 TTP 生成一个包括该用户位置的 k-匿名区，然后将其发送给 LBS 服务器进行查询[14]。

本节主要介绍如何利用 k-anonymity、l-diversity、t-closeness 算法保护用户的位置隐私。

2.4.1　基于 k-anonymity 的位置隐私保护方法

如图 2-7 所示，用户在广州大学校医室向 TTP 发送位置请求“查询附近最近的 KTV”，TTP 收到用户的请求，以 ZIPCODE-YEAR-MONTH-DAY-HOUR-MINUTE-SECOND-ADDRESS-PLATE-ROAD-AREA-CITY-PROVINCE-COUNTRY 格式存储用户请求信息，如图 2-8 所示。

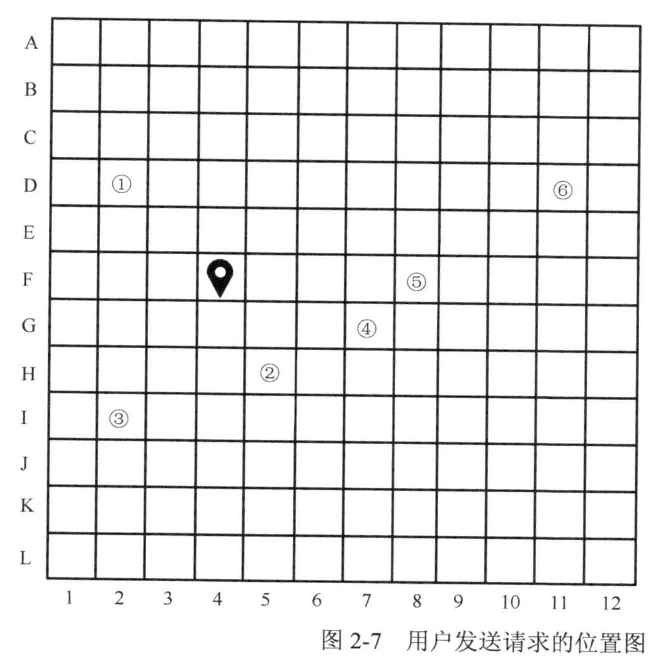

图 2-7　用户发送请求的位置图

以图 2-8 的用户请求为例，TTP 根据用户的请求，在位置信息表中选取其他 k–1 个用户的真实位置构造出 k-匿名区，位置信息表以 LONGITUDE-LATITUDE-ADDRESS-PLATE-ROAD-AREA-CITY-PROVINCE-COUNTRY 存储位置信息，如图 2-9 所示。

ZIPCODE	YEAR	MONTH	DAY	HOUR	MINUTE	SECOND	ADDRESS	PLATE	ROAD	AREA	CITY	PROVINCE	COUNTRY
510000	2020	12	12	20	20	20	广州大学校医室	230	中环西路	番禺区	广州	广东	中国

图 2-8　用户请求信息的存储格式

LONGITUDE	LATITDUE	ADDRESS	PLATE	ROAD	AREA	CITY	PROVINCE	COUNTRY
113.381295	23.047320	广州大学校医室	230	中环西路	番禺区	广州	广东	中国

图 2-9　用户位置信息的存储格式

在本实验中，位置信息表由本书编写团队收集，并存储在 location.txt 中，包含经度、纬度、详细地址、门号、道路、区域、城市、省级名称、所在国家 9 类属性(图 2-9)。

根据 location 数据集的属性和需要匿名的数据，定义数据表 data 中的列名 columns、类别型数据 category 准标识符 quasi_id、敏感属性 sensitive，以及需要匿名的等价数 k。

```
01.columns = ['LONGITUDE', 'LATITUDE', 'ADDRESS', 'PLATE', 'ROAD', 'AREA',
'CITY', 'PROVINCE', 'COUNTRY']
02.category = set(('ADDRESS', 'PLATE', 'ROAD', 'AREA', 'CITY', 'PROVINCE',
'COUNTRY'))
03.quasi_id = ['PLATE', 'ROAD', 'AREA', 'CITY', 'PROVINCE', 'COUNTRY']
04.sensitive = ['ADDRESS']
05.k = 4
```

输出 location 数据集中的前五条数据，判断 location 数据集的数据是否清洗和读取成功，如图 2-10 所示。

```
print(data.head())
```

LONGITUDE	LATITDUE	ADDRESS	PLATE	ROAD	AREA	CITY	PROVINCE	COUNTRY
113.381295	23.047320	广州大学校医室	230	中环西路	番禺区	广州	广东	中国
113.384292	23.046489	广州大学梅苑餐厅	230	中环西路	番禺区	广州	广东	中国
113.380027	23.044010	广州大学文新楼	230	中环西路	番禺区	广州	广东	中国
113.381155	23.054177	广州美术学院网球场	168	外环西路	番禺区	广州	广东	中国
113.394111	23.049352	广东工业大学西生活区正门	100	外环西路	番禺区	广州	广东	中国

图 2-10　location 数据集前五条数据展示图

按照数值型和类别型将 location 数据集中的数据进行分类，同时计算出数值型数据和类别型数据的总数与中位数。

```
01.#获取数据列的跨度
02.def get_spans(data, partition, scale=None):
03.    spans = {}
04.    #利用 for 语句读取列属性
```

```
    05.     for column in data.columns:
    06.         if column in category:          #判断数据列是否为类别型数据
    07.             span = len(data[column][partition].unique()) #统计不同值
    08.         else:
    09.             span = data[column][partition].max()-data[column]
[partition]. min()                              #最大值-最小值
    10.         spans[column] = span
    11.     return spans
```

完成 location 数据集的分类后，根据数值型和类别型将小于与大于等于中位数的数据分成两个分区。

```
    01.#切割分区
    02.def split(data, partition, column):
    03.     data_pt = data[column][partition]
    04.     if column in category:  #类别型数据根据类别长度的中位数分为两个分区
    05.         values = data_pt.unique()
    06.         lv = set(values[:len(values)//2])
    07.         rv = set(values[len(values)//2:])
    08.         return data_pt.index[data_pt.isin(lv)], data_pt.index[data_
pt.isin(rv)]
    09.     else:                    #数值型数据根据列数据中位数分为两个分区
    10.         median = data_pt.median()
    11.         data_l = data_pt.index[data_pt < median]
    12.         data_r = data_pt.index[data_pt >= median]
    13.         return (data_l, data_r)
```

比较分区的长度与 k 值的大小，根据返回的布尔值判断当前分区是否满足 k-anonymity 要求。

```
    01.#判断构造的匿名区是否满足 k-匿名要求
    02.def is_k_anonymity(data, partition, sensitive, k=4):
    03.     if len(partition) < k:
    04.         return False
    05.     return True
```

根据准标识符 quasi_id 和敏感属性 sensitive，构造符合 k-anonymity 要求的数据集，结果如图 2-11 所示。

```
    01.#构造匿名区
    02.def partition_dataset(data, quasi_id, sensitive, scale, is_k_
anonymity):
    03.     finished_partitions = []
    04.     #获取分区索引
    05.     partitions = [data.index]
    06.     while partitions:
    07.         #弹出分区
```

```
08.         partition = partitions.pop(0)
09.         #获取分区跨度
10.         spans = get_spans(data[quasi_id], partition, scale)
11.         for column, span in sorted(spans.items(), key=lambda x:-x[1]):
12.             #切割分区
13.             lp, rp = split(data, partition, column)
14.             #判断是否符合匿名条件
15.             if not is_k_anonymity(data, lp, sensitive) or not is_k_
anonymity(data, rp, sensitive):
16.                 continue
17.             partitions.extend((lp, rp))
18.             break
19.             else:
20.                 finished_partitions.append(partition)
21.     #返回划分好的分区集合
22.     return finished_partitions
```

2.4.2　基于 *l*-diversity 的位置隐私保护方法

从图 2-11 的结果不难发现，使用 *k*-anonymity 算法虽然能构造出匿名区，降低 LSP 识别出用户真实位置的概率，但其选取的位置都位于广州大学内部，因此可以推断出该用户有很大的概率是在此大学里任职/学习的。

ADDRESS	PLATE	ROAD	AREA	CITY	PROVINCE	COUNTRY
广州大学体育馆	230	中环西路	番禺区	广州	广东	中国
广州大学文新楼	230	中环西路	番禺区	广州	广东	中国
广州大学校医室	230	中环西路	番禺区	广州	广东	中国
广州大学梅苑餐厅	230	中环西路	番禺区	广州	广东	中国

图 2-11　经过 *k*-anonymity($k = 4$)构造出的匿名区

假设 LSP 根据前几次请求发现该用户经常前往计算机实验楼(背景知识攻击)，则有很大的概率成功推断出该用户是一名广州大学计算机系的学生或老师，此时应用 *l*-diversity 算法，保证用户的位置具有多样性，能进一步降低用户身份的推理成功概率。因此，需要将 *k*-anonymity 的判断标准修改为 *l*-diversity 的判断标准。

```
01.def diversity(data, partition, column):
02.     return len(data[column][partition].unique())
03.def is_l_diversity(data, partition, sensitive, l=3):
04.     return diversity(data, partition, sensitive) >= l
```

同时，在进行分区操作时，不仅需要在 partition_dataset()函数中将传入的参数 is_k_anonymity()修改为 is_k_anonymity()and is_l_diversity()，还需要修改判断条件。

```
01.if not is_k_anonymity()and is_l_diversity() (data, lp, sensitive) or
not is_k_anonymity()and is_l_diversity() (data, rp, sensitive):
```

最后定义 l 的取值，得到的结果如图 2-12 所示。

```
l = 3
```

ADDRESS	PLATE	ROAD	AREA	CITY	PROVINCE	COUNTRY
广州美术学院医务室	168	外环西路	番禺区	广州	广东	中国
广东工业大学西生活区正门	100	外环西路	番禺区	广州	广东	中国
广州大学校医室	230	中环西路	番禺区	广州	广东	中国

图 2-12　经过 l-diversity ($l = 3$) 构造出的匿名区

2.4.3　基于 t-closeness 的位置隐私保护方法

前面也提到，如果匿名组(等价类)中的敏感属性值分布与整个数据集中的敏感属性值分布之间的距离不超过某个阈值 t，则称该匿名组满足 t-closeness 要求。因此，如果匿名表中所有的匿名组(等价类)都满足 t-closeness 要求，则称该表满足 t-closeness 要求。

在满足 l-diversity 的要求后，针对分布距离不超过某个阈值 t 的要求，首先定义 t 的取值。

```
01.t = 0.3
```

然后统计敏感属性值出现的频数，并计算其在整个数据集中的分布。

```
02.global_freqs = {}
03.#计算数据集的长度
04.total_count = float(len(data))
05.#分组并统计敏感属性值出现的频数
06.group_counts = data.groupby(sensitive)[sensitive].agg('count')
07.for value, count in group_counts.to_dict().items():
08.     #计算敏感属性值在整个数据集的分布
09.     p = count/total_count
10.     global_freqs[value] = p
```

接着计算敏感属性值在分区上的分布概率，并计算两个分布的距离。

```
01.def t_closeness(data, partition, column, global_freqs):
02.     #计算分区的长度
03.     total_count = float(len(partition))
04.     d_max = None
05.     #分组并统计敏感属性值出现的频数
06.     group_counts = data.loc[partition].groupby(column)[column].agg
('count')
07.     for value, count in group_counts.to_dict().items():
08.         p = count/total_count
09.         #计算两个分布的距离
10.         d = abs(p-global_freqs[value])
```

```
11.         if d_max is None or d > d_max:
12.             d_max = d
13.     return d_max
```

最后判断敏感属性值的两个分布距离是否超过阈值 *t*。如果没有超过阈值 *t*，则说明生成的数据集满足 *t*-closeness 要求，结果如图 2-13 所示。

```
01.def is_t_closeness(data, partition, sensitive, global_freqs, t=0.3):
02.     return t_closeness(data, partition, sensitive, global_freqs) <= t
```

ADDRESS	PLATE	ROAD	AREA	CITY	PROVINCE	COUNTRY
广州美术学院网球场	168	外环西路	番禺区	广州	广东	中国
广州大学校医室	230	中环西路	番禺区	广州	广东	中国
广东工业大学西生活区正门	100	外环西路	番禺区	广州	广东	中国

图 2-13　经过 *t*-closeness($t = 0.3$)构造出的匿名区

2.5　讨论与挑战

本章主要介绍了基于 *k*-anonymity 及其衍生的隐私保护算法，包括 *l*-diversity、*t*-closeness 等，并通过核心算法复现 3 个算法模型。在此基础上，以位置隐私为例，介绍了 *k*-anonymity 模型如何运用在位置隐私保护中。

k-anonymity 算法用来解决攻击者通过已发布的数据和其他渠道获取的外部数据进行链接攻击，从而推理用户隐私数据的问题。但是 *k*-anonymity 算法不能阻止攻击者的背景知识攻击，也不能防御某个等价类内对应敏感属性值完全相同的同质性攻击。

为了解决这两种攻击带来的隐私泄露问题，对 *k*-anonymity 算法进行改进得到 *l*-diversity 算法，保证每一个等价类里，敏感属性至少有 *l* 个不同的取值。但使用 *l*-diversity 算法仍可能发生由敏感属性值总体分布不均衡带来的偏斜性攻击，*t*-closeness 算法的提出降低了这一风险，它通过限制敏感属性值的分布距离不超过阈值 *t* 来解决这个问题。

然而，当公开的数据记录和原始记录顺序相同时，恶意攻击者就可以猜出匿名化的记录属于谁；或者公开的数据有多种类型，若它们的 *k*-anonymity 算法泛化方式不同，攻击者也能通过关联多个 *k*-匿名数据表来推测用户敏感信息。在以上这些情况下，可以通过添加扰动的方法来保护用户隐私，第 3 章介绍的差分隐私就是一种典型的基于扰动的隐私保护方法。差分隐私可以保证即使攻击者具有较充足的背景知识，也无法在最终的输出中找出单个用户的某项属性。

2.6　实验报告模板

2.6.1　问答题

(1) *k*-anonymity 算法作为数据隐私保护的一种基本算法，它的工作原理是什么？

(2) l-diversity 算法解决了 k-anonymity 算法不能解决的哪些问题？是如何解决的？

(3) t-closeness 算法解决了 l-diversity 算法不能解决的哪些问题？是如何解决的？

(4) 以自己的理解说明位置隐私泄露会带来什么样的危害。

2.6.2　实验过程记录

(1) k-anonymity 算法的实验过程记录。

①简述 k-anonymity 算法进行隐私保护的步骤；

②在 adult 数据集上进行不同 k 取值(如 $k=5$、$k=10$)的匿名实验。

(2) l-diversity 算法的实验过程记录。

①简述 l-diversity 算法进行隐私保护的步骤；

②在 adult 数据集上进行不同 l 取值(如 $l=5$、$l=7$)的匿名实验。

(3) t-closeness 算法的实验过程记录。

①简述 t-closeness 算法进行隐私保护的步骤；

②在 adult 数据集上进行不同 t 取值(如 $t=0.4$、$t=0.5$)的匿名实验。

(4) 尝试收集自己当前和附近的位置信息，并按照图 2-8 和图 2-9 格式存储地理位置信息，根据 $k=4$、$l=3$、$t=0.3$ 完成匿名隐私保护实验。

参 考 文 献

[1] MAYILVELKUMAR P, KARTHIKEYAN M. L-diversity on k-anonymity with external database for improving privacy preserving data publishing[J]. International journal of computer applications, 2012, 54(14): 7-13.

[2] NARAYANAN A, SHMATIKOV V. Robust de-anonymization of large sparse datasets[C]. 2008 IEEE Symposium on Security and Privacy. Oakland, 2008: 111-125.

[3] DE MONTJOYE Y A, HIDALGO C A, VERLEYSEN M, et al. Unique in the crowd: the privacy bounds of human mobility[J]. Scientific reports, 2013, 3(1): 1376.

[4] SWEENEY L. K-anonymity: a model for protecting privacy[J]. International journal of uncertainty, fuzziness and knowledge-based systems, 2002, 10(5): 557-570.

[5] MACHANAVAJJHALA A, KIFER D, GEHRKE J, et al. L-diversity: privacy beyond k-anonymity[J]. ACM transactions on knowledge discovery from data, 2007, 1(1): 3.

[6] LI N H, LI T C, VENKATASUBRAMANIAN S. T-closeness: privacy beyond k-anonymity and l-diversity[C]. 2007 IEEE 23rd International Conference on Data Engineering. Istanbul, 2007: 106-115.

[7] 吴英杰. 隐私保护数据发布: 模型与算法[M]. 北京：清华大学出版社, 2015.

[8] SAMARATI P, SWEENEY L. Protecting privacy when disclosing information: k-anonymity and its enforcement through generalization and suppression[C]. Proceedings of the IEEE Symposium on Research in Security and Privacy. Oakland, 1998: 384-393.

[9] 卢亚丽. 样本数据概率分布的可视化方法[J]. 统计与决策, 2012(12): 68-70.

[10] JR MASSEY F J. The Kolmogorov-Smirnov test for goodness of fit[J]. Journal of the American

statistical association, 1951, 46(253): 68-78.

[11] DAI Y, ZHANG R, LIN Y X. The probability distribution of distance TSS-TLS is organism characteristic and can be used for promoter prediction[C]. 19th International Conference on Industrial, Engineering and Other Applications of Applied Intelligent Systems. Annecy, 2006: 927-934.

[12] LEFEVRE K, DEWITT D J, RAMAKRISHNAN R. Mondrian multidimensional k-anonymity[C]. 22nd International Conference on Data Engineering. Atlanta, 2006: 25.

[13] YU R, KANG J W, HUANG X M, et al. Mixgroup: accumulative pseudonym exchanging for location privacy enhancement in vehicular social networks[J]. IEEE transactions on dependable and secure computing, 2015, 13(1): 93-105.

[14] 张永兵, 张秋余, 李宗义, 等. 基于近似匹配的假位置 *k*-匿名位置隐私保护方法[J]. 控制与决策, 2020, 35(1): 65-73.

[15] 李兴华, 程庆丰, 雒彬, 等. LBS 中位置隐私保护：模型与方法[M]. 北京：科学出版社，2021.

[16] 倪巍伟, 马中希, 陈萧. 面向路网隐私保护连续近邻查询的安全区域构建[J]. 计算机学报, 2016, 39(3): 628-642.

第 3 章　基于差分隐私的隐私保护

第 2 章学习的 k-匿名是 1998 年提出的一种将数据匿名化的技术，可以使匿名化数据集中的每一个个体信息都不能从其他 k–1 个个体信息中区分开。但是 k-匿名算法中不包含随机化属性，所以攻击者依然可以从满足 k-匿名性质的数据集中推断出与个体有关的隐私信息。

研究者后续针对 k-匿名隐私保护方案提出了不同的改进方案，如基于 l-diversity 的隐私保护、基于 t-closeness 的隐私保护等，但是这些改进方案仍存在两个问题：一是模型的安全性与攻击者所掌握的背景知识相关；二是其隐私保护水平无法用严格的数学方法来衡量。

而 2006 年 Dwork 提出的差分隐私模型[1]解决了这两个问题，它通过引入随机噪声使得查询结果不会因为某一个体是否在数据库中而产生明显变化，从而确保了个体信息不被泄露。差分隐私模型不依赖于攻击者拥有多少背景知识，且该模型建立在坚实的数学基础之上，对隐私保护进行了严格的定义，并提供了量化评估方法。

本章将详细介绍差分隐私的定义、基本原理和常用的差分隐私机制，并通过示例程序代码展示基于拉普拉斯机制、高斯机制、指数机制的差分隐私算法。

3.1　实 验 内 容

1. 实验目的

(1) 了解差分隐私的基本原理和机制。

(2) 掌握如何使用拉普拉斯机制、高斯机制、指数机制向数据中添加噪声，使之满足差分隐私要求。

2. 实验内容与要求

(1) 测试不同参数下拉普拉斯噪声分布特征；掌握基于拉普拉斯机制的差分隐私算法，并利用 Python 语言实现该算法；测试不同隐私保护预算对查询结果的影响。

(2) 掌握基于高斯机制的差分隐私算法，并利用 Python 语言实现该算法；测试不同隐私预算对查询结果的影响。

(3) 掌握基于指数机制的差分隐私算法，并利用 Python 语言实现该算法；测试不同隐私预算对查询结果的影响。

3. 实验环境

(1) 计算机配置：Intel (R) Core (TM) i7-9700 CPU 处理器，16GB 内存，Windows 10 (64

位)操作系统。

(2)编程语言版本：Python 3.7。

(3)开发工具：PyCharm 2020.2。

3.2 实验原理

差分隐私保护模型源自一种经典的数据库攻击方法——差分攻击。这种攻击方法的思想是：当数据集 D 中包含个体 Alice 时，假设对 D 进行查询操作所得到的结果为 $f(D)$，如果将 Alice 的信息从 D 中删除后进行查询得到的结果为 $f(D)-1$，则可以认为 Alice 满足该查询要求。这样就造成了没有对 Alice 的信息进行直接查询却泄露了 Alice 的敏感信息。

差分隐私就是要保证任意个体是否在数据集中对最终发布的查询结果几乎没有影响。它通过对查询结果加入随机噪声的方法来确保公开的输出结果不会因为一个个体是否在数据集中而产生明显的变化，所以即使在最坏的情况下，即攻击者已知除一条记录之外的所有敏感信息，仍可以保证这一条记录的敏感信息不会被泄露。

3.2.1 定义

本节将依次介绍相邻数据集、全局敏感度、局部敏感度、差分隐私 ε-DP、松弛差分隐私 (ε,δ)-DP、本地差分隐私 ε-LDP 这 6 个概念。

定义 3.1(相邻数据集) 设数据集 D 和 D' 具有相同的属性结构，两者的对称差记作 $D\Delta D'$，$|D\Delta D'|$ 表示 $D\Delta D'$ 中记录的数量。若 $|D\Delta D'|=1$，则称 D 和 D' 为相邻数据集(Adjacent Dataset)。简单来说，差分隐私要实现的保护就是数据库中增加或删除一条记录对最终的查询结果几乎没有影响，所以定义相邻数据集 D 和 D' 最多相差一条数据，即 $|D\Delta D'|=1$。

定义 3.2(全局敏感度) 查询函数 f 的全局敏感度指在任意一对相邻数据集 D 和 D' 上进行该查询得到结果的最大差别，即

$$\Delta f=\max_{D,D'}\|f(D)-f(D')\|_p$$

式中，不同的差分隐私机制会用到不同的 p 范数计算敏感度。

若 p 取 1，则 Δf 是 $f(D)$ 和 $f(D')$ 之间的 1-阶范数距离。例如，当 f 是对数据库中的患者人数进行计数时，$\Delta f=1$，拉普拉斯机制的敏感度就适用于这种情况。若 p 取 2，则 Δf 是 $f(D)$ 和 $f(D')$ 之间的 2-阶范数距离。

全局敏感度反映了一个查询函数在一对相邻数据集上进行查询时的最大变化范围。它与数据集无关，只由查询函数本身决定。

定义 3.3(局部敏感度) 查询函数 f 的局部敏感度指在一个给定的数据集 D 和该数据集的任意一个相邻数据集 D' 上进行该查询得到结果的最大差别，即

$$\Delta f=\max_{D'}\|f(D)-f(D')\|_p$$

式中，不同的差分隐私机制会用到不同的 p 范数计算敏感度。

与全局敏感度不同，局部敏感度是由查询函数和给定的数据集共同决定的，因为局部敏感度与给定的数据集及其相邻数据密切相关。

定义 3.4（差分隐私 ε-DP）　对于一个随机算法 M，P_M 为算法 M 可以输出的所有值的集合。如果对于任意的一对相邻数据集 D 和 D'，以及 P_M 的任意子集 S_M，算法 M 满足

$$\Pr[M(D)\in S_M]\leqslant \mathrm{e}^{\varepsilon}\Pr[M(D')\in S_M]$$

则称算法 M 满足 ε-DP，其中，参数 ε 为隐私保护预算。

从上式中可以看出，参数 ε 越小，作用在一对相邻数据集上的差分隐私算法返回的查询结果的概率分布越相似，攻击者越难以区分这一对相邻数据集，保护程度就越高，极端情况下，当 $\varepsilon=0$ 时，攻击者无法区分这一对相邻数据集，保护程度最高。反之，参数 ε 越大，保护程度越低。

图 3-1 说明了差分隐私概念的性质。差分隐私机制将查询函数 f 的查询结果映射到一个随机化的值域上，并以一定的概率分布来给用户返回一个查询结果。通过参数 ε 来控制一对相邻数据集上的概率分布的接近程度，使得在一对相邻数据集上的输出结果相近，那么，攻击者无法区分这一对相邻数据集，从而达到了保护数据集中个体隐私信息的目的。

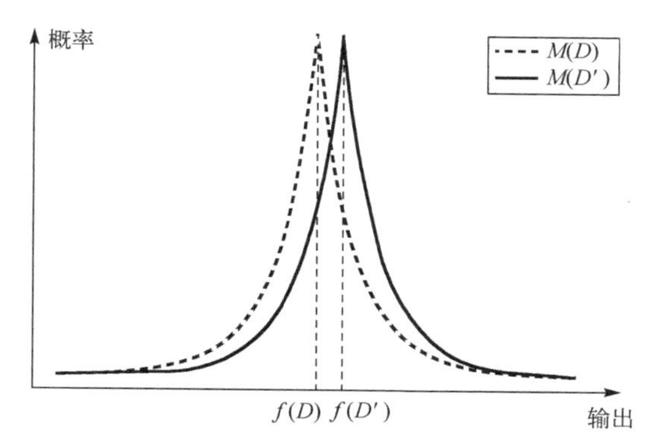

图 3-1　差分隐私算法在相邻数据集上的输出概率

满足 ε-DP 定义的差分隐私太过严格，在实际的应用中有时需要很多的隐私预算，因此为了算法的实用性，引入了松弛版本的差分隐私。

定义 3.5（松弛差分隐私 (ε,δ)-DP）　对于一个随机算法 M，P_M 为算法 M 可以输出的所有值的集合。如果对于任意的一对相邻数据集 D 和 D'，P_M 的任意子集 S_M，存在算法 M 满足

$$\Pr[M(D)\in S_M]\leqslant \mathrm{e}^{\varepsilon}\Pr[M(D')\in S_M]+\delta,$$

则称算法 M 满足 (ε,δ)-差分隐私，其中，δ 通常取一个很小的数，例如，设置为 10^{-5}，就表示只能容忍 10^{-5} 的概率违反 ε-DP。

除上述定义 3.5 中采用的 Dwork 定义的松弛差分隐私外，研究者还定义了其他的松

弛差分隐私，如雷尼差分隐私[2]等，感兴趣的读者可以自行参考。

本章将定义 3.4 和定义 3.5 中的 ε-DP 与 (ε,δ)-DP 称为中心化差分隐私，即假设存在一个可信的服务器作为数据收集者，它具有访问原始隐私数据的权利，在中心化差分隐私的模式中，所有用户的隐私数据交由该服务器进行聚集之后，先通过加噪手段保护隐私数据，再将准确聚集结果安全发布。然而，在现实情况中，用户可能并不信任除自己以外的任何人，因此，用户希望能够在将数据交给服务器之前保护隐私。这种情形促使了本地差分隐私(Local Differential Privacy，LDP)[3, 4]的产生。为避免服务器获取隐私数据，本地差分隐私在数据传递给服务器之前对数据加噪，使服务器无法根据加噪后的数据准确推测出用户的原始数据。目前基于本地差分隐私的研究工作主要集中于频率估计问题[5]和均值估计问题[6]。

不同于中心化差分隐私以使任意相邻数据集对应输出的概率分布相近为目标，本地差分隐私是通过使任意不同输入对应相同输出的概率相近的方式来达到保护输入数据个体隐私的目的。

本地差分隐私的定义如下。

定义 3.6(本地差分隐私 ε-LDP)　对于一个随机算法 M，P_M 为算法 M 可以输出的所有值的集合。如果对于任意的两个不同的输入 x 和 x'，以及 P_M 的任意子集 S_M，算法 M 满足

$$\Pr[M(x)\in S_M]\leqslant \mathrm{e}^{\varepsilon}\Pr[M(x')\in S_M]$$

则称算法 M 满足 ε-LDP，其中，参数 ε 为隐私保护预算。

本章将在 3.2.2 节中介绍 4 种常用的差分隐私机制，包括 3 种中心化差分隐私机制和 1 种本地差分隐私机制。本章介绍的中心化差分隐私机制包含拉普拉斯机制、高斯机制、指数机制。其中，若查询结果为数值型数据，则多选用拉普拉斯机制和高斯机制，将准确查询结果加上依据全局敏感度生成的符合拉普拉斯分布或高斯分布的噪声，从而达到保护数据隐私的目的；若查询结果为非数值型数据，例如，以一定概率输出一个实体对象，那么，此时无法通过拉普拉斯机制和高斯机制加噪，可以选用指数机制依据全局敏感度对结果进行随机化处理，从而保护数据隐私。不同于中心化差分隐私依据全局敏感度直接对查询结果的加噪，本地差分隐私需要在数据源头保护隐私，且本地差分隐私不存在全局敏感度的概念，因此也无法直接使用拉普拉斯机制、高斯机制、指数机制，本章将介绍一种随机响应机制(Randomized Response Mechanism)来解决本地差分隐私问题。

3.2.2 差分隐私机制

1) 拉普拉斯机制

拉普拉斯机制(Laplace Mechanism)通过向查询结果 $f(D)$ 中加入一个满足拉普拉斯分布的噪声 x 来实现 ε-差分隐私，即

$$M(D)=f(D)+x$$

式中，x 由位置参数为 0、尺度参数为 b 的拉普拉斯分布 $\mathrm{Lap}(b)$ 产生。

拉普拉斯分布 $\mathrm{Lap}(b)$ 的概率密度函数为 $p(x)=\frac{1}{2b}\exp\left(\frac{-|x|}{b}\right)$，那么当 $b=\Delta f/\varepsilon$，即 $x\sim \mathrm{Lap}(\Delta f/\varepsilon)$ 时，随机算法 $M(D)=f(D)+\mathrm{Lap}(\Delta f/\varepsilon)$ 满足 ε- 差分隐私。

ε 越大，噪声为 0 的概率越高，添加较大噪声值的概率越小，这意味着隐私保护的程度越低。

2) 高斯机制

类比拉普拉斯机制，高斯机制(Gaussian Mechanism)是通过向查询结果 $f(D)$ 中添加满足高斯分布的噪声 x 来实现松弛差分隐私的，即

$$M(D)=f(D)+x$$

式中，x 由一个数学期望为 μ、方差为 σ^2 的高斯分布 $N(\mu,\sigma^2)$ 产生。

与拉普拉斯机制不同的是，高斯机制提供的是松弛的 (ε,δ)-DP 机制，且敏感度为 $\Delta f=\max_{D,D'}\|f(D)-f(D')\|_2$。

高斯分布的概率密度函数为 $f(x)=\frac{1}{\sqrt{2\pi}\sigma}\exp\left(-\frac{(x-\mu)^2}{2\sigma^2}\right)$，那么，给定 ε，对于任意的 $\delta\in(0,1)$，$\sigma>\frac{\sqrt{2\ln\left(\frac{1.25}{\delta}\right)}}{\varepsilon}\Delta f$，有噪声 $X\sim N(0,\sigma^2)$，满足 (ε,δ)-DP，即

$$\Pr[M(D)\in S_M]\leqslant \mathrm{e}^{\varepsilon}\Pr[M(D')\in S_M]+\delta$$

从上述公式可知，高斯机制较拉普拉斯机制满足的隐私约束更加松弛，参数 δ 的取值影响其隐私约束的松弛程度。

3) 指数机制

前面介绍的拉普拉斯机制和高斯机制都是对输出的数值结果加入噪声来实现差分隐私的。而当输出结果是一组离散数据 $\{R_1, R_2, \cdots, R_N\}$ 中的元素时，这两种机制就无法适用了。对于这种非数值型的数据可以采用指数机制(Exponential Mechanism)来添加随机噪声。

指数机制整体的思想就是：当接收到一个查询 f 之后，不是确定性地输出一个 R_i 结果，而是以一定的概率返回不同结果，从而实现差分隐私。而这个概率则是由打分函数确定的，得分高的结果输出概率高，得分低的结果输出概率低。函数敏感度为

$$\Delta f=\Delta q=\max_{D,D'}\|q(D,R_i)-q(D',R_i)\|_1$$

式中，q 表示打分函数；D 表示指定数据集；$q(D,R_i)$ 表示某一个输出结果 R_i 的分数。指数机制 $M(D,q,R_i)$ 以正比于 $\mathrm{e}^{\frac{\varepsilon q(D,R_i)}{2\Delta q}}$ 的概率输出结果 R_i 时满足 ε- 差分隐私。具体输出某一结果 R_i 的概率为

$$\Pr[R_i]=\frac{\exp\left(\frac{\varepsilon q(D,R_i)}{2\Delta q}\right)}{\sum_i \exp\left(\frac{\varepsilon q(D,R_i)}{2\Delta q}\right)}$$

从上述公式中不难看出，ε 越小，输出 R_i 的概率越低，隐私保护程度越高。

4) 随机响应机制

随机响应[7]是早期在随机过程中保护隐私的一个机制，用于收集令人尴尬或非法行为等敏感属性的统计信息，假设用 P 来表示这些敏感属性，研究者用如下公式来收集个体是否拥有 P 属性。

抛掷一枚硬币：

(1) 如果硬币是正面，则如实回答。

(2) 如果硬币是反面，则抛掷第二枚硬币。

①如果第二枚硬币是正面，则回答“是”;

②如果第二枚硬币是反面，则回答“否”。

通过上述随机响应机制能够使个体具备可信否认的权利，即使最后得到的结果是“是”，但是该结果并不能代表个体的真实意愿，因为这个结果有可能来自第二枚硬币抛出正面。

随机响应机制能够满足本地差分隐私，不同于拉普拉斯机制等中心化差分隐私机制在服务器端对数据的聚集结果上加噪，随机响应机制可以在客户端对数据进行扰动，避免服务器泄露个体隐私信息。通过如下定理可以证明上述机制满足本地差分隐私。

定理 3.1　上述随机响应机制满足 $\ln 3$ -本地差分隐私。

证明：

$$\frac{\Pr[\text{Response}=Y|\text{Truth}=Y]}{\Pr[\text{Response}=Y|\text{Truth}=N]}=\frac{0.75}{0.25}=3$$

为满足差分隐私，令 $e^{\varepsilon}=3$，则 $\varepsilon=\ln 3$，该随机响应机制满足 $\ln 3$ -本地差分隐私。

定理 3.2　假设上述随机响应过程中第一枚硬币不是均匀的，该硬币以 p 的概率抛出正面，以 $1-p$ 的概率抛出反面，那么，该机制满足 $\ln\left(\frac{1+p}{1-p}\right)$-本地差分隐私。

证明：

$$\frac{\Pr[\text{Response}=Y|\text{Truth}=Y]}{\Pr[\text{Response}=Y|\text{Truth}=N]}=\frac{p+0.5(1-p)}{0.5(1-p)}=e^{\varepsilon}$$

$\varepsilon=\ln\left(\frac{1+p}{1-p}\right)$，因此，该机制满足 $\ln\left(\frac{1+p}{1-p}\right)$-本地差分隐私。

通过上述随机响应机制，可以在数据采集阶段进行扰动，再将扰动后的数据传递给数据收集者，从而避免收集者泄露个体隐私。

3.3　核心算法示例

本节将通过实验示例展示三种中心化差分隐私算法，在 3.3.1 节中展示不同参数下的拉普拉斯噪声分布、基于拉普拉斯机制的差分隐私算法、调整参数及隐私预算对结果的影响的示例程序代码，在 3.3.2 节、3.3.3 节中分别展示基于高斯机制和指数机制的差分隐私算法及示例程序代码。

3.3.1　基于拉普拉斯机制的差分隐私算法

通过实验原理的介绍，读者现在已经对基于拉普拉斯分布的差分隐私有了初步的认识，下面将通过实验示例展示拉普拉斯噪声是如何生成的，以及基于拉普拉斯机制的差分隐私算法。

1．拉普拉斯噪声分布

拉普拉斯机制会向查询结果中加入一个满足拉普拉斯分布的噪声 x 来实现 ε- 差分隐私，即最后的返回结果为 $M(D)=f(D)+x$。其中，x 的概率密度函数为 $p(x)=\frac{1}{2b}\exp\left(\frac{-|x|}{b}\right)$，$b=\Delta f/\varepsilon$ 时满足 ε- 差分隐私。下面将分如下四个步骤测试拉普拉斯噪声分布。

1) 定义概率密度函数

如下函数中，x 为噪声值，sensitivity 是查询函数 f 的全局敏感度 Δf，epsilon 是设定好的隐私保护预算 ε。

```
01.#定义概率密度函数
02.def laplace_function(x,  sensitivity, epsilon):
03.     return (1/(2*sensitivity/epsilon)) * np.e**(-1*(np.abs(x)
*epsilon/sensitivity))
```

2) 确定参数取值

隐私预算 ε 是自己设定的，接下来还要做的就是确定查询的全局敏感度 Δf，即删掉一条数据后查询结果的最大改变量，这个量会因为查询函数不同而不同。设查询函数为对数据库内患者人数的查询，那么删掉一条数据后患者人数最多减少 1，即查询结果的最大改变量为 1。在这里暂且设定全局敏感度为 1。

```
01.sensitivity=1
```

3) 观察噪声分布

先调用 numpy 库中的 linspace 函数在−5～5 均匀取 10000 个数。

```
01.x = np.linspace(-5,5,10000)
```

接下来用一个 for 循环把这 10000 个数传入刚定义好的 laplace_function 函数，隐私

预算 ε 先取 2，查看各噪声值被取到的概率密度，把结果储存在 y_1 列表中。

```
01.y1 = [laplace_function(x_,sensitivity,2) for x_ in x]
```

调用 matplotlib 这一绘图库中的 pyplot 函数集合把得到的噪声概率密度图像绘制出来。

```
01.#绘制 Laplace 噪声概率密度图像
02.plt.plot(x, y1, linestyle='-', label="ε : 2")
03.plt.legend()
04.plt.show()
```

实验结果如图 3-2 所示，通过观察可以发现噪声取值为 0 的概率密度最高，取 0 时左右两边值的概率密度呈指数式递减。因此，拉普拉斯噪声以较大概率取值在 0 附近。

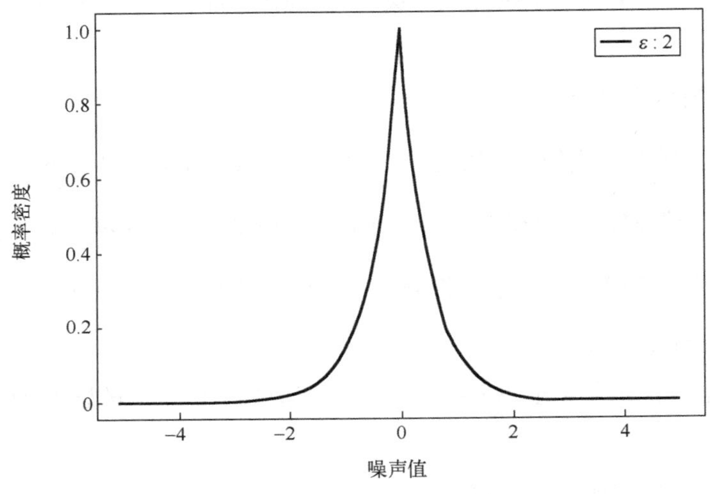

图 3-2　噪声概率密度图像

4) 测试不同隐私预算下的噪声分布

先用 for 循环把刚刚的 10000 个数传入定义好的 laplace_function 函数，现在隐私预算 ε 取 0.5 和 0.1，再把结果分别储存在 y_2 和 y_3 两个列表中。

```
01.y2 = [laplace_function(x_,sensitivity,0.5) for x_ in x]
02.y3 = [laplace_function(x_,sensitivity,0.1) for x_ in x]
```

调用 pyplot 函数把三个不同隐私预算取值对应的噪声密度图像以标签分别为“ε:2”“ε:0.5”“ε:0.1”的线条绘制出来。

```
01.#绘制不同隐私预算下的噪声概率密度图像
02.plt.plot(x, y1, linestyle='-', label="ε : 2")
03.plt.plot(x, y2, linestyle='--', label="ε : 0.5")
04.plt.plot(x, y3, linestyle=':', label="ε : 0.1")
05.plt.legend()
06.plt.show()
```

实验结果如图 3-3 所示，通过观察这三条曲线可以发现 ε 越大，噪声取 0 附近值的概率就越高，这意味着添加的较大噪声值的概率越小，隐私保护程度越低，隐私暴露的风险越高；相反，ε 越小，添加较小噪声值的概率越大，隐私保护的程度就越高。

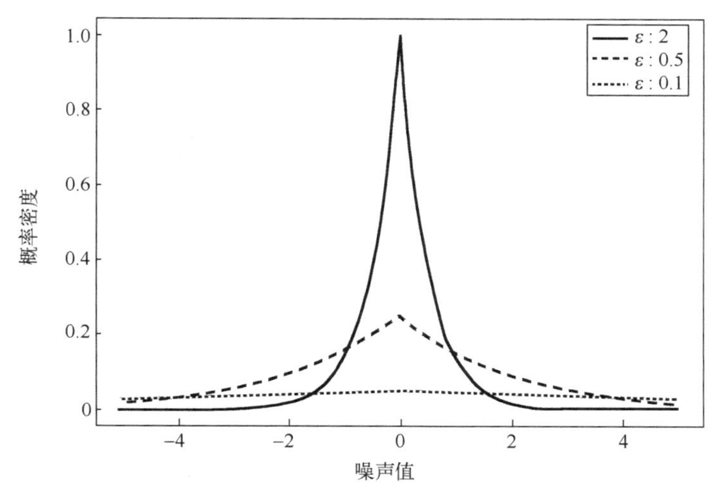

图 3-3 不同隐私预算下的噪声概率密度图像

2. 基于拉普拉斯噪声的差分隐私算法

在得知拉普拉斯噪声分布以及隐私预算对隐私保护程度的影响之后，下面将分三个步骤介绍基于拉普拉斯噪声的差分隐私算法的实现，以及不同隐私预算对算法的影响。

1) 生成符合拉普拉斯分布的随机噪声

为了方便，这里直接从 numpy 库中调用 random 函数集合中的 laplace(loc, scale, size) 函数来生成符合拉普拉斯分布的随机噪声。这里 laplace 函数的表达式为

$$f(x;\mu,\lambda)=\frac{1}{2\lambda}\exp\left(-\frac{|x-\mu|}{\lambda}\right)$$

在调用时要传入 loc、scale、size 三个参数。其中，loc 对应 μ 的值；scale 对应 λ 的值，size 表示的是用 laplace 函数生成的噪声数量。

对比之前学的拉普拉斯噪声的概率密度：

$$p(x)=\frac{1}{2b}\exp\left(\frac{-|x|}{b}\right)$$

可知 $\text{loc}=\mu=0$， $\text{scale}=\lambda=b=\Delta f/\varepsilon$。

这里仍取 $\Delta f=1$，先设定隐私预算 $\varepsilon=2$，通过简单计算可得 $\text{scale}=0.5$。在参数值确定之后，调用 laplace 函数来生成随机噪声。

```
01.#生成 laplace 噪声
02.loc = 0                    #laplace 函数参数μ
```

```
03.scale = 0.5          #laplace 函数参数λ
04.size = 1             #生成噪声数量
05.s = np.random.laplace(loc, scale, size)
06.print("噪声值为"+str(s[0]))
```

通过上述操作就获得了一个拉普拉斯噪声。注意：图 3-4 只是一次实验的结果，由于噪声是个随机数，所以每次得到的噪声结果是不相同的。

噪声值为-0.041349331571753946

图 3-4　单次加噪的实验结果

2) 探究隐私预算 ε 取值对生成噪声大小的影响

由于噪声的生成是一个随机的过程，单次的结果可能不能很好地表现出隐私保护程度，所以把加噪过程重复 10 次然后取其平均值作为评判的标准。因此，这里 loc 仍为 0，size 值设为 10。隐私预算分别取 2、0.5 和 0.1，即 scale 分别取 0.5、2 和 10。把结果分别保存在 s_1、s_2、s_3 三个列表中。

```
01.#生成满足不同隐私预算的噪声值
02.loc = 0              #laplace 函数参数μ
03.size = 10            #生成噪声数量
04.scale1, scale2, scale3 = 0.5, 2, 10   #laplace 函数参数λ
05.s1 = np.random.laplace(loc, scale1, size)
06.s2 = np.random.laplace(loc, scale2, size)
07.s3 = np.random.laplace(loc, scale3, size)
```

把三个列表中的数分别加起来求平均值作为最后的输出结果。

```
01.#对 3 个列表分别求 10 次平均噪声值
02.result1, result2, result3 = 0, 0, 0
03.for s_ in s1:
04.    result1 += s_
05.for s_ in s2:
06.    result2 += s_
07.for s_ in s3:
08.    result3 += s_
09.print("ε 取 2 时噪声值为"+ str(result1/10))
10.print("ε 取 0.5 时噪声值为"+ str(result2/10))
11.print("ε 取 0.1 时噪声值为"+ str(result3/10))
```

从图 3-5 的结果中可以看到，ε 越大，平均噪声的绝对值越小，这样与真实结果的偏差越小，隐私保护程度越低。反之，ε 越小，平均噪声的绝对值越大，与真实结果的偏差越大，隐私保护程度越高。这与 3.3.1 节第 1 部分的实验结果一致。仍然要提醒读者的是，由于噪声的添加是一个随机过程，所以最后的实验结果可能与图 3-5 有所偏差，但是三者之间的大小关系是不变的，与上述结果几乎保持一致。

```
ε取2时噪声值为-0.01959301393072223
ε取0.5时噪声值为-0.8004067108129178
ε取0.1时噪声值为2.8758173716656663
```

图 3-5　不同 ε 取值得到的平均噪声值

3）测试多次加噪的噪声分布

为了进一步验证上面的结果，继续重复加噪过程 1000 次，然后观察[−3, 3]区间内频数的分布情况。

第一步和之前的操作一样，只是 size 变成 1000，隐私预算先取 2，把结果存在 s 列表中。

```
01.#生成 1000 次 laplace 噪声
02.loc, scale, size = 0., 0.5, 1000
03.s = np.random.laplace(loc, scale, size)
```

第二步把范围为[−3, 3]的噪声分成 30 个小区间，即区间长度为 0.2。观察噪声在这些区间内的频数分布结果。这里用到 hist 函数绘制直方图。hist 函数的第一个参数 x 为传入数据，第二个参数 bins 为区间数，第三个参数 range 为区间范围，第四个参数 density 为密度布尔值，用来修改直方图表示内容，若 density = False 则直方图纵轴表示频数，若 density = True，那么直方图纵轴表示频率。

```
01.#plt.hist(x：传入数据，bins：区间数，range：区间范围，density：密度布尔值)
02.plt.hist(s, 30, (-3, 3), density=False)
```

第三步把直方图显示出来，第二行的代码是为了图像能显示中文。图像横坐标是噪声值，纵坐标是频数，即某一区间出现噪声的次数。

```
01.#ε=2 时的噪声频数分布图
02.plt.rcParams['font.sans-serif'] = ['Arial Unicode MS']
03.plt.xlabel("噪声值")
04.plt.ylabel("频数")
05.plt.title("ε=2 时的频数分布")
06.plt.show()
```

观察图 3-6 的实验结果，可以发现噪声大部分位于−1～1，其中，[−0.2, 0]和[0, 0.2]这两个区间分布的噪声数量最多，这个图与拉普拉斯概率分布图基本保持一致。

第四步，修改 ε 的值为 0.5，其余操作不变，再进行一次实验，实验结果如图 3-7 所示。

观察图 3-7 可以发现，随着 ε 的减小，噪声值取到 0 附近的频数相较于 $\varepsilon = 2$ 时少了很多，噪声在−3～3 都有一定的分布。

第五步修改 ε 的值为 0.1，其余操作不变，再进行一次实验。观察实验结果，实验结果如图 3-8 所示。

从图 3-8 可以看出，噪声取 0 附近值的频数更少了。由此可知，ε 越小，添加的较大噪声值越多，隐私保护程度就越高。

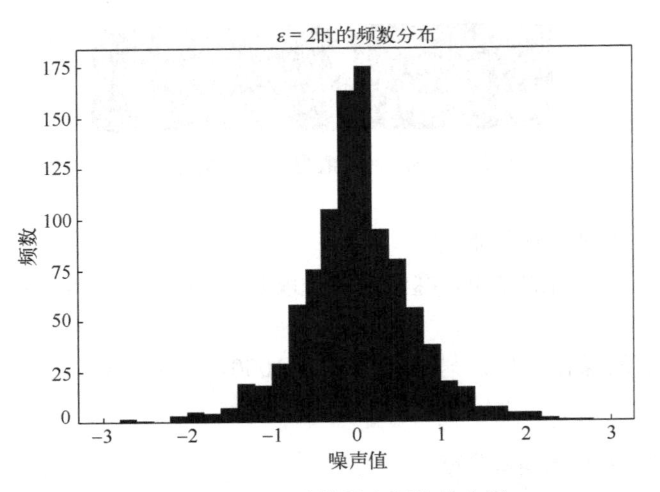

图 3-6　$\varepsilon = 2$ 时的噪声频数分布图

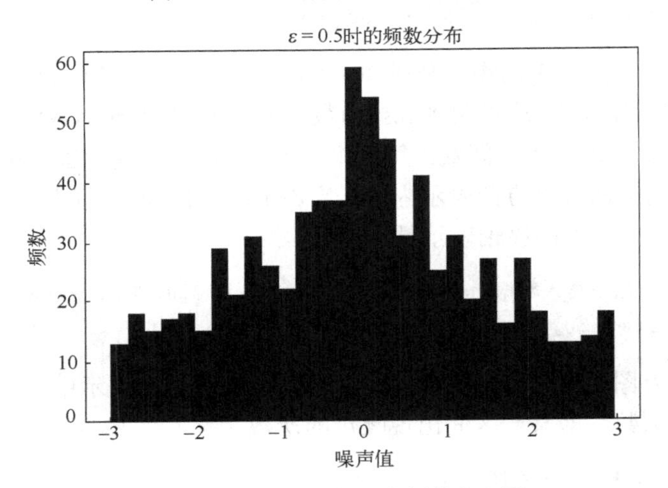

图 3-7　$\varepsilon = 0.5$ 时的噪声频数分布图

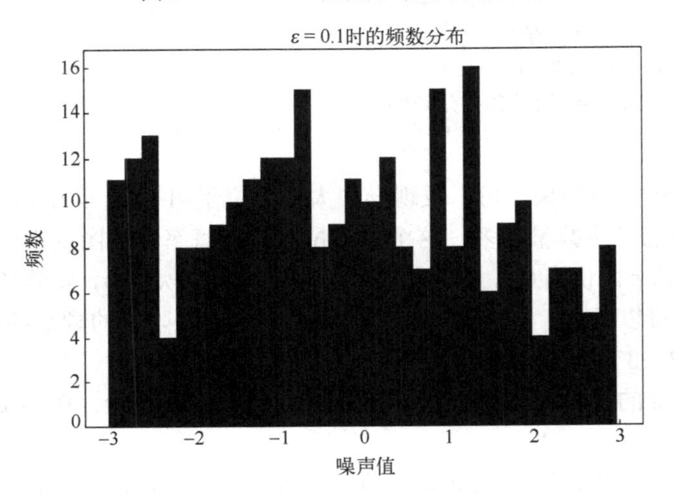

图 3-8　$\varepsilon = 0.1$ 时的噪声频数分布图

3.3.2　基于高斯机制的差分隐私算法

高斯分布的概率密度函数为 $f(x)=\frac{1}{\sqrt{2\pi}\sigma}\exp\left(-\frac{(x-\mu)^2}{2\sigma^2}\right)$，那么，对于任意的 ε，$\delta\in(0,1)$，$\sigma=\frac{\sqrt{2\ln\left(\frac{1.25}{\delta}\right)}}{\varepsilon}\Delta f$，有噪声 $X\sim N(0,\sigma^2)$，满足 (ε,δ)-DP，即

$$\Pr[M(D)\in S_M]\leqslant e^{\varepsilon}\Pr[M(D')\in S_M]+\delta$$

本节将通过如下三个步骤介绍基于高斯机制的噪声生成，以及不同隐私预算 ε、参数 δ 对生成噪声的影响。

1) 设置高斯分布参数

首先要确定高斯分布的标准差 σ 的取值。想要得到 σ 的值，需要确定 sensitivity、delta、epsilon 这三个参数。这里 sensitivity 是查询的全局敏感度，本实验中设置 sensitivity = 1；delta 对应的是 δ 的取值，这里取 10^{-5}；epsilon 对应的是隐私预算 ε 的取值，先设定隐私预算 $\varepsilon=0.9$。

```
01.#高斯噪声参数配置
02.sensitivity = 1                          #全局敏感度
03.delta = 1.e-5                            #松弛差分隐私(ε,δ)-DP中的δ参数
04.epsilon = 0.9                            #隐私预算ε
05.sigma = sensitivity*sqrt(2*log(1.25/delta,e))/epsilon
                                            #高斯分布标准差
```

本实验中采用标准的高斯机制设置参数 σ，Balle 等在 2018 年提出了优化高斯机制算法[8]，可以自适应地调整 σ 的设置从而降低整体添加的噪声值，读者可以自行参考。

得到了标准差 σ 的值以后，直接从 numpy 库中调用 random 函数集合中的 normal (loc，scale，size) 函数来生成符合高斯分布的随机数。这里 normal 函数的表达式为

$$f(x)=\frac{1}{\sqrt{2\pi}\sigma}\exp\left(-\frac{(x-\mu)^2}{2\sigma^2}\right)$$

在调用时要传入 loc、scale、size 这三个参数。其中，loc 对应 μ 的值，这里取 $\mu=0$；scale 对应 σ 的值；size 表示的是用 normal 函数生成多大规模的数组。

```
01.#生成高斯噪声
02.noise = np.random.normal(loc=0,scale=sigma,size=1)
03.print("噪声值为"+str(noise[0]))
```

通过上述操作就获得了一个高斯噪声。注意：图 3-9 只是一次实验的结果，由于噪声是个随机数，所以每次得到的噪声结果是不相同的。

```
噪声值为3.0856971067528742
```

图 3-9　单次加高斯噪声的实验结果

2）探究隐私预算ε取值对噪声分布的影响

继续重复加噪过程1000次，然后观察ε取不同值时，噪声在[−20, 20]区间内频数的分布情况。第一步与之前的操作一样，此处只是将size变成1000，隐私预算epsilon仍取0.9，把结果存在noise列表中。

```
01.sigma = sensitivity*sqrt(2*log(1.25/delta,e))/epsilon
02.#1000个高斯噪声
03.noise = np.random.normal(0, sigma, 1000)
```

第二步把范围为[−20, 20]的噪声分成40个小区间，即区间长度为1。观察噪声在这些区间内的频数分布结果。这里用到hist函数绘制直方图，hist函数中各参数含义参见3.3.1节的第2部分。

```
01.#plt.hist(x：传入数据，bins：区间数，range：区间范围，density：密度布尔值)
02.plt.hist(noise, 40, (-20,20), density=False)
```

第三步把直方图显示出来，第二行的代码是为了图像能显示中文。图像横坐标是ε = 0.9时的噪声值，纵坐标是频数，即某一区间出现噪声的次数。

```
01.#ε=0.9时的噪声频数分布图
02.plt.rcParams['font.sans-serif'] = ['Arial Unicode MS']
03.plt.xlabel("ε=0.9时的噪声值")
04.plt.ylabel("频数")
05.plt.show()
```

观察图3-10的实验结果，可以发现ε = 0.9时，噪声大部分分布于[−15, 15]区间，且噪声分布基本符合高斯分布。

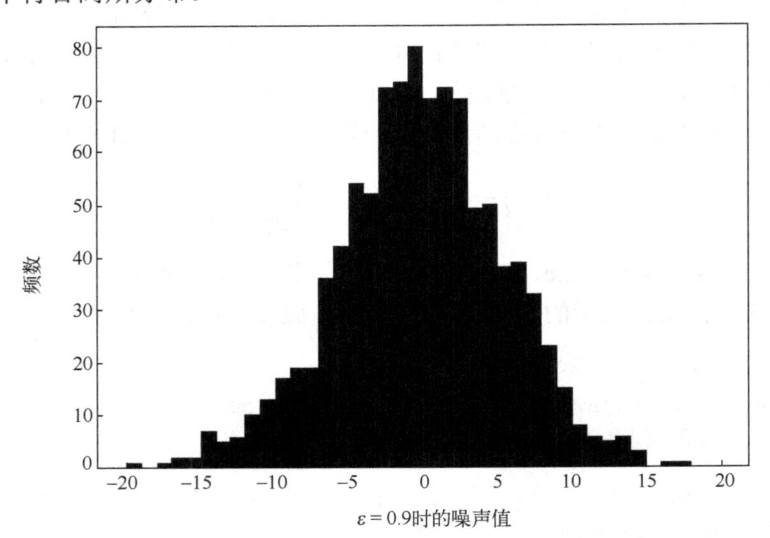

图3-10　ε = 0.9时的噪声频数分布图

第四步修改ε的值为0.5，其余操作不变，再进行一次实验。

```
01."""
02.绘制ε=0.5 时的噪声频数分布图
03.流程:
04.    (1)配置对应要求的高斯噪声的参数
05.    (2)生成高斯噪声
06.    (3)画出ε=0.5 时的噪声频数分布图
07."""
08.sensitivity = 1          #全局敏感度
09.delta = 1.e-5            #松弛差分隐私(ε,δ)-DP 中的δ参数
10.epsilon = 0.5            #松弛差分隐私(ε,δ)-DP 中的隐私预算ε
11.sigma = sensitivity*sqrt(2*log(1.25/delta,e))/epsilon
                            #高斯分布标准差
12.noise = np.random.normal(0, sigma, 1000)
13.#绘制噪声频数分布图
14.plt.hist(noise, 40, (-20, 20), density=False)
15.plt.rcParams['font.sans-serif'] = ['Arial Unicode MS']
16.plt.xlabel("ε=0.5 时的噪声值")
17.plt.ylabel("频数")
18.plt.show()
```

观察图 3-11 可以发现，随着 ε 的减小，噪声值取到 0 附近的频数相较于 $\varepsilon = 0.9$ 时低了很多，噪声在[−20, 20]区间均有分布。

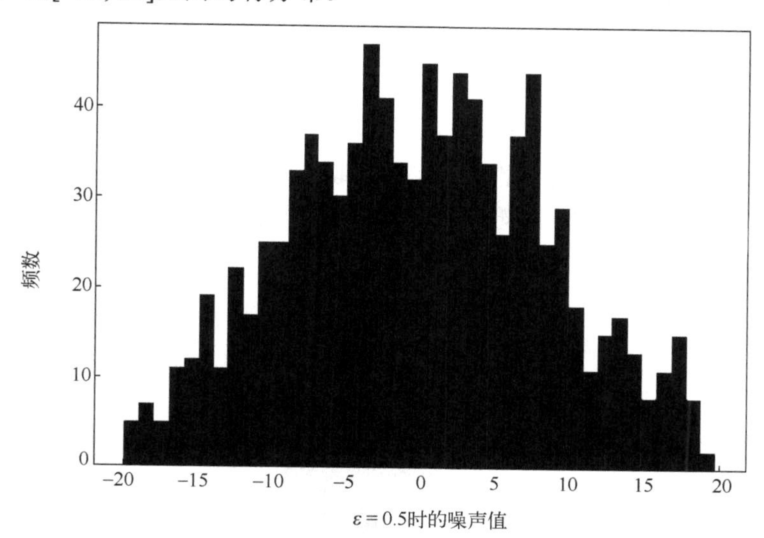

图 3-11　$\varepsilon = 0.5$ 时的噪声频数分布图

第五步修改 ε 的值为 0.1，观察实验结果。

从图 3-12 可以看出，噪声值取到 0 附近的频数更低了。由此可知，ε 越小，加的噪声量越大，隐私保护程度就越高。与图 3-9 基于拉普拉斯机制的 $\varepsilon = 0.1$ 时的噪声频数分布图相比，高斯机制添加的噪声量更大，这也与松弛差分隐私的定义吻合。

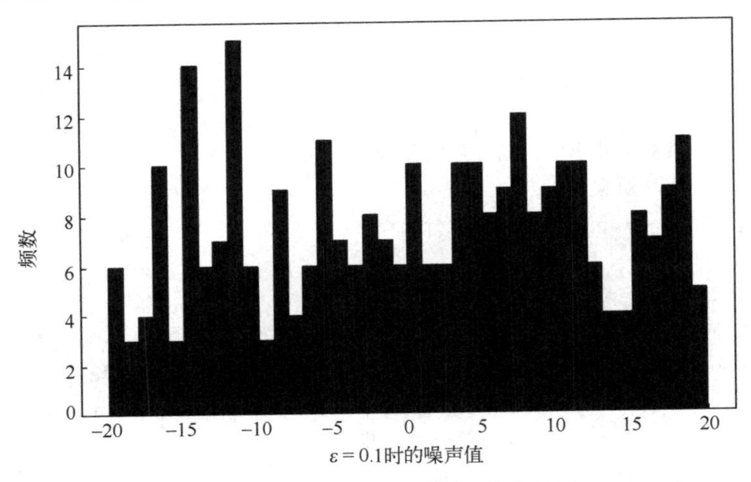

图 3-12　$\varepsilon = 0.1$ 时的噪声频数分布图

3) 探究 δ 取值对噪声分布的影响

由于高斯机制相较于拉普拉斯机制多引入了一个参数 δ，它与能容忍违反 ε-DP 差分隐私的程度成正比。所以 δ 的值越小，隐私保护程度就越高。

现在把 δ 的值由 10^{-5} 调整为 10^{-3}，其他操作不变，观察实验结果。

```
01.#修改δ的值，生成高斯噪声
02.sensitivity = 1           #全局敏感度
03.delta = 1.e-3             #(ε,δ)-松弛差分隐私中的δ参数
04.epsilon = 0.9             #(ε,δ)-松弛差分隐私中的隐私预算ε
05.sigma = sensitivity*sqrt(2*log(1.25/delta,e))/epsilon
06.noise = np.random.normal(0, sigma, 1000)
```

由图 3-13 可以看出，随着 δ 的增大，噪声取值范围缩小，聚集在 0 附近的噪声值变多，这意味着添加较大噪声值的概率降低，隐私保护能力降低。

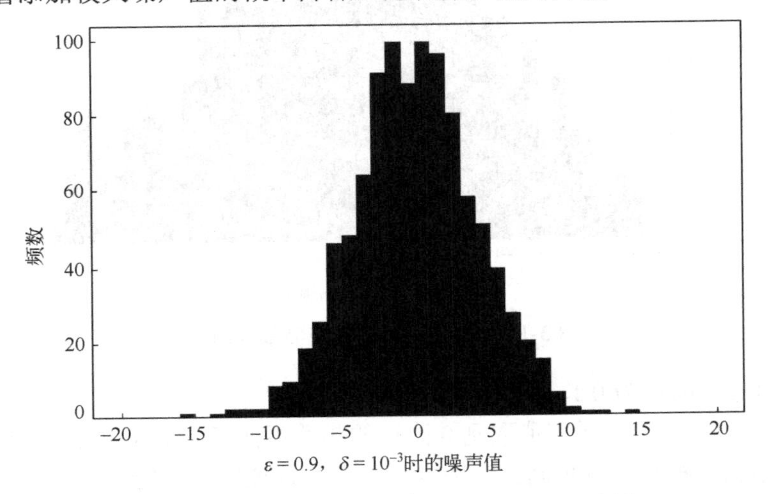

图 3-13　$\varepsilon = 0.9$，$\delta = 10^{-3}$ 时的噪声频数分布图

最后把 δ 的值由 10^{-5} 调整为 10^{-10}，其他操作不变，再进行一次实验，观察实验结果。

对比图 3-13 和图 3-14 的结果可以发现，随着 δ 变小，噪声的取值范围变大，聚集在 0 附近的噪声数变少，这就意味着添加较大噪声量的概率增加，隐私保护程度变强。

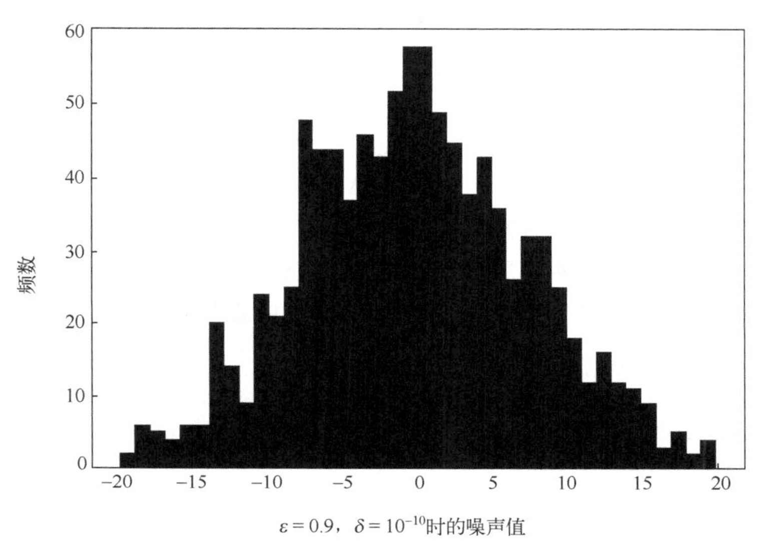

图 3-14　$\varepsilon=0.9$，$\delta=10^{-10}$ 时的噪声频数分布图

3.3.3　基于指数机制的差分隐私算法

3.2.2 节中介绍的指数机制针对的是非数值型数据的输出。现假设数据库中有一组离散数据 $\{R_1, R_2,\cdots, R_N\}$，当接收到一个查询 f 之后，不是确定性地输出一个结果 R_i，而是以一定的概率返回不同结果，这个概率是由打分函数 q 确定的。指数机制 $M(D,q,R_i)$ 以正比于 $\mathrm{e}^{\frac{\varepsilon q(D,R_i)}{2\Delta q}}$ 的概率输出结果 R_i 时满足 ε- 差分隐私。其中，D 表示指定数据集；$q(D,R_i)$ 表示某一个输出结果 R_i 的分数。

假设数据集 D 中统计了个体所患疾病的种类，现在希望能够获得患者最多的疾病类型。由于需要统计的是每种疾病的患者人数，所以令打分函数 $q(D,R_i)$ 表示每种疾病的患者人数。为了方便计算，现假定上述数据集中 Disease 属性仅有三种类型，即 Cancer、HIV 和 HPV，其对应的患者人数分别为 50、30、20，将 $q(D,\text{Cancer})=50$、$q(D,\text{HIV})=30$、$q(D,\text{HPV})=20$ 存储在打分列表 qlist 中，即 $\text{qlist}=[50,30,20]$。

本实验将利用上述数据集 D，分三个步骤进行基于指数机制的差分隐私实验。

1) 设置全局敏感度

函数 f 的全局敏感度为

$$\Delta f=\Delta q=\max_{D,D'}\left\|q(D,R_i)-q(D',R_i)\right\|_1$$

本实验希望能够获得患者最多的疾病类型。在该场景下，打分函数 $q(D,R_i)$ 就是每种疾病的患者人数，此时在数据库中增加或删除一条用户数据，每种疾病的患者人数的最大变化量为 1，所以该 $\Delta q = 1$。

2) 定义基于指数机制的输出概率函数

首先根据如下公式编写计算各种疾病输出概率的函数，具体输出某一结果 R_i 的概率为

$$\Pr[R_i] = \frac{\exp\left(\dfrac{\varepsilon q(D, R_i)}{2\Delta q}\right)}{\sum_i \exp\left(\dfrac{\varepsilon q(D, R_i)}{2\Delta q}\right)}$$

函数 Exp_function 的输入为各疾病患者人数 qlist、全局敏感度 sensitivity，以及隐私预算 epsilon。先求出每一种疾病患者人数对应的数值，然后把三种疾病的患者人数的数值加在一起，最后用每一种疾病的患者人数的数值除以总和即可得每种疾病输出的概率。

```
01.#计算满足指数机制的每种疾病输出的概率
02.def Exp_function(qlist, sensitivity, epsilon):
03.    return np.e**(epsilon*qlist/(2*sensitivity))
04.for i in range(3):
05.    sum +=Exp_function(qlist[i], sensitivity, epsilon)
06.for i in range(3):
07.    f[i]=Exp_function(qlist[i], sensitivity, epsilon)/sum
```

3) 探究不同隐私预算 ε 对各输出概率的影响

设定隐私预算 $\varepsilon = 1$，根据上面的方法计算各种疾病的输出概率 f，并利用如下代码展示结果。

```
01.# ε=1时每种疾病输出的概率
02.sensitivity = 1                    #全局敏感度
03.epsilon = 1                        #隐私预算ε
04.data={"Disease":['Cancer','HIV','HPV'],
05.     "人数":[50,30,20],
06.     "输出概率":f}
07.data1=pd.DataFrame(data,index=[1,2,3])
08.print(data1.head())
```

观察图 3-15 的结果可以发现，$\varepsilon = 1$ 时，Cancer 这一疾病被输出的概率最高，其他两种疾病的输出概率很低，这与未加噪的结果差别不大，此时数据可用性最高，但是隐私保护程度低。

现在设置隐私预算 $\varepsilon = 0.1$，算出每种疾病的输出概率，并将结果展示如图 3-16 所示。

	Disease	人数	输出概率
1	Cancer	50	9.999543e-01
2	HIV	30	4.539785e-05
3	HPV	20	3.058883e-07

图 3-15　$\varepsilon = 1$ 时每种疾病输出的概率

	Disease	人数	输出概率
1	Cancer	50	0.628532
2	HIV	30	0.231224
3	HPV	20	0.140244

图 3-16　$\varepsilon = 0.1$ 时每种疾病输出的概率

可以看出当$\varepsilon=0.1$时，虽然还是 Cancer 的输出概率最高，但是其他两项疾病的输出概率提升很多，所以隐私保护程度有所提升。

最后把隐私预算ε的值设为 0，观察每种疾病的输出概率。

从图 3-17 观察可知，当$\varepsilon=0$时，三种疾病的输出概率一样，也就是说根据输出结果完全判断不出哪类疾病的患者人数最多，此时的隐私保护程度最高，但此时的数据可用性最低。

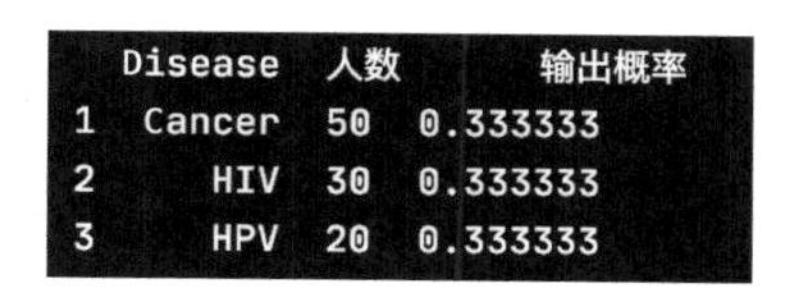

	Disease	人数	输出概率
1	Cancer	50	0.333333
2	HIV	30	0.333333
3	HPV	20	0.333333

图 3-17　$\varepsilon=0$时每种疾病输出的概率

3.4　医疗数据库隐私保护案例

在掌握了差分隐私的基本概念以及基于拉普拉斯机制、高斯机制、指数机制的加噪方法之后，现在尝试在对一个真实的医疗数据库统计分析过程中使用差分隐私机制实现对数据的保护。

3.4.1　对数据库查询结果添加拉普拉斯噪声

本实验选用 MIMIC-Ⅲ数据集[9, 10, 11]的一部分进行测试。MIMIC-Ⅲ是目前对全球研究者免费开放的院内治疗及监测的真实世界数据集，囊括了 2001～2012 年 53423 例次的住院患者信息，记录了 ICU 患者的生命体征、化验检查、治疗用药等临床数据。由于 MIMIC-Ⅲ数据集规模很大，共有 19 列，本实验只会用到第 1 列“记录号”和第 8 列“药品名称”。

现在设想一个应用场景：攻击者想要知道“32601”这条记录有没有使用“Bisacodyl”这款药品，如何对数据库加上差分隐私使得攻击者无法知道“32601”这条记录的真实用药情况呢？

1)差分攻击

首先从攻击者的角度来看，攻击者可以不直接搜索“32601”这条记录，而是用一个简单的差分攻击间接获得相关信息，具体操作如下。

先把文件名为 PRESCRIPTIONS.csv 的表格导入。

```
01.#导入文件
02.with open('PRESCRIPTIONS.csv') as f:
03.    f_csv = csv.reader(f)
04.    headers = next(f_csv)
```

然后对整个数据库进行查询，查看有多少条记录用到了“Bisacodyl”这款药品。由于“药品名称”位于数据库的第 8 列，列数从 0 开始，所以第 8 列对应 row[7]，接着遍历数据库，若 row[7]对应的药品名为“Bisacodyl”，则计数加 1。

```
01.#查询使用了 Bisacodyl 的记录数
02.i = 0
03.for row in f_csv:
```

```
04.     if row[7] == 'Bisacodyl':
05.         i = i + 1
06.print('使用 Bisacodyl 的记录数:' + str(i))
```

查询结果为数据库中总共有 105 条记录使用了“Bisacodyl”这款药品。

接下来去掉“32601”这条记录，再对使用“Bisacodyl”这款药品的记录进行查询。

```
01.#查询去掉一条记录的数据集中使用了"Bisacodyl"的记录数
02.j = 0
03.for row in f_csv:
04.     if  (row[0] !='32601' and row[7] == 'Bisacodyl'):
05.         j = j + 1
06.print('去掉一条记录后使用 Bisacodyl 的记录数:' + str(j))
```

此时运行后返回的结果为 104，即使用该药品的记录变成 104 条。

对整个数据库遍历返回的结果是 105，去掉“32601”这条记录，再查询“Bisacodyl”这款药品的使用记录时返回 104，二者差值为 1，由此可推知删除的这条记录“32601”使用了“Bisacodyl”这款药品。至此攻击者就实现了一次差分攻击，获得了“32601”这条记录的真实用药情况。

2) 基于拉普拉斯机制保护数据库隐私

现在试着利用刚学到的拉普拉斯机制来为查询结果添加噪声以保护数据库隐私。已知拉普拉斯机制会向查询结果加入噪声，即最后的返回结果 $M(D) = f(D) + x = f(D) + \mathrm{Lap}(\Delta f / \varepsilon)$。所以只需要在最后的查询结果上加一个满足拉普拉斯分布的随机数即可实现 ε- 差分隐私。

首先还是对噪声函数进行定义，由于这是对数据库中的记录数进行查询，所以删除一条记录对结果的最大影响为 1，设定全局敏感度为 $\Delta f = 1$，当隐私预算 $\varepsilon = 0.5$ 时，$\mathrm{scale} = \Delta f / \varepsilon = 2$。

```
01.#生成 laplace 噪声
02.loc = 0        #laplace 函数参数 μ
03.scale = 2      #laplace 函数参数 λ
04.s = np.random.laplace(loc, scale)
```

现在对查询加上噪声，相较于前面的查询操作，只需要在最后的结果上加上生成的随机噪声即可。

```
01.#对查询结果加上 laplace 噪声
02.i = 0
03.for row in f_csv:
04.     if row[7] == 'Bisacodyl':
05.         i = i + 1
06.print('加噪后查询到使用 Bisacodyl 的记录数为:' + str(i+s))
```

最后返回的查询结果如图 3-18 所示，由于噪声是随机的，所以生成的结果与真实值偏差较大也是可能的。

加噪后查询到使用Bisacodyl的记录数为: 105.82462667183842

图 3-18　加噪后的查询结果

再类比上面的操作，对删除一条记录后的查询结果也加上噪声。

```
01.#对去掉一条记录后的查询结果加噪
02.j = 0
03.for row in f_csv:
04.    if  (row[0] !='32601' and row[7] == 'Bisacodyl'):
05.         j = j + 1
06.print('去掉一条记录后查询到使用 Bisacodyl 的记录数为:' + str(j+s))
```

删掉目标记录后返回的查询结果如图 3-19 所示。

去掉一条记录后查询到使用Bisacodyl的记录数为: 105.75664812673216

图 3-19　去掉一条记录后的查询结果

由于两者相差的结果不到 0.07，攻击者无法推断出“32601”这条记录的真实情况，这样就初步实现了隐私保护。

3.4.2　调整参数值实现不同程度的隐私保护

在初步实现了隐私保护之后，由于单次的实验具有随机性，现在来测试加噪 1000 次会有一个怎样的结果。

用变量 a 记录对整个数据库查询加噪后的结果，变量 b 记录对删除一条记录后的数据库查询加噪后的结果，变量 y 记录删除一条记录前后查询结果差值。

```
01.#记录删除一条记录前后查询结果差值
02.a = i + np.random.laplace(loc, scale, 1000)
03.b = j + np.random.laplace(loc, scale, 1000)
04.y = a-b
```

然后把这 1000 次的结果用直方图的形式表现出来，把区间[−2, 3]分成 60 小份，再观察各区间内的差值频数分布。

```
01.#观察 1000 次查询结果差值的频数分布
02.plt.hist(y, 60, (-2, 3), density=False)
03.plt.rcParams['font.sans-serif'] = ['Arial Unicode MS']
04.plt.xlabel("删除一条记录前后的差值")
05.plt.ylabel("频数")
06.plt.title("ε=0.5 时的差值频数分布")
07.plt.show()
```

实验结果展示在图 3-20 中，观察该图可以发现差值的取值在各个区间都有分布。

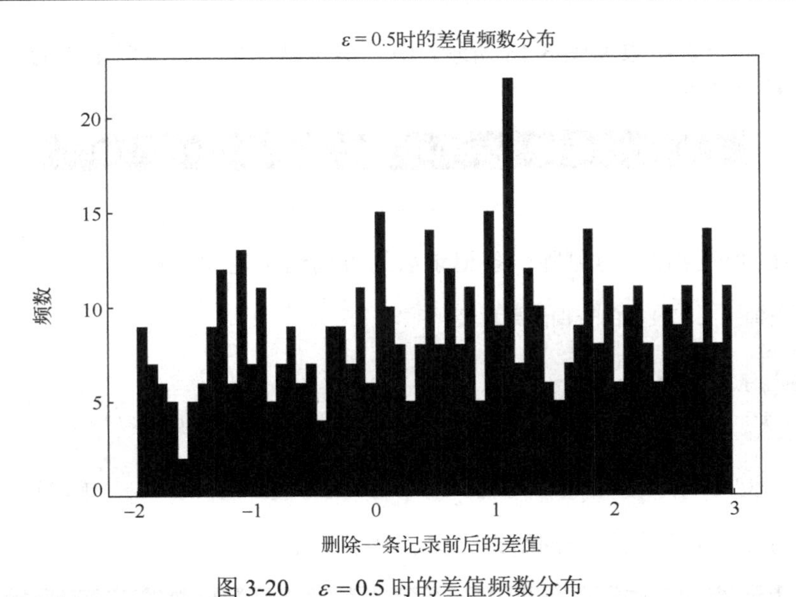

图 3-20　$\varepsilon = 0.5$ 时的差值频数分布

现在把隐私预算 ε 的值改为 2，即 scale 取 0.5，其余的操作不变，再进行一次实验。实验结果展示在图 3-21 中。

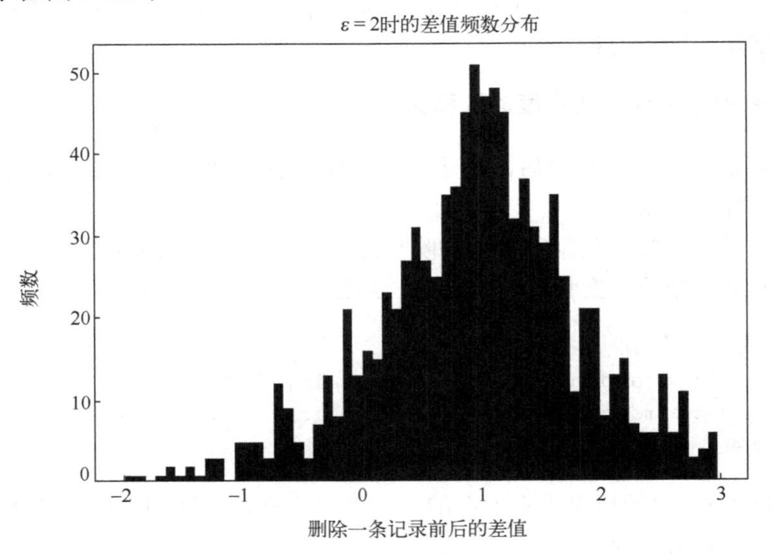

图 3-21　$\varepsilon = 2$ 时的差值频数分布

通过对比图 3-20 和图 3-21，可以发现相较于 ε 取 0.5 时，ε 取 2 时分布在 1 周围的差值明显更多，这样即使加上了差分隐私，攻击者仍能以此推断出“32601”这条记录是否使用了“Bisacodyl”这款药品。这也与前面得到的结论一致，ε 取值越大，隐私泄露的风险越高，隐私保护程度越低。

那么是不是 ε 取值小就是一定安全的呢？实际上也并非如此。

这里对 ε 取 0.5 时的 1000 次差值求平均。1000 次加噪的删除记录前后的结果分别保

存在 a、b 两个列表。然后把两个列表中的值逐项相减，把 1000 次结果累加存在变量 z 中。最后将 z 除以 1000 求得平均值。

```
01.#重复实验 1000 次，求删除一条记录前后查询结果差值的平均值
02.a = i + np.random.laplace(loc, scale,1000)
03.b = j + np.random.laplace(loc, scale,1000)
04.z = 0
05.for x in range(1000):
06.    z += a[x] - b[x]
07.print('加 1000 次噪声后 i-j 的平均值为: ' + str(z / 1000))
```

重复实验几次，可以发现平均值都位于 1 附近(图 3-22)，这样攻击者仍能以此推断出“32601”这条记录使用了“Bisacodyl”这款药品。也就是说，即使数据库对查询函数实现了差分隐私保护，在对数据库进行多次查询后求平均值仍能推出可能的真实情况。

```
加1000次噪声后 i-j 的平均值为: 0.9480572305699293
加1000次噪声后 i-j 的平均值为: 0.9929523657918076
加1000次噪声后 i-j 的平均值为: 1.026183577361711
```

图 3-22　重复实验后的结果

3.5　讨论与挑战

本章介绍了多种差分隐私机制的基本原理，通过实验分别展示了基于拉普拉斯机制、高斯机制、指数机制对数据加噪的实现过程和结果，并在实验过程中分析了不同的隐私设置对于不同差分隐私机制的影响。

值得注意的是，本章实验中涉及的三种加噪机制都需要一个可信的服务器来收集用户信息，再由服务器对查询结果添加噪声。但是现在各运营商泄露甚至贩卖用户隐私的事件层出不穷，以至于用户不愿意把自己的数据上传给服务器。针对这种现象，研究者又提出了本地差分隐私的概念，让用户可以直接在本地对数据加噪。本章原理部分介绍的随机响应就是一种本地差分隐私技术。但是，通过本地差分隐私对个体数据添加噪声对统计分析结果的可用性影响较大，尤其是当维度较高时，如何平衡数据可用性和隐私保护强度还需要进行更深入的研究。探索高安全性、高效率、高精度的隐私保护算法是这一领域未来研究的关键。

3.6　实验报告模板

3.6.1　问答题

(1) 查询全局敏感度为 1 时，为满足隐私预算 $\varepsilon = 2$ 的差分隐私，需要向结果中增加

拉普拉斯噪声的概率密度函数是什么？

(2) 隐私预算 $\varepsilon=1$ 和 $\varepsilon=2$ 时，哪种设定对隐私的保护程度更高？

3.6.2 实验过程记录

(1) 基于拉普拉斯机制的差分隐私实验过程记录。

①简述基于拉普拉斯机制进行隐私保护的步骤；

②绘制隐私预算 ε 分别为 2、0.5、0.1 时，可产生满足对应隐私预算的噪声的拉普拉斯分布的概率密度函数图像。

(2) 基于高斯机制的差分隐私实验过程记录。

①简述基于高斯机制进行隐私保护的步骤；

②绘制 $\delta=10^{-10}$，隐私预算 ε 分别为 1、0.5、0.1 时，基于高斯机制生成的 1000 次噪声的分布图；

③计算并比较②中三种隐私预算设定下产生的噪声的最大值及方差。

(3) 基于指数机制的差分隐私实验过程记录。

①简述基于指数机制进行隐私保护的步骤；

②在隐私预算分别为 0、0.2、0.4、0.6、0.8、1.0 时记录 3.3.3 节中的实验结果，并通过折线图展示三种疾病输出概率随隐私预算的变化情况。

(4) 医疗数据库隐私保护案例实验过程记录。

①在 MIMIC-Ⅲ数据库中取数据量为 1000 的数据集 A，找到其中一条使用“Bisacodyl”药品的记录，并记下该记录的 ID，构建与数据集 A 仅相差该条记录的相邻数据集 B；

②分别查询 A、B 两个数据集上使用“Bisacodyl”药品的数量，并基于拉普拉斯机制对查询结果加噪，分别记录在两个数据集上加噪前后的查询结果；

③重复②中的加噪过程 1000 次，并统计对两个数据集加噪后的查询结果差值的平均值。

参考文献

[1] DWORK C. Differential privacy[C]. 33rd International Colloquium on Automata, Languages, and Programming. Venice, 2006: 1-12.

[2] MIRONOV I. Rényi differential privacy[C]. 2017 IEEE 30th Computer Security Foundations Symposium. Santa Barbara, 2017: 263-275.

[3] KASIVISWANATHAN S P, LEE H K, NISSIM K, et al. What can we learn privately?[J]. SIAM journal on computing, 2011, 40(3): 793-826.

[4] DUCHI J C, JORDAN M I, WAINWRIGHT M J. Local privacy and statistical minimax rates[C]. 2013 IEEE 54th Annual Symposium on Foundations of Computer Science. Berkeley, 2013: 429-438.

[5] ERLINGSSON Ú, PIHUR V, KOROLOVA A. Rappor: randomized aggregatable privacy-preserving ordinal response[C]. 2014 ACM SIGSAC Conference on Computer and Communications Security.

Scottsdale, 2014: 1054-1067.

[6] NGUYÊN T T, XIAO X K, YANG Y, et al. Collecting and analyzing data from smart device users with local differential privacy[J]. arXiv preprint arXiv:1606.05053, 2016: 11.

[7] WARNER S L. Randomized response: a survey technique for eliminating evasive answer bias[J]. Journal of the American statistical association, 1965, 60(309): 63-69.

[8] BALLE B, WANG Y X. Improving the Gaussian mechanism for differential privacy: analytical calibration and optimal denoising[C]. 35th International Conference on Machine Learning. Stockholm, 2018: 394-403.

[9] JOHNSON A, POLLARD T, MARK R, et al. MIMIC-III clinical database [EB/OL]. https://doi.org/10.13026/C2XW26[2022-1-31].

[10] JOHNSON A E W, POLLARD T J, SHEN L, et al. MIMIC-III, a freely accessible critical care database[J]. Scientific data, 2016, 3(1): 160035.

[11] GOLDBERGER A, AMARAL L, GLASS L, et al. Physiobank, physiotoolkit, and physionet: components of a new research resource for complex physiologic signals[J]. Circulation, 2000, 101 (23): 215-220.

第 4 章　基于可搜索加密的隐私保护

随着数据的爆炸性增长和云存储技术的迅猛发展，越来越多的企业和个人将本地数据外包至云平台，在云服务器上实现数据的存储、分享和检索，以降低本地数据管理的成本。然而，用户存储在云服务器中的文本、图片、视频等数据通常涉及大量与用户有关的敏感信息，外部攻击者和不完全可信的云服务器都试图获取原始数据的内容，窥探用户隐私，带来严重的隐私泄露风险。

为了防止隐私泄露，数据加密技术广泛应用于外包数据的隐私保护。用户数据被加密后上传至云端，由云服务器在密文上实现更新、搜索和计算等操作，保护用户隐私的同时，也导致基于明文的关键字搜索技术失效。为此，可搜索加密技术应运而生。

本章以云存储环境下电子病历的密文搜索为例，聚焦对称可搜索加密技术，介绍如何应用对称加密、公钥加密和布隆过滤器等技术构建基于可搜索加密的隐私保护应用程序。

4.1　实 验 内 容

1. 实验目的

(1) 理解可搜索加密的基本原理。

(2) 掌握基于布隆过滤器的对称可搜索加密(Z-IDX)算法原理。

(3) 编程实现或调用 Z-IDX 算法。

(4) 在此基础上，构建基于 Z-IDX 的电子病历密文搜索方案，实现电子病历的隐私保护。

2. 实验内容与要求

(1) 理解 Z-IDX 算法的原理。

(2) 利用 Python 语言编程实现 Z-IDX 算法。

(3) 利用 unittest 模块编写测试程序，进行 Z-IDX 算法测试。

(4) 应用 Z-IDX 算法模块，构建电子病历密文搜索方案，并编写应用程序，实现电子病历存储与检索的隐私保护。

3. 实验环境

(1) 计算机配置：Intel(R) Core(TM) i5-7200U CPU 处理器，8GB 内存，Windows 10 (64 位) 操作系统。

(2) 开发平台、编程语言及其版本：PyCharm 2021.3、Python 3.10.1。

(3) 所需模块及其版本：pip 21.3.1、BitVector 3.5.0 (≥3.4)、math、secrets、typing、hmac、hashlib、unittest。

4.2 实验原理

4.2.1 基本概念

可搜索加密方案的构建主要依赖对称加密、公钥加密和布隆过滤器等技术，本节将简单介绍相关概念。

1. 对称加密

对称密码体制(Symmetric Cryptosystem)[1]的特点是加密和解密的双方使用同一个密钥。对称密码体制的安全性主要由两方面因素决定：①加解密算法足够安全，因此没必要对加解密算法保密，即由密文和加解密算法知识破译出明文是不可行的；②密钥的安全性，通信双方需在通信前商定密钥并妥善保存。下面介绍流密码(Stream Cipher)、分组密码(Block Cipher)等典型的对称密码体制。

1) 流密码

流密码又称序列密码，其基本思想如图 4-1 所示。利用密钥 k (二进制串) 由密钥流生成器产生密钥流 $z = z_0 z_1 \cdots$，并使用规则对明文串 $m = m_0 m_1 \cdots$ 进行加密，得到密文串 $c = c_0 c_1 \cdots = E_{z_0}(m_0) E_{z_1}(m_1) \cdots$，解密时以同步产生的同样的密钥流实现解密，得到 $m = m_0 m_1 \cdots = D_{z_0}(c_0) D_{z_1}(c_1) \cdots$。其中，密钥流生成器 G 产生 $z_i = G(k, \sigma_i)$，σ_i 表示加密器中的记忆元件(存储器)在 i 时刻的状态，G 表示关于密钥 k 和 i 时刻状态 σ_i 的函数。流密码的强度完全依赖于密钥流生成器所生成的序列的不可预测性和随机性，故流密码的核心是密钥流生成器的设计。实现可靠解密的关键技术是保持接收端和发送端密钥流的精确同步。流密码通常可以分为同步流密码和自同步流密码两大类。如果 σ_i 与明文消息无关，则称此类流密码为同步流密码，否则为自同步流密码。目前典型的流密码算法有 RC4、A5/1、ZUC、SOSMENUK、Grain 等。

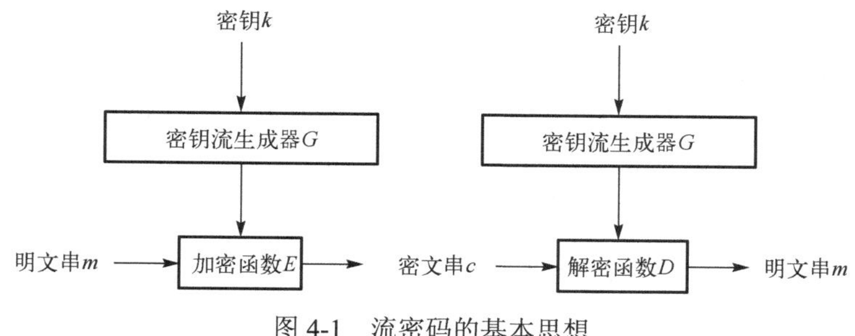

图 4-1　流密码的基本思想

2) 分组密码

分组密码的基本思想是将明文消息编码表示后的序列划分成长为 l 的组，使用密钥

和加密函数 E 对每组编码加密后输出等长的密文序列。每组密文长度记为 n 。通常取 $l=n$ ，若 $l>n$ ，则为有数据压缩的分组密码；若 $l<n$ ，则为有数据扩展的分组密码。在安全性方面，明文分组长度需足够大，以避免遭遇明文穷举攻击；密钥长度需足够大，以避免遭遇密钥穷举攻击，同时需防止密钥过长，否则会提升密钥管理难度和降低加解密速度；由密钥确定置换的算法需足够复杂，充分实现明文与密钥的扩散和混淆，从而抵抗已知的各种攻击。目前典型的分组密码算法主要包括数据加密标准(DES)、高级加密标准(AES)等。

2. 公钥加密

公钥密码体制(Public-Key Cryptosystem)[1]是非对称的，它最大的特点是使用两个不同但是相关的密钥，分别用于加密和解密。其中，用于加密的密钥是可公开的，称为公开密钥，简称公钥；另一个密钥是保密的，称为私有密钥，简称私钥。公钥密码体制的加解密过程如图 4-2 所示。假设存在通信双方 Alice 和 Bob，Alice 将向 Bob 发送秘密消息。Alice 首先获得 Bob 的公钥 pk_b，利用其公钥 pk_b 和加密算法 Enc(·)对明文 M 进行加密，并将密文 C 传输给 Bob。Bob 收到密文 C 后，利用自己的私钥 sk_b 和解密算法 Dec(·)，对密文 C 进行解密，从而得到 Alice 分享的明文 M。在此次通信中，由于 Bob 的私钥 sk_b 只在本地保存，其他用户不可访问，只有 Bob 能通过解密算法 Dec(·)得到传输的密文 C，从而保证了双方通信的安全性。常见的公钥密码算法有 RSA、EIGamal、椭圆曲线 ECC 等。公钥密码算法的应用可分为加解密、数字签名、密钥交换等类型。

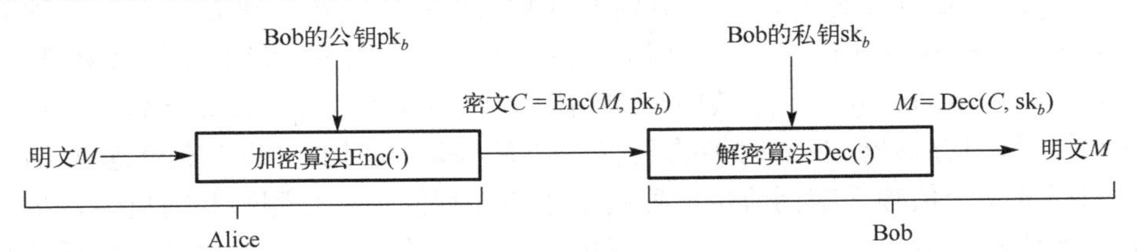

图 4-2　公钥密码体制的加解密过程

3. 布隆过滤器

布隆过滤器是由 Bloom[2]在 1970 年提出的一种高时空效率的数据结构，能够快速判定某个元素是否属于某个集合，由一个 m 比特的位数组和 k 个相互独立的 Hash 函数组成，记作 BF(m, k)。现以 BF(10, 3)为例说明布隆过滤器的构建过程。

首先建立一个如图 4-3 所示的 m 比特的位数组 L，其初始状态设为 0，随机选取 3 个 Hash 函数 $\text{Hash}_x(\cdot)$、$\text{Hash}_y(\cdot)$、$\text{Hash}_z(\cdot)$。

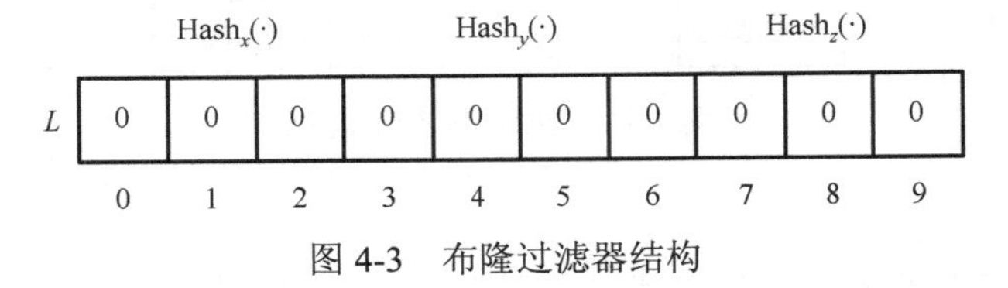

图 4-3　布隆过滤器结构

然后将 L 中每个关键字的 Hash 函数值所在位置赋值为 1。例如，将关键字 Cipher 存储到 L，只需如图 4-4 所示令 $L[\mathrm{Hash}_x(\mathrm{Cipher})]=L[0]=1$，$L[\mathrm{Hash}_y(\mathrm{Cipher})]=L[2]=1$，$L[\mathrm{Hash}_z(\mathrm{Cipher})]=L[6]=1$ 即可。依次将关键字 Search、Encrypt 存储进 L 可得如图 4-5 所示的位数组。按照此方式，可用此布隆过滤器存储所有关键字。

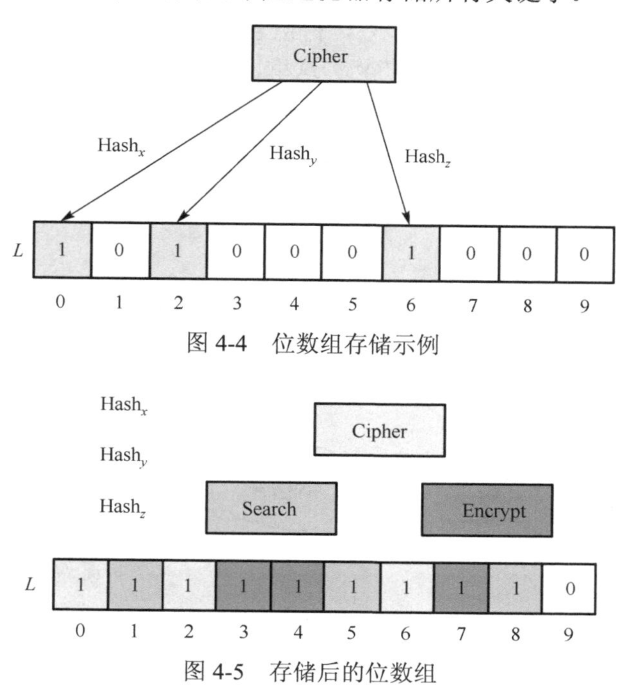

图 4-4　位数组存储示例

图 4-5　存储后的位数组

检索关键字“Key”时，只需计算待检索关键字的 3 个 Hash 值，读取并判断 L 里对应位置的值。如果 3 个 Hash 值对应的位置不全为 1，则待检索关键字“Key”必不属于 L 对应的集合；如果全为 1，则待检索关键字“Key”有较大概率属于 L 对应的集合。这里并不能确定关键字“Key”一定属于 L 对应的集合，因为布隆过滤器有可能存在误判。如图 4-6 所示，待检索关键字“Key”的 3 个 Hash 值对应的 3 个位置分别为 1、3、6，其位置上的值都为 1，依据规则判断“Key”可能属于 L 对应的集合，但实际上 1、3、6 这 3 个位置的值分别是 3 个不同的关键字所赋值的，“Key”并不属于集合。因此，布隆过滤器不会出现漏判，但可能会出现误判行为。

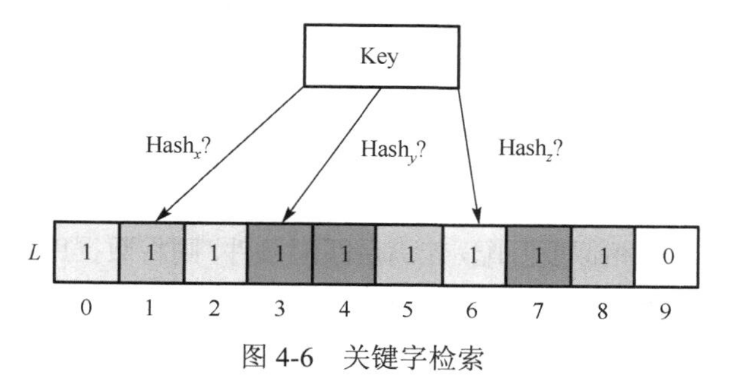

图 4-6　关键字检索

布隆过滤器误判率[2]为可能将不属于某个集合的关键字误判断成属于此集合的概率。对于布隆过滤器 BF(m, k)和包含 n 个元素的集合，BF(m, k)中第 i 位在元素存储时未被某个 Hash 函数置为 1 的概率为$1-1/m$，未被 k 个 Hash 函数置为 1 的概率为$(1-1/m)^k$，n 个元素存储后未被置为 1 的概率为$(1-1/m)^{kn} \approx e^{-kn/m}$，$n$ 个元素存储后被置为 1 的概率为$1-(1-1/m)^{kn} \approx 1-e^{-kn/m}$，待检索元素的 k 个 Hash 值对应位置都为 1，即误判率为$(1-(1-1/m)^{kn})^k \approx (1-e^{-kn/m})^k$。这里，$m$ 和 n 是固定参数，对误判率函数求关于 k 的偏导，可得当 Hash 函数的数量$k=(m/n)\cdot \ln 2$时误判率最小，最小误判率为$1/2^k$。在实际应用中，一般而言给定最大元素数 n 和误判率$1/2^k$，从而确定哈希(Hash)函数(又称散列函数或杂凑函数)的数量 k，再由公式$m=kn/\ln 2$确定位数组长度。

4.2.2 可搜索加密

可搜索加密的一般过程如图 4-7 所示，主要分为 4 步。

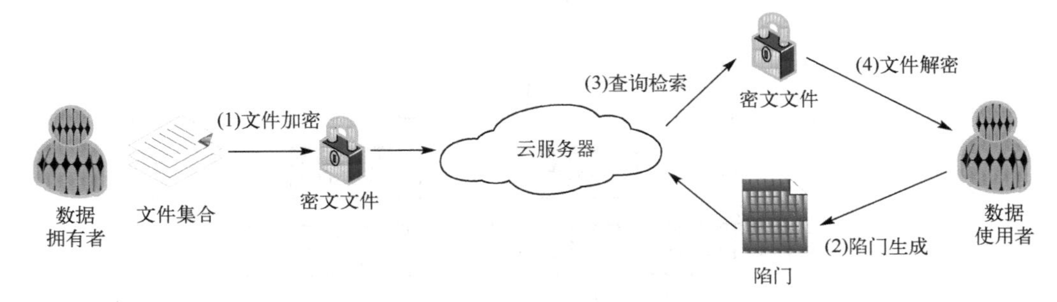

图 4-7　可搜索加密过程

(1) 文件加密：数据拥有者在本地使用加密密钥对将要上传的文件进行加密，并将密文文件上传云服务器。此外，有的方案中，数据拥有者需构造密文文件的索引并将其上传云服务器。

(2) 陷门生成：经过数据拥有者授权的数据使用者采用伪随机函数，输入密钥和待查询的关键字，生成陷门，发送给云服务器。

(3) 查询检索：云服务器使用数据使用者提交的陷门和数据拥有者上传的文件索引进行查询，返回包含陷门关键字的密文文件。

(4) 文件解密：数据使用者使用解密密钥对云服务器返回的密文文件进行解密。

根据加密、解密算法的种类，可搜索加密可分为对称可搜索加密和非对称可搜索加密。

1. 对称可搜索加密

大多数对称可搜索加密算法的原理是采用伪随机函数对数据库文件的关键字进行随机化处理，当用户进行关键字检索时，将待检索关键字进行相同处理后，与随机化处理后的数据库文件关键字进行相似度匹配，若满足匹配条件，则将数据库对应文件反馈给用户。

本实验采用的是一种经典的 Z-IDX 方案。Z-IDX 方案由 Goh 等[3]于 2003 年提出，采用 4.2.1 节第 3 部分介绍的布隆过滤器构建密文文件索引，并在布隆过滤器上查询索引值，从而反馈对应的密文文件。Z-IDX 方案如图 4-8 所示。

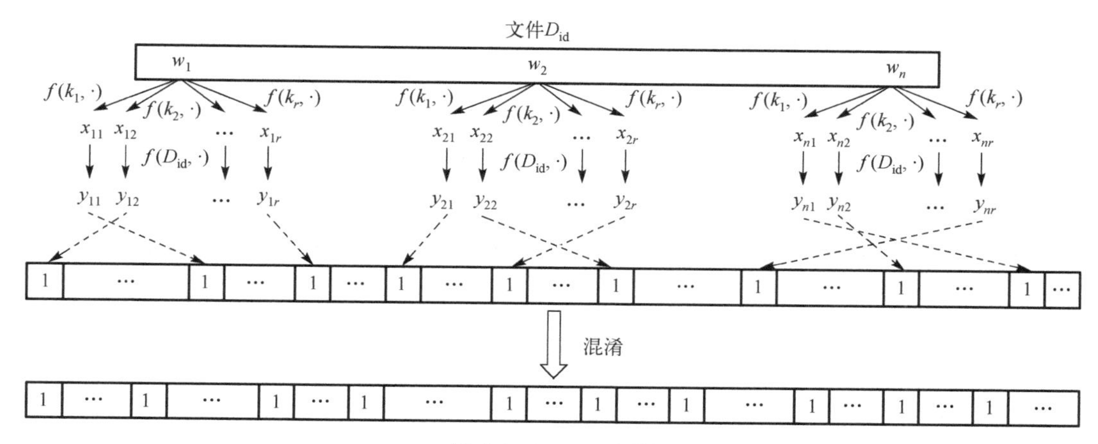

图 4-8　Z-IDX 方案

Keygen(s)：输入一个安全参数 s，选定一个伪随机函数 f: $\{0,1\}^n \times \{0,1\}^s \to \{0,1\}^s$，以及主密钥 $K_{priv}=(k_1,k_2,\cdots,k_r) \leftarrow \{0,1\}^{sr}$。

Trapdoor(K_{priv},w)：输入给定主密钥 $K_{priv}=(k_1,k_2,\cdots,k_r) \in \{0,1\}^s$ 和单词 w，计算并输出陷门 $T_w=(f(k_1,w),f(k_2,w),\cdots,f(k_r,w)) \in \{0,1\}^{sr}$。

BuildIndex(D,K_{priv})：输入文件 D、唯一标识符 $D_{id} \in \{0,1\}^n$、包含的单词表$(w_0,w_1,\cdots,w_t) \in \{0,1\}^{nt}$，以及主密钥 $K_{priv}=(k_1,k_2,\cdots,k_r) \in \{0,1\}^s$。

(1) 对于每个单词 $w_i(i \in [0,t])$，计算其陷门$(x_1=f(k_1,w_i),\cdots,x_r=f(k_r,w_i)) \in \{0,1\}^{sr}$，再利用 D_{id} 和陷门构建其字码$(y_1=f(D_{id},x_1),\cdots,y_r=f(D_{id},x_r)) \in \{0,1\}^{sr}$，并将字码 $y_1,y_2,\cdots,y_r$ 嵌入 D_{id} 的布隆过滤器 BF 的位数组中。

(2) 计算文件 D 中单词 w 的上限 u。

(3) 令 v 为单词集$(w_0,w_1,\cdots,w_t)$中唯一单词(即单词仅存在于该文件单词集，其他文件的单词集中未出现)的数量，可按照平均分布随机地在布隆过滤器中插入$(u-v)\cdot r$ 个 1，达到盲化索引的目的。

(4) 输出每个 D_{id} 的索引 IDX-$D_{id}=(D_{id},\text{BF})$。

SearchIndex(T_w,BF)：输入单词 w 的陷门 $T_w=(x_1,x_2,\cdots,x_r) \in \{0,1\}^{sr}$、文件 D_{id} 的索引 IDX-$D_{id}=(D_{id},\text{BF})$，检索如下。

(1) 利用 D_{id} 计算单词 w 的字码：$y_1=f(D_{id},x_1),\cdots,y_r=f(D_{id},x_r)$。

(2) 检查 BF 位数组中所有 $y_1,y_2,\cdots,y_r$ 位置上的数是否都为 1。

(3) 如果满足条件，则输出 1；否则，输出 0。

2. 非对称可搜索加密

非对称可搜索加密算法通常使用公钥密码体制的公钥对关键字进行加密，使用私钥对关键字构建陷门。当用户进行关键字检索时，使用公钥、待检索关键字的陷门和关键字密文进行匹配计算，若满足匹配条件，则将关键字密文对应的文件反馈给用户。目前，BDOP-PEKS 方案[4]、KR-PEKS 方案[5]和 DS-PEKS 方案[6]等经典的非对称可搜索加密算法已广泛应用。现以 BDOP-PEKS 方案为例介绍非对称可搜索加密算法的原理。

BDOP-PEKS 方案[4]涉及双线性对映射。假设有两个阶为素数 p 的乘法群 G_1、G_2，若映射 $e: G_1 \times G_1 \to G_2$ 满足如下特性，则称映射 $e: G_1 \times G_1 \to G_2$ 为双线性对映射。

(1)可计算性：给定 $g, h \in G_1$，可在多项式时间内计算出 $e(g, h) \in G_2$。

(2)双线性：对于任意整数 $x, y \in [1, p]$，有 $e(g^x, h^y)=e(g, h)^{xy}$。

(3)非退化性：若 g 是 G_1 的一个生成元，则 $e(g, g)$ 也是 G_2 的生成元。

给定 Hash 函数 $H_1: \{0,1\}^* \to G_1$ 和 $H_2: G_2 \to \{0,1\}^{\log_2 p}$，BDOP-PEKS 方案的主要算法如下。

Keygen(p, G_1, G_2)：随机选取一个整数 $\alpha \in \mathbb{Z}_p^*$ 和 G_1 的一个生成元 g，计算并输出公钥 $\text{pk} = [g, h = g^{\text{sk}}]$和私钥 $\text{sk} = \alpha$。

PEKS(pk, w)：随机选取一个整数 $r \in \mathbb{Z}_p^*$，并计算 $t = e(H_1(w), h^r) \in G_2$，输出 $S = [g^r, H_2(t)]$。

Trapdoor(sk, w)：计算并输出 $T_w = H_1(w)^{\text{sk}} \in G_1$。

Test(pk, S, T_w)：令 $S = [A, B]$，计算并判断 $H_2(e(T_w, A)) = B$ 是否成立，若成立，则输出“是”；若不成立，则输出“否”。

不妨假设 $S = [A, B]$中 $A = g^r$，则根据双线性对映射的性质有

$$\begin{aligned}
H_2(e(T_w, A)) &= H_2(e(T_w, g^r)) \\
&= H_2(e(H_1(w)^{\text{sk}}, g^r)) \\
&= H_2(e(H_1(w), g^{r\cdot\text{sk}})) \\
&= H_2(e(H_1(w), h^r)) \\
&= H_2(t) \\
&= B
\end{aligned}$$

因此，可根据 $H_2(e(T_w, A)) = B$ 是否成立得出检索结果。

4.3 核心算法示例

本实验以 Z-IDX 算法[3]为核心算法，下面通过实验示例展示该算法程序编写和测试过程。

4.3.1 Z-IDX 算法示例

编写程序 zidx.py 实现 Z-IDX 算法。具体步骤如下。

1. 准备阶段

(1)首先导入 math、secrets、typing 和 BitVector 模块，分别用于数学计算、密钥操作、类型定义和位数组构建。

```
01.import math
02.import secrets
03.from typing import Iterator, Sequence, Tuple, Union
04.from BitVector import BitVector
```

(2)确定使用的 Hash 函数和 Hash 位长，此处选用 SHA-256 函数。

```
01.HASH = "SHA256"              #定义所用 Hash 函数为 SHA-256
02.HASHLEN_BITS = 256           #定义所用 Hash 位长为 256
```

(3)定义函数_hmac()，以密钥 key(字节串)和单词 word(字符串)为输入，计算 Hash 函数值，并输出结果(字节串)。

```
01.def _hmac(key: bytes, word: str) -> bytes:
02.     from hmac import HMAC     #从 hmac 模块导入 HMAC
03.     #采用 SHA-256，并调用 digest()以二进制字符串返回 Hash 值
04.     return HMAC(key, word.encode(), HASH).digest()
```

(4)定义函数_calc_num_keys()，以假正率 fp_rate(浮点数)作为输入，利用公式 num = [– log2 fp_rate]计算所需密钥的数量(整数)。

```
01.def _calc_num_keys(fp_rate: float) -> int:
02.     return math.ceil(-1 * math.log2(fp_rate))     #ceil()为向上取整函数
```

(5)定义函数 keygen()，以假正率 fp_rate(浮点型)为输入，调用函数_calc_num_keys()，得到密钥数量，再利用函数 secrets.token_bytes()依次得到 HASHLEN_BITS/8 字节长的子密钥(十六进制字节串)，从而输出主密钥 K_{priv}(字节串元组)。

```
01.def keygen(fp_rate: float) -> Tuple[bytes, ...]:
02.     num_keys = _calc_num_keys(fp_rate)     #根据假正率计算所需密钥数量
03.     return tuple(secrets.token_bytes(HASHLEN_BITS // 8)
04.                  for _ in range(num_keys))     #返回主密钥元组
```

(6)构造陷门类 Trapdoor()。

```
01.class Trapdoor(tuple):
```

①定义__new__()方法,用以创建类的实例,再将返回值(实例对象)以迭代器 Iterator 依次传递给__new__()方法进行初始化。

```
02.     #重写元类相关的魔法函数__new__()，返回一个类实例
03.     def __new__(cls, traps: Iterator[bytes]) -> 'Trapdoor':
04.         return super(Trapdoor, cls).__new__(cls, traps)
```

注：cls 代表要实例化的类，在实例化时由 Python 解释器自动提供。__new__()方法优先于__init__()方法调用，且有返回值，返回一个类实例当作 self 参数传递给__init__()方法。

②定义函数 toHexCSV()，调用函数 b.hex()，将陷门(字节串元组)转换成十六进制字符串。

```
05.     def toHexCSV(self) -> str:
06.         #将字节串的每个字节转化为十六进制，以","相隔，并返回结果
07.         return ",".join(
08.             b.hex() for b in self
09.         )
```

③定义函数 fromHexCSV()，调用函数 bytes.fromhex()，将十六进制字符串转换成陷门(字节串元组)。

```
10.     @staticmethod
11.     def fromHexCSV(csv: str) -> 'Trapdoor':
12.         #将十六进制字符串以","分开，依次转化为字节，以类 Trapdoor 形式返回
13.         return Trapdoor(
14.             bytes.fromhex(h) for h in csv.split(',')
15.         )
```

注：@staticmethod 代表所定义的函数在调用时不需要先实例化(不需要进行 self 传参)，可以直接通过类名.方法名()来调用。

(7)构造客户端类 Client()。

```
01.class Client(object):
```

①定义__init__()方法，以最大元素数、假正率和密钥作为输入参数，判断子密钥数量和子密钥类型是否符合要求，调用相关函数并进行传参。

```
02.     #重写元类相关的魔法函数__init__()，传参最大元素数、假正率和密钥
03.     def __init__(self,
04.                  max_elements: int,
05.                  fp_rate: float,
06.                  key: Union[bytes, Tuple[bytes, ...]]) -> None:
07.         self.max_elements = max_elements
08.         self.fp_rate = fp_rate
09.         self.num_keys = _calc_num_keys(fp_rate)
10.         #判断 key 是否为元组类型
11.         if isinstance(key, tuple):
12.             #若 key 为元组类型，则判断其长度是否与密钥数量一致，并捕获异常
13.             if len(key) != self.num_keys:
14.                 raise ValueError("Number of keys does not match desired"
fp_rate. Should be %d." % self.num_keys)
15.         #若 key 不为元组类型，则判断是否为字节类型,若是,则调用_derive_keys()
16.         elif isinstance(key, bytes):
17.             #若为字节类型，则调用_derive_keys()派生密钥
18.             key = self._derive_keys(key)
19.         else:
20.             #若不为字节类型，则捕获异常
21.             raise TypeError("key should be either a tuple of sub-keys"
" or a master key in bytes")
```

```
22.         self._keys = key
```

②定义函数_derive_keys()，输入初始密钥(字节串)，生成并输出密钥(字节串元组)。

```
23.     def _derive_keys(self, master_key: bytes) -> Tuple[bytes, ...]:
24.         from hashlib import blake2b    #从 hashlib 模块导入 blake2b
25.         #调用 blake2b()函数，以子密钥 ID 作盐，依次输出到密钥元组并返回
26.         return tuple(
27.             blake2b(
28.                 b'',
29.                 digest_size=HASHLEN_BITS // 8,
30.                 key=master_key,
31.                 salt=str(subkeyid).encode(),
32.             ).digest() for subkeyid in range(self.num_keys)
33.         )
```

注：blake2b 是一个强调快速、安全与简单的 Hash 算法，目前被用来替代 MD5 和 SHA-1。

③定义函数 trapdoor()，输入单词(字符串)，调用函数_hmac()，生成该单词的陷门(Trapdoor 类型)并输出。

```
34.     def trapdoor(self, word: str) -> Trapdoor:
35.         #依次以子密钥调用_hmac()构建单词的陷门，并以 Trapdoor 类型输出
36.         return Trapdoor(_hmac(key, word) for key in self._keys)
```

④定义函数 partial_trapdoor()，输入单词(字符串)，调用函数 trapdoor()，再利用随机函数和迭代器随机生成该单词的部分陷门。

```
37.     def partial_trapdoor(self, word: str) -> Trapdoor:
38.         #随机选择陷门的子集以混淆查询
39.         trap = self.trapdoor(word)
40.         random = secrets.SystemRandom()
41.         return Trapdoor(iter(random.sample(trap, len(trap) // 2)))
```

注：secrets.SystemRandom()函数用以生成一个加密系统随机函数生成器，random.sample()函数用以从陷门(字节串元组)中随机取出一半的元素，函数 iter()用以实例化迭代器对象。

⑤定义函数 buildIndex()，输入文件名(字符串)和所包含单词(字符串序列)，调用索引类 Index 初始化索引，再依次将单词的陷门添加到索引。

```
42.     def buildIndex(self, docId: str, words: Sequence[str]) -> 'Index':
43.         #以文件 ID、最大元素数和假正率为参数，初始化一个 Index 类实例 idx
44.         idx = Index(docId, max_elements=self.max_elements,
45.                         fp_rate=self.fp_rate)
46.         for word in words:
47.             #每个单词依次构建陷门，并调用 Inidx.add()添加到索引(位数组)
```

```
48.             trap = self.trapdoor(word)
49.             idx.add(trap)
50.         return idx    #以类型 Inidx，返回该文件的索引
```

⑥定义__repr__()方法，用以实现当输出实例化对象时，按照格式 Client(max_elements, fp_rate)输出。

```
51.     #重写字符串相关的魔法函数__repr__()，使得实例化类时按指定格式输出信息
52.     def __repr__(self) -> str:
53.         return 'Client(%r, %r)' % (
54.             self.max_elements,
55.             self.fp_rate
56.         )
```

(8)构造索引类 Index()。

```
01.class Index(object):
```

①确定字节顺序，设定参数 BYTEORDER 为 little，表示后面函数在计算或输出字节时最高位字节放在字节数组的末尾。

```
02.BYTEORDER = 'little'    #定义字节顺序
```

②定义__init__()方法，以文件名、最大元素数、假正率和位字符串作为输入，以两种方式调用函数 BitVector()构造布隆过滤器位数组并计算位数组长度。

```
03.     #重写魔法函数__init__()，传参文件 id、最大元素数、假正率和位字符串(默认无)
04.     def __init__(self, docId: str,
05.                  max_elements: int = 0,
06.                  fp_rate: float = 0,
07.                  bitstring: str = "") -> None:
08.         self.docId = docId
09.         if bitstring:
10.             #若传参含有位字符串，则利用位字符串构建位数组并计算位数组长度
11.             self._bf = BitVector(bitstring=bitstring)
12.             self.bf_size_bits = len(bitstring)
13.         #若传参不含位字符串，则判断传参是否有最大元素数和假正率
14.         elif max_elements and fp_rate:
15.             #若含有最大元素数和假正率，则计算子密钥数量和位数组长度
16.             self.num_keys = _calc_num_keys(fp_rate)
17.             self.bf_size_bits = math.ceil((self.num_keys * max_
elements) / math.log(2))
18.             #利用位数组长度初始化位数组
19.             self._bf = BitVector(size=self.bf_size_bits)
20.         else:
21.             #若不含以上三个参数，则捕获异常
22.             raise ValueError("Either supply bitstring or"
23.                              "max_elements and fp_rate")
```

③定义函数 codeword()，以陷门(Trapdoor 类型)为输入，利用文件名调用函数_hmac()依次计算并生成字码(字节串元组)。

```
24.     def codeword(self, trapdoor: Trapdoor) -> Tuple[bytes, ...]:
25.         #依次以陷门调用__hmac()构建单词的字码，并以元组输出
26.         return tuple(__hmac(x, self.docId) for x in trapdoor)
```

④定义函数__get__bf__index()，以字码(字节串)为输入，调用函数 int.from_bytes()，计算并输出该字码在布隆过滤器位数组上的索引。

```
27.     def __get__bf__index(self, key: bytes) -> int:
28.         #输入一个字码，输出该字码对应在位数组上的索引(位置)
29.         return int.from__bytes(key, byteorder=self.BYTEORDER) % (
30.             self.bf__size__bits)
```

⑤定义函数 add()，以陷门为输入，调用函数 codeword()生成陷门各元素的字码，再调用函数__get__bf__index()得到该字码在位数组的索引，并将位数组对应位置赋值为 1(即将文件的单词存储在布隆过滤器位数组中)。

```
31.     def add(self, trapdoor: Trapdoor) -> None:
32.         #以陷门调用 codeword()构建单词的字码
33.         for w in self.codeword(trapdoor):
34.             #调用__get__bf__index()得到字码的索引，并将__bf 对应位置赋 1
35.             self.__bf[self.__get__bf__index(w)] = 1
```

⑥定义函数__is__set()，以单词的字码(字节串)为输入，调用__get__bf__index()得到该字码的索引，判断布隆过滤器的对应位置是否为 1。

```
36.     def __is__set(self, key: bytes) -> bool:
37.         #调用__get__bf__index()得到字码的索引，并判断__bf 对应位置是否为 1
38.         return self.__bf[self.__get__bf__index(key)] == 1
```

⑦定义函数 search()，以陷门为输入，调用函数 codeword()得到陷门各元素的字码，再调用函数__is__set()，判断陷门所有元素字码在布隆过滤器的对应位置是否都为 1(即判断该单词是否在布隆过滤器位数组上)。

```
39.     def search(self, trapdoor: Trapdoor) -> bool:
40.         #以字码调用__is__set()，判断该单词所有字码是否都在位数组__bf 上
41.         return all(self.__is__set(code) for code in self.codeword
(trapdoor))
```

⑧定义函数__contains__()，调用函数 search()，输出检索结果。

```
42.     def __contains__(self, trapdoor: Trapdoor) -> bool:
43.         #调用 search()，输出检索结果
44.         return self.search(trapdoor)
```

⑨定义函数 blind()，以单词数量 numwords 为输入，对布隆过滤器进行随机盲化操作。

```
45.     def blind(self, numwords: int) -> None:
46.         #调用 hasattr()，判断输入的参数是否含有属性'num_keys'
47.         if not hasattr(self, 'num_keys'):
48.             #若不含属性'num_keys'，则捕获异常
49.             raise ValueError("Cannot blind this index. "
50.                              "Number of keys is unknown.")
51.         #调用 secrets.SystemRandom()生成一个加密系统随机函数生成器
52.         random = secrets.SystemRandom()
53.         for _ in range(numwords * self.num_keys):
54.             #调用 randrange()依次随机地将位数组_bf 的某些位置赋 1
55.             self._bf[random.randrange(self.bf_size_bits)] = 1
```

⑩定义函数 to_bitstring()，用以将位数组转化为字符串。

```
56.     def to_bitstring(self) -> str:
57.         #调用 str()将位数组_bf 转化为字符串输出
58.         return str(self._bf)
```

⑪定义__eq__()方法，用以判断两个实例化对象是否相同(属性是否完全相同)。

```
59.     def __eq__(self, other) -> bool:
60.         return isinstance(self, other._class_) and all((
61.             self.docId == other.docId,
62.             self._bf == other._bf,))
```

⑫定义__repr__()方法，用以实现当输出实例化对象时，按照格式 Index(docId, _bf)输出。

```
63.     #重写魔法函数__repr__()，使得实例化类时按指定格式输出信息
64.     def __repr__(self) -> str:
65.         return 'Index(%r, bitstring=%r)' % (
66.             self.docId,
67.             str(self._bf),
68.         )
```

2. 存储阶段

为了方便理解 Z-IDX 算法，这里不列出文件加密操作，默认客户端和服务器都已经有了密文文件集，且客户拥有解密密钥，所以客户仅需向服务器提交关键字的陷门，执行检索得到所需的文件名(文件 ID)即可。

为了方便示例，假设有 4 个文件，文件名和对应的关键字分别如下。

file_1：[“dog”, “cat”]　　file_2：[“dog”, “mouse”]

file_3：[“tennis”, “badminton”]　　file_4：[“piano", "violin”]

首先，调用 zidx 模块里的 zidx.Client() 函数实例化对象，再依次调用 client.buildIndex() 函数构建以上 4 个文件的索引(布隆过滤器位数组)，并存入字典 IDX{}，最终输出到控制台查看存储结果。

```
01.import secrets
02.import zidx
03.#初始化一个客户端实例
04.key = secrets.token_bytes(32)
05.client = zidx.Client(2, 0.001, key)
06.#初始化一个字典存储索引
07.IDX = {}
08.#依次存入四个文件
09.IDX["file_1"] = client.buildIndex("file_1", ["dog", "cat"])
10.IDX["file_2"] = client.buildIndex("file_2", ["dog", "mouse"])
11.IDX["file_3"] = client.buildIndex("file_3", ["tennis", "badminton"])
12.IDX["file_4"] = client.buildIndex("file_4", ["piano", "violin"])
13.for key, value in IDX.items():
14.    print(key, ":", value)
```

执行代码，存储结果如图 4-9 所示。

```
file_1 : Index('file_1', bitstring='11010011100100011010101001111')
file_2 : Index('file_2', bitstring='00110001100001011010001011011')
file_3 : Index('file_3', bitstring='10011001010101100110111000101')
file_4 : Index('file_4', bitstring='11011011010101011101010111010')
```

图 4-9　示例存储结果

3. 检索阶段

通过命令行输入待检索关键字，再调用 Index.search() 函数依次测试输入的关键字是否在 4 个文件的索引中，若在其中，则将该文件名存入元组 result[]，并在控制台输出检索结果。

```
01.while True:
02.    #输入待检索的关键字
03.    word = input("请输入关键字：")
04.    if len(word) == 0:
05.        break
06.    #为输入的关键字构建陷门
07.    trap = client.trapdoor(word)
08.    #初始化一个列表存储检索结果
09.    result = []
10.    #依次对索引进行检索
11.    for key, value in IDX.items():
12.        pd = value.search(trap)
13.        #若检索到关键字，则将文件 ID 存入检索结果列表
```

```
14.         if pd:
15.             result.append(key)
16.     #输出检索结果
17.     if len(result) != 0:
18.         print("为您检索到的文件有：", result)
19.     else:
20.         print("未检索到任何文件！")
```

执行代码，检索结果如图 4-10 所示。

```
请输入关键字：tennis
为您检索到的文件有：  ['file_3']
请输入关键字：dog
为您检索到的文件有：  ['file_1', 'file_2']
请输入关键字：panda
未检索到任何文件！
请输入关键字：
```

图 4-10　示例检索结果

4.3.2　Z-IDX 算法异常测试

由于可搜索加密算法应用在很多重要领域，往往涉及隐私信息，一旦代码存在漏洞和异常，会造成不可挽回的错误，对团体或个人造成经济损失。因此，对算法代码的异常测试就显得尤为重要。

本节将利用 unittest 模块，编写算法测试文件 test_zidx.py，对文件 zidx.py 里的函数进行算法测试。具体步骤如下。

(1) 导入所需模块，此处主要用到 unittest、secrets 和 zidx。

```
01.import unittest
02.import secrets
03.import zidx
```

(2) 构造 Z-IDX 算法测试类 TestZIDX。

```
01.    class TestZIDX(unittest.TestCase):
```

注：因格式要求，此处类内参数必须是 unittest.TestCase。

①定义环境准备函数 setUp()，用以为每次执行测试准备环境。

```
02.    def setUp(self):
03.        key = secrets.token_bytes(32)
04.        self.client = zidx.Client(2, 0.001, key)
05.        self.idx = self.client.buildIndex("foo", ["dog", "cat"])
```

注：为测试简便，此处调用 zidx.Client() 和 client.buildIndex() 来构造名为 foo，包含单词 dog 和 cat 的文件的索引。

②定义测试函数 test_contain()，用以测试单词 dog 是否在索引中。

```
06.     def test_contain(self):
07.         trap = self.client.trapdoor("dog")
08.         self.assertTrue(self.idx.search(trap))
09.         self.assertTrue(trap in self.idx)
```

注：所有要测试的函数都需以 test_开头命名，否则是不会被 unittest 识别的；函数 assertTrue()为真值测试，当内部表达式为 True 时，输出 True，否则都输出 False。

③定义测试函数 test_not_contain()，用以测试单词 mouse 是否在索引中。

```
10.     def test_not_contain(self):
11.         trap = self.client.trapdoor("mouse")
12.         self.assertTrue(self.idx.search(trap) is False)
13.         self.assertTrue(trap not in self.idx)
```

④定义测试函数 test_partial()，用以测试单词 dog 构建的陷门是否在索引中。

```
14.     def test_partial(self):
15.         trap = self.client.partial_trapdoor("dog")
16.         self.assertTrue(trap in self.idx)
```

⑤定义测试函数 test_keynum_mismatch()，调用函数 assertRaises()，用以测试密钥数量是否异常，若异常，则抛出 ValueError。

```
17.     def test_keynum_mismatch(self):
18.         self.assertRaises(ValueError,
19.         zidx.Client, 5, 0.001, key=(b"deadbeef",))
```

注：函数 assertRaises()为异常捕获函数，当执行到 zidx.Client，而参数分别为 5、0.001、key=(b“deadbeef”,)时，抛出异常 ValueError。

⑥定义测试函数 test_create_from_bitstring()，用以测试两种输入方式构建的索引是否一致，用以测试单词 dog 是否在由位字符串构建的索引里，用以测试单词 mouse 是否在由位字符串构建的索引里。

```
20.     def test_create_from_bitstring(self):
21.         idx2 = zidx.Index("foo", bitstring=self.idx.to_bitstring())
22.         self.assertEqual(self.idx, idx2)
23.         trap_dog = self.client.trapdoor("dog")
24.         self.assertTrue(trap_dog in idx2)
25.         trap_mouse = self.client.trapdoor("mouse")
26.         self.assertTrue(trap_mouse not in idx2)
```

注：函数 assertEqual()为等值测试，当内部元素相等时，输出 True，否则输出 False。

⑦定义测试函数 test_key_derivation()，用以测试两种输入派生的密钥的数量和长度是否一致。

```
27.     def test_key_derivation(self):
28.         k1 = self.client._derive_keys(b"deadbeef")
29.         k2 = self.client._derive_keys(b"deadbeef")
30.         self.assertEqual(k1, k2)
31.         self.assertEqual(len(k1), self.client.num_keys)
32.         self.assertEqual(len(k1), len(set(k1)))
33.         for subkey in k1:
34.             self.assertEqual(len(subkey), zidx.HASHLEN_BITS // 8)
```

⑧定义测试函数 test_trapdoor_serializer()，用以测试单词 dog 陷门转换前后是否一致。

```
35.     def test_trapdoor_serializer(self):
36.         trap = self.client.trapdoor("dog")
37.         hexcsv = trap.toHexCSV()
38.         self.assertEqual(trap, zidx.Trapdoor.fromHexCSV(hexcsv))
```

(3)编写函数__name__，调用 unittest.main()，对测试用例依次进行测试。

```
01.if __name__ == '__main__':
02.    unittest.main()
```

编写完 Z-IDX 的算法模块和算法测试模块后，将算法文件 zidx.py 与算法测试文件 test_zidx.py 存储在同一路径，在控制台(命令行)输入“python test_zidx.py”，进行对 Z-IDX 算法模块 zidx.py 的单元测试，测试结果如图 4-11 所示。

```
(venv) C:\Users\CaO\Desktop\MyProject\ZIDX>python test_zidx.py
.......
----------------------------------------------------------------------
Ran 7 tests in 0.005s

OK
```

图 4-11　测试结果

图 4-11 中，第一行为每个测试函数的运行状态，共四种状态，“……”表示成功，F 表示失败，E 表示出错，S 表示跳过；第二行为默认分割线；第三行为运行的测试函数个数及总用时；第四行为最终测试结果，若全部测试成功，则显示 OK，只要有一个失败，就显示 FAILED，并显示各种状态的个数(失败的有几个，出错的有几个，跳过的有几个)。由图 4-11 中可以看出，本次测试的函数有 7 个，显示全部测试成功，测试总用时 0.005 秒。图 4-11 显示的是测试结果的简要信息，这是由于 unittest.main()方法中的 verbosity 参数默认值为 1 时，表示输出测试函数的简要测试信息，为 0 则表示不输出测试信息，为 2 则表示输出测试函数的详细测试信息。如果想输出测试结果的详细信息，只需将 test_zidx.py 文件中的 main 函数改动如下：

```
01.if __name__ == '__main__':
02.    unittest.main(verbosity=2)
```

在控制台(命令行)输入“python test_zidx.py”，进行测试，即可得如图 4-12 所示详细测试结果。

```
(venv) C:\Users\CaO\Desktop\MyProject\ZIDX>python test_zidx.py
test_contain (__main__.TestZIDX) ... ok
test_create_from_bitstring (__main__.TestZIDX) ... ok
test_key_derivation (__main__.TestZIDX) ... ok
test_keynum_mismatch (__main__.TestZIDX) ... ok
test_not_contain (__main__.TestZIDX) ... ok
test_partial (__main__.TestZIDX) ... ok
test_trapdoor_serializer (__main__.TestZIDX) ... ok

----------------------------------------------------------------------
Ran 7 tests in 0.006s

OK
```

图 4-12　详细测试结果

综上，所编写的算法文件 zidx.py 通过了异常测试，可应用于现实案例。

4.4　电子病历密文搜索案例

电子病历中包含患者的个人信息、性别、年龄、身份证号、既往病史、现病史、月经史、婚育史等隐私信息。将大量电子病历存储在云服务器，给患者带来便利的同时，也带来巨大的隐私泄露风险。为了保护患者隐私，可搜索加密技术已广泛应用于电子病历密文搜索。

典型的电子病历密文搜索系统如图 4-13 所示。在可搜索加密机制下，医院先上传病历，对患者的病历数据进行加密，并对密文病历构建索引存储在云服务器上。当医生需要调用含有某个关键字的病历时，只需用关键字生成陷门，将之发送给云服务器。云服务器利用接收到的陷门对每个密文病历进行搜索匹配，若匹配成功，则表明密文病历含有该关键字。待搜索完成后，云服务器将所有匹配的密文病历反馈给医生。最后，医生在本地用解密密钥还原出病历明文即可。在此电子病历密文搜索过程中，云服务器无法得知病历数据，也无法解密出病历数据，更无法得知医生的搜索信息(医生发送的是关键字的陷门，云服务器不知道关键字本身)，有效保障了云存储场景下的医疗数据隐私。

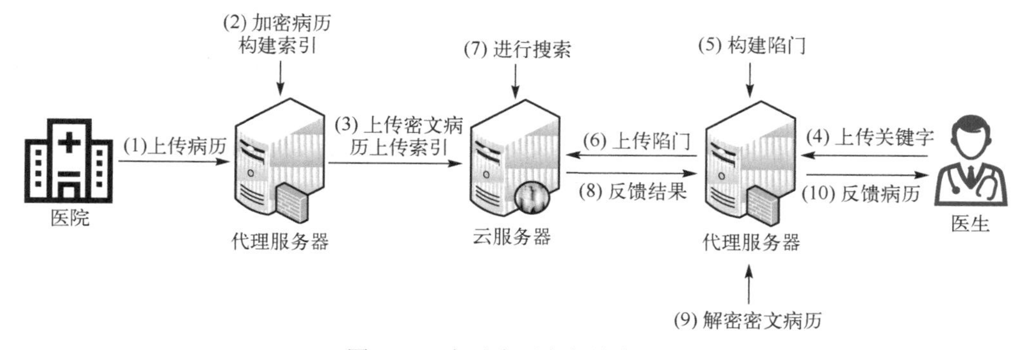

图 4-13　电子病历密文搜索系统

4.4.1　数据说明

本实验从麻省理工学院计算生理学实验室发布的重症监护数据集 MIMIC-Ⅲ[7, 8, 9]中选取数据表 PRESCRIPTIONS.csv，如图 4-14 所示。数据表部分说明如表 4-1 所示。其中，住院号对于每个患者来说是唯一的，每次住院病案号都会更新，若住院时使用到了 ICU，则会更新 ICU 病案号(即一个住院号可以对应多个病案号和 ICU 病案号)。

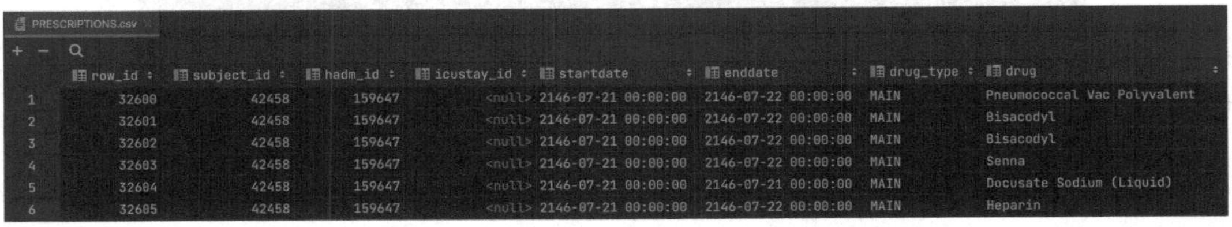

PRESCRIPTIONS.csv

	row_id	subject_id	hadm_id	icustay_id	startdate	enddate	drug_type	drug
1	32600	42458	159647	<null>	2146-07-21 00:00:00	2146-07-22 00:00:00	MAIN	Pneumococcal Vac Polyvalent
2	32601	42458	159647	<null>	2146-07-21 00:00:00	2146-07-22 00:00:00	MAIN	Bisacodyl
3	32602	42458	159647	<null>	2146-07-21 00:00:00	2146-07-22 00:00:00	MAIN	Bisacodyl
4	32603	42458	159647	<null>	2146-07-21 00:00:00	2146-07-22 00:00:00	MAIN	Senna
5	32604	42458	159647	<null>	2146-07-21 00:00:00	2146-07-21 00:00:00	MAIN	Docusate Sodium (Liquid)
6	32605	42458	159647	<null>	2146-07-21 00:00:00	2146-07-22 00:00:00	MAIN	Heparin

图 4-14　数据表 PRESCRIPTIONS.csv 部分信息

表 4-1　数据表部分说明

数据信息	说明	数据信息	说明
row_id	行号	drug	药品
subject_id	住院号	ndc	国家药品编码
hadm_id	病案号	dose_val_rx	医嘱剂量
icustay_id	ICU 病案号	dose_unit_rx	医嘱单位
startdate	开始时间	form_val_disp	发放医嘱量
enddate	结束时间	form_unit_disp	发放单位
drug_type	药品类型	route	给药途径

4.4.2　存储阶段

本实验中，患者医嘱记录的主要信息有患者的住院号、病案号、ICU 病案号、药品、医嘱剂量、医嘱单位、发放医嘱量以及发放单位。这些信息可以追溯患者的用药情况，可用于追究医生及行医单位的责任。其中，可以作为关键字来搜索的主要是住院号、病案号、ICU 病案号和药品。将数据表 PRESCRIPTIONS.csv 上的每一行数据作为一个患者医嘱记录文件，而 row_id 可作为其文件 ID。

首先，需将患者医嘱记录文件进行加密。由于文件加密不是电子病历密文搜索方案的重点，不妨假设电子病历已经被加密并上传到云服务器(读者可自行选择密码机制对数据进行加密)。然后，医院以 row_id 作为文件 ID，以 subject_id、hadm_id、icustay_id 和 drug 作为文件的关键字，构建索引。具体步骤如下。

(1) 导入所需模块。

```
01.#-*- coding:utf-8 -*-
02.import secrets
03.import zidx
```

```
04.import csv
```

(2)选择最大元素数、假正率和初始密钥，实例化一个客户端对象。

```
01.#初始化一个客户端实例
02.key = secrets.token_bytes(32)
03.client = zidx.Client(4, 0.001, key)
```

(3)定义一个空的字典来存储索引。

```
01.#初始化一个字典存储索引
02.IDX = {}
```

(4)导入数据表 PRESCRIPTIONS.csv，按数据表每行来读取数据。其中，row[0]代表文件 ID；row[1]、row[2]、row[3]、row[7]分别代表住院号、病案号、ICU 病案号和药品。利用客户端实例 client 为每行数据构建索引，并以文件 ID 为 key，以对应的索引为 value 存储到字典 IDX。

```
01.#导入数据表 PRESCRIPTIONS.csv
02.with open('PRESCRIPTIONS.csv') as f:
03.    f_csv = csv.reader(f)
04.    headers = next(f_csv)
05.    #以行数据为单位依次存储
06.    for row in f_csv:
07.        #以患者的住院号、病案号、ICU 病案号和药品为关键字构建索引
08.        IDX[row[0]] = client.buildIndex(str(row[0]), [str(row[1]),
str(row[2]), str(row[3]), str(row[7])])
```

(5)将构建好的索引字典输出成.csv 文件。

```
01.#将构建好的索引字典数据存储为.csv 表格
02.with open('Index.csv', 'w') as f:
03.    fieldnames = ['row_id', 'index_value']
04.    writer = csv.DictWriter(f, fieldnames)
05.    writer.writeheader()
06.    for key, value in IDX.items():
07.        writer.writerow({'row_id': key, 'index_value': value})
```

执行上述代码，输出的索引.csv 文件部分信息如图 4-15 所示。

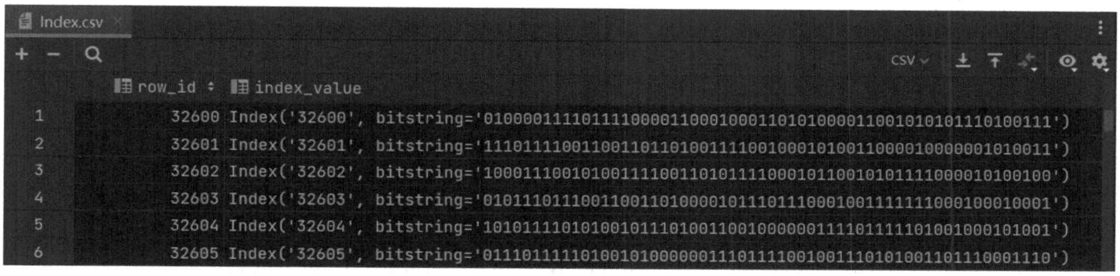

Index.csv

	row_id	index_value
1	32600	Index('32600', bitstring='0100001111011110000110001000110101000011001010101110100111')
2	32601	Index('32601', bitstring='1110111100110011011010011110010001010011000010000001010011')
3	32602	Index('32602', bitstring='1000111001010011110011010111100010110010101111000010100100')
4	32603	Index('32603', bitstring='0101110111001100110100001011101110001001111111000100010001')
5	32604	Index('32604', bitstring='1010111101010010111010011001000000111101111101001000101001')
6	32605	Index('32605', bitstring='0111011111010010100000011101111001001110101001101110001110')

图 4-15　.csv 文件部分信息

4.4.3　搜索阶段

在 3.4.2 节中，患者医嘱的密文文件数据和索引已被存储到云服务器。医生在进行诊断时通常需要查询患者过往治疗情况，可根据自己的意愿选择若干关键字通过代理服务器为每个关键字构建陷门，并将陷门上传到云服务器进行搜索，而后云服务器将搜索结果(文件 ID 和对应的密文文件)反馈给医生，医生在本地解密出明文文件(由于解密算法不是电子病历密文搜索方案的重点，此处忽略，读者可自行操作)。具体搜索步骤如下。

(1) 设置多关键字输入，并将输入的关键字存储为列表。

```
01.#输入待搜索关键字
02.words = list(input("请输入关键字(以空格隔开): ").split())
```

(2) 定义一个空的列表来存储陷门，遍历关键字列表，通过客户端实例 client 为关键字构建陷门，并存储到陷门列表里。

```
01.#初始化一个列表存储陷门
02.traps = []
03.#为关键字构建陷门
04.for word in words:
05.    traps.append(client.trapdoor(word))
```

(3) 定义一个空的列表来存储搜索结果，遍历字典 IDX 的 value(索引)，判断是否所有陷门都在该索引中。若是，则将对应的字典 IDX 的 key(文件 ID)存储到搜索结果里。

```
01.#初始化搜索结果列表
02.result = []
03.#以行数据为单位依次搜索
04.for row_id, idx in IDX.items():
05.    #判断所有关键字的陷门是否都存储在当前的索引中
06.    #若是，则存储文件 ID(即 row_id)
07.    judge = all(idx.search(trap) for trap in traps)
08.    if judge:
09.        result.append(row_id)
```

(4) 终端输出搜索结果。

```
01.#输出搜索结果
02.if len(result) != 0:
03.    print("为您搜索到的文件有: ", result)
04.else:
05.    print("未检测到符合条件的文件! ")
```

执行代码，医生输入关键字“subject_id=42458、hadm_id=159647”，输出的搜索结果如图 4-16 所示。

```
(venv) C:\Users\CaO\Desktop\MyProject\ZIDX>python application.py
请输入关键字(以空格隔开): 42458 159647
为您检索到的文件有: ['32600', '32601', '32602', '32603', '32604', '32605', '32606', '32607', '32608', '32609',
'32610', '32611', '32612', '32613', '32614']
(venv) C:\Users\CaO\Desktop\MyProject\ZIDX>
```

图 4-16　案例搜索结果

通过对比数据表 PRESCRIPTIONS，不难发现搜索结果与实际结果完全相符。

注：此处由于布隆过滤器的特性，输入单个关键字时，可能会出现搜索结果多于实际结果的情况；而输入的关键字越多，检索的准确率越高。

4.5　讨论与挑战

目前，可搜索加密技术日趋成熟，已经成为应对数据安全和隐私保护问题的关键技术之一，是一个充满活力的研究领域，还有高效轻量级查询语句、抗关键字推理攻击的可搜索加密、服务器无法获得词语间语义关系时的精确搜索等问题有待解决和进一步探索。

4.6　实验报告模板

4.6.1　问答题

(1) Hash 函数的特点是什么？Hash 函数的输出规模是否随输入大小的变化而变化？目前常用的安全的 Hash 函数有哪些？在哪些领域应用广泛？

(2) 布隆过滤器的位数组越长，假正率越高还是越低？布隆过滤器具有什么特点？有哪些实际应用？请举例说明。

4.6.2　实验过程记录

(1) Z-IDX 算法实验过程记录。

①简述 Z-IDX 算法的具体实现步骤；

②尝试独立编写算法中布隆过滤器的部分。

(2) Z-IDX 算法测试实验过程记录。

①简述利用 unittest 模块实现单元测试的框架；

②仿照 3.3.2 节的测试函数编写 zidx.py 中剩余函数对应的测试函数，并进行测试。

(3) 可搜索加密应用案例实验过程记录。

①仿照 4.4 节选取其他公开数据集，实现 Z-IDX 算法的应用；

②尝试独立编写 BDOP-PEKS 算法，并在公开数据集上进行实验。

参 考 文 献

[1]　WHITFIELD D, HELLMAN M. New directions in cryptography[J]. IEEE transactions on information

theory, 1976, 22(6): 644-654.

[2] BLOOM B H. Space/time trade-offs in hash coding with allowable errors[J]. Communications of the ACM, 1970, 13(7): 422-426.

[3] GOH E J. Secure indexes[J]. IACR Cryptol. ePrint Arch., 2003: 216.

[4] BONEH D, DI CRESCENZO G, OSTROVSKY R, et al. Public key encryption with keyword search[C]. International conference on the theory and applications of cryptographic techniques. Interlaken, 2004: 506-522.

[5] KHADER D. Public key encryption with keyword search based on k-resilient IBE[C]. International Conference on Computational Science and Its Applications. Glasgon, 2006: 298-308.

[6] DI CRESCENZO G, SARASWAT V. Public key encryption with searchable keywords based on jacobi symbols[C]. 8th International Conference on Cryptology in India. Chennai, 2007: 282-296.

[7] JOHNSON A, POLLARD T, & MARK R. MIMIC-Ⅲ clinical database[EB/OL]. https://doi.org/10. 13026/ C2XW26[2022-1-31].

[8] JOHNSON A E W, POLLARD T J, SHEN L, et al. MIMIC-Ⅲ, a freely accessible critical care database[J]. Scientific data, 2016, 3(1): 160035.

[9] GOLDBERGER A, AMARAL L, GLASS L, et al. Physiobank, physiotoolkit, and physionet: components of a new research resource for complex physiologic signals[J]. Circulation, 2000, 101(23): 215-220.

第 5 章　基于安全多方计算的隐私保护

安全多方计算(Secure Multi-Party Computation，MPC)是解决隐私保护与数据安全问题的关键安全数据交换技术[1]。MPC 的起源可追溯到姚期智于 1982 年提出的百万富翁问题[2]。MPC 允许一组相互独立的数据参与方在数据机密性得到保护的条件下完成联合计算任务，使各方参与者无法获得除计算结果之外的其他任何信息，从技术层面真正实现数据可用不可见的隐私保护目标[1]。

安全拍卖是 MPC 的典型应用场景之一。只有拍卖过程满足投标隐私性和投标不可延展性时，拍卖才能安全、顺利地进行。投标隐私性要求所有投标者的出价是保密的，投标不可延展性要求不能通过修改某个投标者的标书生成一个与此标书出价相关联的标书。基于同态加密和数字签名技术的 MPC 协议可实现上述安全要求，使拍卖以安全、正确、公平的方式进行。

本章将以封闭式电子拍卖为应用案例，介绍如何应用同态加密、数字签名等技术构建基于 MPC 专用协议的隐私保护应用程序。

5.1　实 验 内 容

1. 实验目的

(1) 理解椭圆曲线加密(Ellipse Curve Cryptography，ECC)[3-5]的半同态性质和算法原理。

(2) 理解椭圆曲线数字签名算法(Elliptic Curve Digital Signature Algorithm，ECDSA)[6]原理。

(3) 编程实现或调用 ECC 和 ECDSA，并在此基础上，构建 MPC 协议，实现封闭式电子拍卖。

2. 实验内容与要求

(1) 掌握 ECC 以及 ECDSA 的实现原理，并利用 Python 语言编程实现或调用 ECC 和 ECDSA，进行 ECC 加解密实验、ECDSA 签名和验证实验。

(2) 应用 ECC 和 ECDSA，构建适用于封闭式电子拍卖的 MPC 协议，实现拍卖过程的隐私保护。

(3) 利用 Python 语言实现基于 MPC 的封闭式电子拍卖系统，模拟拍卖流程，并验证拍卖结果的正确性。

3. 实验环境

(1) 计算机配置：Intel(R) Core(TM) i7-9700 CPU 处理器，16GB 内存，Windows 10

(64 位)操作系统。

(2)编程语言版本：Python 3.7。

(3)开发工具：PyCharm 2020.3.0，以及 Python 中的 ecdsa 库 0.13.2 版本和 pandas 包 1.3.4 版本。

5.2 实验原理

本实验构建的 MPC 协议主要依赖同态加密和数字签名技术保护投标隐私性和投标不可延展性，从而实现封闭式电子拍卖过程的隐私保护。

5.2.1 基本概念

1. 同态加密

同态加密[7]指密文符合同态运算性质的加密技术，即其密文具有先计算后解密等价于先解密后计算的性质。该性质使得计算方无需密钥，直接对密文进行计算，等同于在明文上执行相应的计算操作。同态加密可分为半同态加密(Partially Homomorphic Encryption，PHE)和全同态加密(Fully Homomorphic Encryption，FHE)两类[8]。半同态加密算法[8]指具有加法同态或乘法同态等一种同态性质的加密算法，如 Paillier 加密[9]、RSA 加密[10]、ElGamal 加密[11]等；全同态加密算法[8]是既满足加法同态又满足乘法同态的加密算法，如 Gentry 算法[12, 13]、BGV 算法[14]、BFV 算法[15, 16]、GSW 算法[17]和 CKKS 算法[18]等。特别地，将仅支持有限次加法同态或乘法同态的加密算法归类到半同态加密算法[8]，如支持任意次加法同态和一次乘法同态运算的 Boneh-Goh-Nissim 加密算法[19]。

利用同态加密技术能够保护用户输入的私有数据，解密方只能获得最终计算结果，而无法了解任何与私有数据相关的信息。此外，同态加密技术可以将计算任务转移给计算能力强的第三方执行，以减少计算过程中密文传输的次数，降低通信开销，避免频繁地进行加解密操作，简化部分安全协议的设计。

2. 数字签名

数字签名是防止消息在通信过程中被伪造和篡改的密码学技术[6]。某个消息的数字签名可以看作发送方产生的一段无法被伪造的数字串，这段数字串可用于验证发送的消息是否真实有效，所以数字签名一般具有以下特点[20]。

(1)可验证性：接收方能够使用数字签名验证接收到的消息是否与发送方传输的消息一致。

(2)不可伪造性：接收方(或者攻击者)不能篡改或伪造发送方传输消息的签名。

(3)不可抵赖性：发送方不能够否认对传输消息的签名。

数字签名算法的实现主要依赖公钥加密、消息摘要等技术，如 RSA 数字签名、DSA 数字签名等。数字签名算法主要包含签名和验证两个部分。如图 5-1 所示，发送方利用 Hash 函数生成消息摘要，再使用私钥对消息摘要进行签名，构成数字签名，将其与原始消息一起发给接收方。接收方使用发送方的公钥对数字签名进行解密获得消息摘要 A，再使用同一 Hash 函数和接收到的原始消息计算消息摘要 B，对比两者，以此验证接收到的消息是否真实有效。

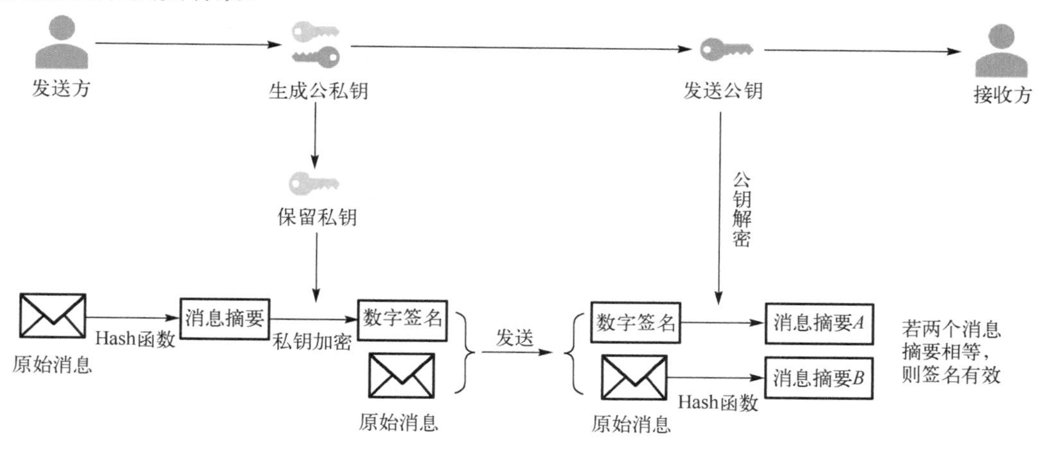

图 5-1　数字签名原理

5.2.2　ECC

ECC 的安全性可归约于椭圆曲线离散对数困难问题[3-5]，ECC 具有计算量小、通信开销低、带宽占用少等优点。通常地，密钥长度越大，加密算法的安全强度越高[21]，密钥长度为 160 位的 ECC 被认为与 1024 位的 RSA 具有相同的安全强度[21]。现介绍 ECC。

椭圆曲线通常是指 Weierstrass 方程所确定的曲线，它是由方程 $y^2+axy+by=x^3+cx^2+dy+e(\bmod p)$ 的全体解和一个无穷远点 O 构成的集合。上述曲线在有限域 $\mathrm{GF}(p)$ 可转化为 $y^2=x^3+ax+b\ (\bmod p)$（$a,b,x,y\in \mathrm{GF}(p)$），记为 $E_p(a,b)$。其中，p 为素数，且满足 $4a^3+27b^2\neq 0(\bmod p)$。该椭圆曲线上有 n 个整数点，n 表示椭圆曲线的阶。

(1) 密钥生成：选取参数 a、b、p，确定一条椭圆曲线，记为 $E_p(a,b)$。在 $E_p(a,b)$ 上选取基点 $G(x_G,y_G)$，满足 $nG=0(\bmod p)$，n 为 G 的阶。随机选择 k（$0<k<n$），k 为私钥，计算公钥 $K=kG=k(x_G,y_G)=(x_k,y_k)$，公布 K。

(2) 加密：选取随机数 $r\in Z_n^*$（$Z_n^*=\{1,2,\cdots,n-1\}$），将明文 m 编码到椭圆曲线 E 上，计算 $C_1=m+rK\quad C_2=rG$，生成密文 (C_1,C_2)。

(3) 解密：计算 $C_1-kC_2=m+rK-krG=m+rK-k(x_r,y_r)=m+rK-(x_{kr},y_{kr})=m+rK-r(x_k,y_k)=m+rK-rK=m$，得到明文 m。

上述 ECC 满足加法同态性质：对于任意明文 m_i、m_j，使用公钥 K 加密后所得密文 $(C_{i,1},C_{i,2})=(m_i+rK,rG)$ 和 $(C_{j,1},C_{j,2})=(m_j+r'K,r'G)$ 满足密文之和 $(C_{ij,1}\ C_{ij,2})=(C_{i,1}\ C_{i,2})+(C_{j,1}\ C_{j,2})=(m_i+m_j+(r+r')K,(r+r')G)$，解密后得明文为 $C_{ij,1}-kC_{ij,2}=m_i+m_j+(r+r')K-(r+r')kG=m_i+m_j$。

5.2.3　ECDSA

ECDSA 是由 ECC 与 DSA 结合而成的，受益于 ECC，ECDSA 亦具有同等密钥长度下安全性高、计算量小、计算速度快等特点。算法原理如下。

(1) 系统建立：选取参数 a 、 b 、 p ，确定 $GF(p)$ 上的一条椭圆曲线，记为 $E_p(a,b)$ ， p 为素数。$E_p(a,b)$ 上的所有整数点构成加法群，选取该群的生成元 G ，该群的阶记为 n 。h 是将输入数据映射到 Z_n^* 域的杂凑函数，即 $h:\{0,1\}^* \to Z_n^*$（$Z_n^* = \{1,2,\cdots,n-1\}$）。

(2) 生成公私密钥对：随机选择整数 $d \in Z_n^*$， d 为私钥，计算公钥 $D = dG$ 。

(3) 签名：①随机选择整数 $k \in Z_n^*$ ，计算 $kG = (x,y)$ ；②计算 $r = x \bmod n$ ，若 $r = 0$ ，回到①；③计算 $k^{-1} \bmod n$ ；取 SHA-1（m）为 h ，计算消息摘要 $e = h(m)$ ；④计算 $s' = k^{-1}(e+dr) \bmod n$ ，如果 $s' = 0$ ，回到①；⑤消息 m 的签名为 $\sigma = (r,s)$ ，其中， $s = \min\{s', n-s'\}$ 。

(4) 验证：①解析签名 σ 获得 (r,s) ；②计算摘要 $e = h(m)$ ；③计算 $R_v = s^{-1}(eG + rD) = (x_v, y_v)$ ；④若 $r = x_v \bmod n$ ，验证结果为 True，接受签名，否则验证结果为 False。

5.3　核心算法示例

在本实验中采用 ECC 和 ECDSA 作为构建 MPC 协议的基础。下面通过实验示例分别展示 ECC、ECDSA 程序编写过程。

5.3.1　ECC 实现

首先构造类 CurveFp 和类 Point 用于简化椭圆曲线上的运算。具体代码请参考代码包中文件 CurveFp.py 和 Point.py，读者可以直接导入使用。

类 CurveFp 主要包括__init__()、__repr__()、contains_point()、show_all_points() 等方法。其中，__init__() 方法用于实例化 ECC 所需的椭圆曲线对象；__repr__() 方法用于按特定格式输出椭圆曲线对象；contains_point() 方法用于判断输入的点 (x,y) 是否位于当前椭圆曲线上，返回 True 或 False 表示判断结果；show_all_points() 方法用于找出并返回横纵坐标在区间 $[0,p)$ 的所有在当前椭圆曲线上的点。

类 Point 主要包括__init__()、inv_mod()、__add__()、__mul__()、__rmul__()、__eq__()、invert() 等方法和函数。其中，__init__() 方法用于实例化椭圆曲线 $E_p(a,b)$ 上的点对象；函数 inv_mod() 传入参数 b 、 p ，返回 $b * x \equiv 1 \bmod p$ 的解 x ；函数 leftmost_bit() 传入参数 x ，计算并返回 x 二进制形式的最高位所对应的值；double() 方法返回点自加的和，即 2 与点的数乘；__add__()、__mul__()、__rmul__() 和__eq__() 方法分别实现椭圆曲线上两点求和、两点求积、点的数乘和两点的相等性判断；invert() 方法计算并返回点的逆。此外，定义了如下的椭圆曲线上无穷远点。

```
01.INFINITY = Point(None, None, None)
```

然后，编写程序 ECC.py 实现 ECC。具体步骤如下。

(1) 导入 Python 的 random 模块以及准备好的 CurveFp 类和 Point 类。random 模块用于产生随机数，随机数将作为构造椭圆曲线的参数；CurveFp 类用于实例化椭圆曲线对象；Point 类中所定义的函数与方法用于实现椭圆曲线上点的相关运算。

```
01.from random import *
02.from CurveFp import *
03.from Point import *
```

(2)编写素数判断函数 isPrime()。由于构造椭圆曲线的参数 p 必须为素数，所以在使用 random 模块中的 randint()函数产生随机数时，需判断每次产生的随机数是否为素数，其代码如下。首先判断输入的数 n 是否大于 1。若 $n>1$，则依次判断 n 是否能被除 1 和自身以外的数整除。若能够整除，则 n 不是素数；否则 n 为素数。若 $n\leqslant 1$，则 n 不为素数。

```
01.def isPrime(n):
02.    #判断输入的 n 是否素数，返回 Ture 或 False
03.    if n > 1:
04.        for i in range(2, n):
05.            if (n % i) == 0: #若 n 能被除 1 和自身以外的数整除，则不是素数
06.                return False
07.        else:
08.            return True
09.    else:                          #若 n <= 1，则不是素数
10.        return False
```

(3)构造参数生成函数 generate()，用于随机生成 ECC 所需的椭圆曲线，并选取椭圆曲线上符合条件的点作为基点，计算基点的阶 n，其代码如下。首先使用 randint()函数从区间[2,500]（读者可自行调整此区间）中产生随机数 p，接着使用步骤(2)中的素数判断函数 isPrime()判断 p 是否为素数。若不为素数，则重新产生随机数 p，重复判断过程，直至生成的随机数 p 为素数；若随机数 p 为素数，则将其作为构造椭圆曲线的参数。接着函数从小于 p 的正整数中产生随机数 a 和 b，判断 a 和 b 的关系是否满足 $4a^3+27b^2\neq 0(\bmod p)$。若不满足，则重新产生随机数 b，直至随机数 a 和 b 满足上述关系；若满足，则初步确定椭圆曲线，构造椭圆曲线对象 curve。从第 14 行开始，遍历椭圆曲线上所有的点，依次计算这些点的阶 n。若存在点 Q 的阶 n 满足 $n>4\sqrt{p}$，则取点 Q 的坐标 (x,y) 构造基点 G，返回椭圆曲线对象 curve、基点 G、基点的阶 n；否则返回第 5 行，重新选择随机数 p，确定椭圆曲线，直至出现满足条件的点 Q 作为基点 G。

```
01.def generate():
02.    #随机生成椭圆曲线及用于加密的相关参数，返回椭圆曲线对象 curve、基点 G、基点
的阶 n
03.    while True:
04.        #产生随机数 p， 并对 p 进行素性检测
05.        p = randint(2, 500)
06.        while not isPrime(p):
07.            p = randint(2, 500)
08.        #随机选择 a， a 为小于 p 的正整数， b 满足 4a^3 + 27b^2 ≠ 0
09.        a = randint(1, p - 1)
10.        b = randint(1, p - 1)
```

```
11.         while not (4 * pow(a, 3) + 27 * pow(b, 2)) % p:
12.             b = randint(1, p - 1)
13.         curve = CurveFp(p, a, b)                    #初步确定椭圆曲线
14.         for x, y in curve.show_all_points():
15.             Q = Point(curve, x, y)
16.             try:
17.                 n = 1
18.                 while n * Q != INFINITY:
19.                     n = n + 1
20.                 if n > 4 * pow(p, 1 / 2):
21.                     xg, yg = x, y
22.                     break
23.             except AssertionError:
24.                 continue
25.         try:
26.             G = Point(curve, xg, yg)                      #确定基点 G
27.             break
28.         except NameError:
29.             continue
30.     return curve, G, n
```

(4) 实现 ECC 的密钥生成、加密、解密运算。

①调用在步骤(3)中创建的 generate()函数，产生椭圆曲线对象 curve、从该椭圆曲线对象上选定的基点 G 以及基点 G 的阶 n。然后随机选取 ECC 的私钥 $k \in (0,n)$，计算对应的公钥 $K = kG = k(x_G, y_G) = (x_k, y_k)$，并选取加密随机数 $r \in (0,n)$。将选取的椭圆曲线、基点及其阶、私钥、公钥打印可得图 5-2。

```
01.if __name__ == '__main__':
02.    curve, G, n = generate()
03.    k = randint(1, n - 1)  #选取私钥 k,  0< k < n
04.    K = k * G  #计算公钥 K,  K=k*G
05.    r = randint(1, n - 1)  #选取加密随机数 r,  0< r <n
06.    print("(公开)椭圆曲线 E:", curve)
07.    print("(公开)基点 G:", G)
08.    print("基点 G 的阶: n =", n)
09.    print("私钥: k =", k)
10.    print("公钥: K =", K)
```

```
(公开)椭圆曲线E: Curve(p=317, a=242, b=113)
(公开)基点G: (0,60)
基点G的阶: n = 173
私钥: k = 102
公钥: K = (35,65)
```

图 5-2　ECC 加密相关参数

②使用 random 模块中的 choice 函数，从 curve 代表的椭圆曲线上随机选择一点作为

明文 m，将明文 m 编码到选定的椭圆曲线对象 curve 上。根据 ECC 的原理，计算 $C_1 = m + rK$，$C_2 = rG$，生成密文 (C_1, C_2) 并发送。

```
11.x, y = choice(curve.show_all_points())              #选择明文
12.    m = Point(curve, x, y)
13.    print("所需加密明文 =", m)
14.    C1 = m + r * K
15.    C2 = r * G
16.    print("密文 (C1,C2) =", (C1, C2))
```

③接收方根据 ECC 的解密原理 $C_1 - kC_2 = m$，对密文进行解密，打印输出解密结果。

```
17.    print("解密出后的明文 =", C1 + k * C2.invert())
```

该部分代码的输出结果如图 5-3 所示。

```
所需加密明文 = (14,225)
密文 (C1,C2) = ((273,277), (84,82))
解密出后的明文 = (14,225)
```

图 5-3　ECC 实验结果

5.3.2　ECDSA 实现

Python 的 ecdsa 库已封装 ECDSA。读者在编制应用程序时可以使用如下代码直接调用 ecdsa 库。导入 ecdsa 模块，使用 SigningKey.generate() 方法生成签名密钥 sk，用于签名消息，将签名密钥 sk 对应的验证密钥 verifying_key 赋值给 vk，用于签名验证。

```
01.import ecdsa                                #使用 pip install ecdsa 安装
02.sk = ecdsa.SigningKey.generate()            #生成签名密钥
03.vk = sk.verifying_key                       #获取验证密钥
```

发送方输入需要签名的消息 m，打印输出查看消息 m，使用 sk 的 sign() 方法对消息 m 进行签名，产生签名 signature，打印输出查看签名 signature 后可发送签名。

```
01.m = "需要签名的消息"
02.print("明文:", m)
03.signature = sk.sign(bytes(m, encoding="utf8"))  #产生签名，指定编码格式
04.print("签名:", signature)
```

接收方使用 vk.verify() 对消息的签名进行验证，若验证成功，返回 True 值，否则报告 BadSignatureError。

```
01.print("验证结果: ",vk.verify(signature, bytes(m, encoding="utf8"))) #
验证签名
```

每次签名选择的随机数不同，产生的数字签名也将不同。上述示例的输出结果如图 5-4 所示。

```
明文：需要签名的消息
签名：b'\x8c2\xd2\x1bM\xb51\xcdMTtu\tsZ\xe9\xe4\x81N\xb6\xe8\x8f\x1e__\xcb\xe5\x1b:\x00\xc7U\x92s1\x98\xc3^9bW\x96Z\xe3\xe4\xd1\x1f\xd4'
验证结果： True
```

图 5-4　ECDSA 实验结果

5.4　封闭式电子拍卖隐私保护案例

本案例模拟招标场景中的拍卖活动，拍卖者作为招标人发布需求，竞拍者作为投标者提交报价，拍卖者与竞拍者共同决策出最低报价与中标者，完成拍卖，同时在整个过程中保护每个竞拍者的投标隐私性和不可延展性。

本案例中的封闭式电子拍卖系统由以下三个主体组成。

(1) 拍卖者。通常拍卖者为卖方或招标人的委托人。为简化人物关系和拍卖流程，本案例中的拍卖者直接代指招标人。拍卖者具有主持拍卖、维护整个拍卖流程、监督竞拍者、制定可选标价、汇总标价、决策中标价格与中标者等职责。

(2) 竞拍者。竞拍者投出标书竞争拍卖者的订单或工程项目。为了防止投标价格泄露，拍卖者将所能接受的最低报价加密后提交给竞拍者，且仅可报价一次，然后协同其他竞拍者和拍卖者共同决策中标者与中标价格。

(3) 认证机构。认证机构对每个竞拍者进行身份认证，并给予每个竞拍者参与此次拍卖的唯一 ID，用以标识每个竞拍者的身份。竞拍者只有在认证机构注册后，才能使用认证机构分配的 ID 参与拍卖活动。ID 与竞拍者的对应关系只有认证机构和竞拍者本人知晓。在公布中标者阶段，将公布中标者的 ID，而非中标者的真实身份。

根据封闭式电子拍卖业务的特点，本案例程序流程可以划分为准备、竞拍、开标和确定中标者四个阶段。

(1) 准备阶段：拍卖者发布招标需求、统计参与拍卖的竞拍者人数、发布可选标价等；竞拍者通过认证机构注册；认证机构确定密码体制加密参数和数字签名的公钥私钥对，为每个竞拍者生成唯一标识身份的 ID，并将其安全传送给竞拍者。

(2) 竞拍阶段：竞拍者确定所能接受的标价，将报价的密文与对应的数字签名提交给拍卖者，确保竞拍者报价不被泄露且无法篡改标价。投标终止后，拍卖者公布接收到的所有密文和数字签名。

(3) 开标阶段：竞拍者共同验证拍卖者公布的数字签名的正确性，将不诚实的竞拍者剔除。拍卖者根据各竞拍者提供的报价密文，协同各个拍卖者找出中标价格，即最低报价，公开中标价格。

(4) 确定中标者阶段：根据中标价格确定最终中标者，公布中标者的 ID。

5.4.1　准备阶段

在准备阶段，首先确定竞拍者的总人数以及拍卖者发布的可选标价的个数，每个竞拍者获取各自的身份 ID、ECC 加密参数、数字签名密钥，然后由拍卖者发布可选标价。准备阶段可分为两个步骤：拍卖系统及竞拍者初始化和拍卖者发布可选标价。

1. 拍卖系统及竞拍者初始化

竞拍者通过认证机构注册，从认证机构获取能唯一标识竞拍者身份的 ID B_j 。竞拍者的总人数记为 l ，拍卖者确定可选标价的数量 k 。每个竞拍者使用的加密算法和数字签名算法为 5.3.1 节所述 ECC 和 5.3.2 节所述 ECDSA。$B_j(0<j<l+1)$ 根据 ECC 的相关参数选取随机数 $u_{1j},u_{2j},\cdots,u_{kj}\in Z_n^*$、随机数 $v_{1j},v_{2j},\cdots,v_{kj}\in Z_n^*$ 。

编写 Auc.py 文件，定义准备阶段所需的系统参数。

(1) 导入 pandas、ecdsa、ECC、Bidder.py 等模块和文件。pandas 模块用于公布竞拍者提交的密文数据及其数字签名，ecdsa 和 ECC 模块分别用于实现数字签名与产生用于加密的椭圆曲线。Bidder.py 文件包含描述拍卖者和竞拍者行为的函数与方法。

```
01.import pandas as pd          #pandas 包需使用 pip install pandas 安装
02.import ecdsa                 #ecdsa 签名库需使用 pip install ecdsa 安装
03.from ECC import *
04.from Bidder import *
```

(2) 设定拍卖系统中竞拍者的总人数 l 以及拍卖者发布的可选标价的数量 k ，为每个竞拍者分配唯一标识身份的 ID 并将其存放在列表 b 中。使用 ECC 模块中的 generate() 函数，产生椭圆曲线对象 curve、基点 G 及其阶 n 。使用 ecdsa 签名库中的 SigningKey.generate() 方法生成签名密钥 sk_sign。实例化每个竞拍者对象，并将其放在列表 clients 中。

```
01.if __name__ == "__main__":
02.    l, k = 3, 6                                         #竞拍者总人数,可选标价数
03.    b = ["B" + str(j + 1) for j in range(l)]                    #分配身份 ID
04.    curve, G, n = generate()
05.    sk_sign = ecdsa.SigningKey.generate()                       #数字签名密钥
06.    clients = [Bidder(bj, k, n, sk_sign) for bj in b]   #竞拍者实例化
```

(3) 竞拍者类 Bidder：每个竞拍者的身份 ID 为 B_j ，从拍卖者处知晓可选的标价数量 k 、椭圆曲线基点的阶 n ，以及用于数字签名密钥 sk_sign。每个竞拍者选择随机数 $u_{1j},u_{2j},\cdots,u_{kj}\in Z_n^*$、随机数 $v_{1j},v_{2j},\cdots,v_{kj}\in Z_n^*$ ，将其分别存储于列表 u_j 和 v_j 中，并构建竞拍者存放报价的结构 m_j。

```
01.def __init__(self, bj, k, n,sk_sign):
02.#bj 为 bidder 的 ID, k 为可选标价的数量, n 为椭圆曲线基点的阶, sk_sign 为签名
密钥
03.    self.bj = bj
04.    self.k = k
05.    self.sk_sign = sk_sign
06.    self.uj = [randint(1, n-1) for i in range(self.k)]
                                        #选取的 k 个随机数 uij
07.    self.vj = [randint(1, n-1) for i in range(self.k)]
                                        #选取的 k 个随机数 vij
08.    self.mj = []                     #存放投标向量
```

2. 拍卖者发布可选标价

拍卖者设置并发布 k 个依次递增的标价 $\{P_1, P_2, \cdots, P_k\}$，记为 P，打印查看标价。

```
01.P = [5, 7, 10, 13, 17,20]  #设置可选标价
02.print("标价：", P, "\n")
```

标价打印输出的结果如图 5-5 所示。

```
标价： [5, 7, 10, 13, 17, 20]
```

图 5-5　拍卖者公布可选标价

5.4.2　竞拍阶段

在竞拍阶段，每个竞拍者首先根据拍卖者发布的可选标价填写各自的投标向量，然后使用子公钥计算“聚合”公钥，最后使用“聚合”公钥加密各自的投标向量作为报价密文，对报价密文进行签名，将报价密文与报价密文的签名发布到数据公告牌上。竞拍阶段可分为三个步骤：竞拍者填写投标向量、竞拍者计算“聚合”公钥和竞拍者加密投标向量并公布。

1. 竞拍者填写投标向量

在本招标拍卖案例中，报价最低的人将成为中标者。若竞拍者 B_j 愿意接受的最低报价是 P_i，默认 B_j 接受大于等于 P_i 的可选标价，则投标向量为 $(m_{1j}, m_{2j}, \cdots, m_{ij}, m_{(i+1)j}, \cdots, m_{kj}) = (0, 0, \cdots, 1, 1, \cdots, 1)$。竞拍者 B_j 调用 set_bid_vector() 方法，输入 P_i 作为 value，输出并打印投标向量。

```
01.for j in range(l):                    #竞拍者填写投标意愿
02.    value = int(input("第" + str(j + 1) + "个竞拍者能接受的最低报价索引:"))
- 1
03.    clients[j].set_bid_vector(value)
04.    print(clients[j].bj, clients[j].mj)
```

set_bid_vector()方法：根据传入的可接受的最低报价索引 index，对应 k 个可选标价，在列表 m_j 中填入投标向量。将 index 前的所有位置填入 0，将 index 位置及其之后的所有位置填入 1。

```
01.def set_bid_vector(self, index):
02.#生成投标向量，index 表示可接受的最低报价的索引
03.    self.mj = [0 if (i < index) else 1 for
i in range(self.k)]
```

模拟 3 个竞拍者输入各自能接受的最低报价，输出投标向量如图 5-6 所示。

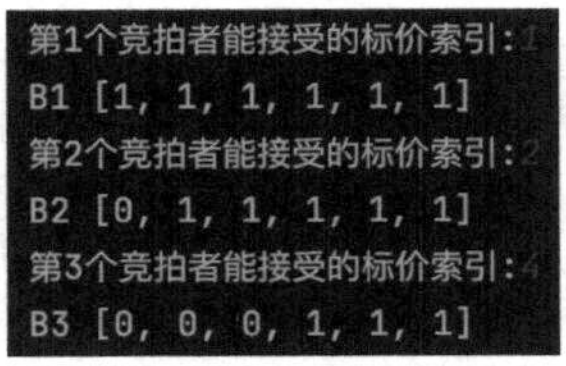

```
第1个竞拍者能接受的标价索引:1
B1 [1, 1, 1, 1, 1, 1]
第2个竞拍者能接受的标价索引:2
B2 [0, 1, 1, 1, 1, 1]
第3个竞拍者能接受的标价索引:4
B3 [0, 0, 0, 1, 1, 1]
```

图 5-6　竞拍者填写投标向量

2. 竞拍者计算“聚合”公钥

竞拍者首先需要计算对应投标向量每个分量的 ECC 子公钥，签名并发布到子公钥公告牌，然后所有竞拍者验证每个子公钥的数字签名，协同计算对于每个报价分量的“聚合”公钥。

拍卖者创建两个字典类型分别作为子公钥公告牌 board_pk 和数据公告牌 board_data。公告牌 board_pk 用于公布每个竞拍者的 ECC 子公钥及其对应的 ECDSA 数字签名。公告牌 board_data 用于公布投标向量密文及其对应的 ECDSA 数字签名。

```
01.board_pk = {}                    #定义子公钥公告牌
02.board_data = {}                  #定义数据公告牌
```

对每个竞拍者 B_j：

(1) B_j 使用 Bidder 类中的 public_keys() 方法将选取的随机数 $u_{1j},u_{2j},\cdots,u_{kj}\in Z_n^*$ 作为其在 ECC 中的子私钥，计算并公布对应子公钥 $u_{1j}G=u_{1j}(x_G,y_G)=(x_{u_{1j}}, y_{u_{1j}}),\cdots,u_{kj}G=u_{kj}(x_G,y_G)=(x_{u_{kj}},y_{u_{kj}})$，使用 ECDSA，计算 ECC 子公钥的 ECDSA 数字签名，将 ECC 子公钥及其 ECDSA 签名公布在子公钥公告牌上。

```
01.for client in clients:   #每个竞拍者计算各自的子公钥，签名并发布在子公钥公告牌上
02.    client.public_keys(G, board_pk)
03.print("子公钥公告牌")
04.print(pd.DataFrame(board_pk))
```

public_keys() 方法：传入椭圆曲线上选取的基点 G 与子公钥公告牌 board_ pk。竞拍者遍历列表 u_j 中的 k 个随机数 $u_{1j},u_{2j},\cdots,u_{kj}$，计算每个随机数与基点 G 的乘积作为子公钥，并通过 signing() 函数使用签名密钥 sk_sign 对子公钥进行签名，再将子公钥与其对应的数字签名一一对应存入列表 u_jG 中，最后将列表 u_jG 连同竞拍者的身份 ID:B_j 组合发布到子公钥公告牌上。

```
01.def public_keys(self, G, board_pk):
02.    #计算子公钥并将之发布于子公钥公告牌
03.    #G 为椭圆曲线的基点，board_pk 为子公钥公告牌
04.    ujG = [(G*uij, signing(self.sk_sign, G*uij)) for uij in self.uj]
05.                                                #计算子公钥并进行签名
06.    board_pk.update({self.bj: ujG})             #发布于子公钥公告牌
```

数字签名函数 signing()：输入签名密钥 sk_sign 与需要签名的信息 message，调用 ecdsa 库的 sign() 方法对 message 进行签名，返回 message 的数字签名结果。

```
01.def signing(sk_sign, message):
02.    #计算数字签名，返回数字签名
03.    #sk_sign 为数字签名密钥，message 为需要签名的信息
04.    return sk_sign.sign(bytes(str(message), encoding="utf8"))
```

打印输出公告牌 board_pk 上的子公钥和数字签名，如图 5-7 所示，最左列为子公钥公告牌数的索引，对应拍卖者发布的 6 个标价。B_1 列中 (79,79) 表示竞拍者 B_1 发布第一个标价产生的子公钥，b"\xdc|\xe8\……表示该子公钥所对应的数字签名。由于每次生成的子私钥(随机数 u_{ij})不同，计算的子公钥也会不同。

```
子公钥公告牌
                                                         B1  ...                                                      B3
0  ((79,79), b"\xdc|\xe8\x92_\xa2|\xb2\x13s\xaf~\...  ...  ((127,113), b',\xb9\xf8\x8e\xfc.\xc1\xf5\x99\x...
1  ((106,159), b'\xcc\xdc\x9b\x05\xd5>^\xbcT\xf7}...  ...  ((83,7), b"\x95'\xb9WP\xd1y\xad\xbe3$\xe6\x91\...
2  ((41,61), b'\xd5\xf2\xc9\xfc*\xbe"LE\x1c2\x94J...  ...  ((74,31), b'\x91\x8b\xbe5A\x8f\x10\x86\xd3$\x1...
3  ((25,195), b'\xfcX\x01P\xfdv\x19W\xc0w\x91P\xf...  ...  ((20,137), b'P,\x82\xf9ge\x08\xc2\xbf\r\xb1$\x...
4  ((108,22), b'\x17\xcc\x9c\xcc\xf9TLeB\xaf}\xaf...  ...  ((170,83), b'/\x8e\x85\xb7*\x18a\xde\xd3L\x9bj...
5  ((164,150), b'\xf3\xf7\xd8\xd6#Z\xfd\tX)\x0c\x...  ...  ((154,92), b'\xc6@i\x11\x16T\xc2\xd1V\x99`\xe0...

[6 rows x 3 columns]
```

图 5-7 各竞拍者发布的子公钥与对应的数字签名

(2) B_j 验证其他竞拍者对 ECC 子公钥的数字签名，调用在 Bidder.py 中定义的函数 calculate_pk()，与其他竞拍者协同计算 k 个"聚合"公钥：$u_1G=\sum_{j=1}^{n}u_{1j}G,\cdots,u_kG=\sum_{j=1}^{n}u_{kj}G$ 记录在列表 p_k 中，并打印查看"聚合"公钥。

```
01.pk = calculate_pk(board_pk, k, sk_sign)      #计算 k 个"聚合"公钥
02.print("'聚合'公钥: ", pk, "\n")
```

calculate_pk()函数：传入子公钥公告牌 board_pk、"聚合"公钥的个数 k（等同于可选标价的数量)、数字签名密钥 sk_sign 等参数后，调用 verify()函数验证子公钥公告牌上发布的每个子公钥对应的数字签名，若出现数字签名验证失败的情况，则调用字典类型的 pop()方法将对应的竞拍者剔除，继续验证下一个竞拍者子公钥的数字签名。在验证完成后，代码 9～14 行开始计算"聚合"公钥。首先从公告牌上获取首个竞拍者的身份 ID 赋值给 key_init，根据其 ID 获取首个竞拍者的 k 个子公钥存储于列表 u_iG 中，接着遍历所有竞拍者，获取其他竞拍者的 k 个子公钥，并依次与首个竞拍者的子公钥对应相加，最终列表 u_iG 中便包含 k 个"聚合"公钥。

```
01.def calculate_pk(board_pk, k, sk_sign):
02.    #计算"聚合"公钥,返回 k 个"聚合"公钥
03.    #board_pk 为子公钥公告牌, k 为可选标价的数量, sk_sign 为数字签名密钥
04.    for key in board_pk.keys():        #验证数字签名, 遍历每个竞拍者
05.        for i in range(k):             #遍历每个子私钥
06.            if not verify(sk_sign, board_pk.get(key)[i][0], board_pk.
get(key)[i][1]):
07.                board_pk.pop(key)
08.                break
09.    key_init = [key for key in board_pk.keys()][0]
                        #获取首个竞拍者身份 ID
10.    uiG = [board_pk.get(key_init)[i][0] for i in range(k)]
```

```
                    #获取子公钥公告牌上首个竞拍者的 k 个子公钥
11.    for key in board_pk.keys():       #将公告牌后续列的公钥与首列公钥相加
12.        if key != key_init:
13.            for i in range(k):
14.                uiG[i] += board_pk.get(key)[i][0]
15.    return uiG
```

verify() 函数：传入数字签名密钥、原始消息、原始消息的签名等参数，返回 True 或 False 表示签名验证成功或失败。读者可参考 5.3.2 节所述 ECDSA 中的示例自行实现，或查看代码包中的 Bidder.py 文件。

计算输出的“聚合”公钥如图 5-8 所示。

```
'聚合'公钥:  [(77,42), (108,175), (63,61), (160,79), (178,185), (33,133)]
```

图 5-8 竞拍者协同计算的“聚合”公钥

3. 竞拍者加密投标向量并公布

clients 列表中的每个竞拍者对象 $B_j(1<j<l+1)$ 调用 encrypt() 方法计算报价分量与基点的乘积(即 $m_{ij}G$)被对应“聚合”公钥加密所得的 ECC 密文 $C_{ij}=(m_{ij}G+v_{ij}u_iG,v_{ij}G)=(m_{ij}G+u_iv_{ij}G,v_{ij}G)$ 及其 ECDSA 数字签名 σ_{ij}。这里，$v_{1j},v_{2j},\cdots,v_{kj}$ 为竞拍者准备阶段在 Z_n^* 域中选取的随机数。随后公布密文 C_{ij} 及其签名。公告牌 board_data 上的数据如表 5-1 所示。

```
01.for client in clients:
02.    client.encrypt(pk, G, board_data)    #使用“聚合”公钥加密并公布密文与签名
03.print("数据公告牌")
04.print(pd.DataFrame(board_data))
```

表 5-1 公告牌数据

标价/竞拍者	B_1	B_2	…	B_n
P_1	$(m_{11}G+u_1v_{11}G,v_{11}G)$	$(m_{12}G+u_1v_{12}G,v_{12}G)$	…	$(m_{1n}G+u_1v_{1n}G,v_{1n}G)$
P_2	$(m_{21}G+u_2v_{21}G,v_{21}G)$	$(m_{22}G+u_2v_{22}G,v_{22}G)$	…	$(m_{2n}G+u_2v_{2n}G,v_{2n}G)$
…	…	…	…	…
P_k	$(m_{k1}G+u_kv_{k1}G,v_{k1}G)$	$(m_{k2}G+u_kv_{k2}G,v_{k2}G)$	…	$(m_{kn}G+u_kv_{kn}G,v_{kn}G)$

方法 encrypt()：定义于 Bidder 类中，需传入的参数包括存放 k 个“聚合”公钥的列表 p_k、椭圆曲线的基点 G 和含有所有竞拍者投标向量密文的数据公告牌 board_data。首先遍历竞拍者在准备阶段选择的随机数 $v_{1j},v_{2j},\cdots,v_{kj}$，依次计算随机数与基点 G 的乘积作为密文 C_{ij} 的第 2 分量 $v_{ij}G$，暂存储于列表 $v_{ij}G$ 中。接着遍历竞拍者填写的投标向量，依次计算投标向量与基点 G 的乘积 $m_{ij}G$，暂存储于列表 $m_{ij}G$ 中。最后将列表 $m_{ij}G$ 中的 k 个乘积对应地与 $u_iv_{ij}G$ 相加，作为投标向量密文的第 1 分量，构成完整的密文 C_{ij}，记为

cipher。依次将所有密文与其对应的数字签名添加到列表 data 中，附加竞拍者的 ID，发布到数据公告牌上。

```
01.def encrypt(self, pk, G, board_data):
02.#加密投标向量并公布于数据公告牌
03.#pk 为聚合公钥[u1G, u2G, ..., ukG], G 为椭圆曲线的基点, board_data 为数据公告牌
04.    vijG = [G*vij for vij in self.vj]                  #计算密文第 2 分量
05.    mijG = [G*mij for mij in self.mj]
06.    data = []
07.    for i in range(self.k):
08.        cipher = (mijG[i]+(pk[i]*self.vj[i]), vijG[i])  #组合密文
09.        data.append((cipher, signing(self.sk_sign, cipher)))
10.    board_data.update({self.bj: data})  #附加竞拍者 ID，发布密文与其签名
```

数据公告牌输出结果如图 5-9 所示。图 5-9 除了展示表 5-1 中的投标向量密文之外，还展示了密文对应的数字签名。其中，每一行对应一个可选标价；每一列对应一个竞拍者。由于每次选择的加密随机数不同，加密产生的密文也不同。

```
数据公告牌
                                                   B1  ...                                              B3
0  (((26,82), (38,160)), b'B\xf2\xdb\xe8\xc0\r\x0...  ...  (((59,72), (186,175)), b'9nF\x99D\x9de07dR\xac...
1  (((24,59), (155,79)), b'{uiC\xec8\xc7\x9d\x03e...  ...  (((182,190), (126,56)), b'R\xdc\xce "/\x12\x16...
2  (((194,46), (27,91)), b'\xb73\x0cg\xdcw\xb3\xb...  ...  (((21,78), (176,157)), b"\xa14\x845\xfd'5\x83P...
3  (((158,60), (49,93)), b';)^b\xe5\xe7\x1b\xa0h\...  ...  (((72,63), (51,68)), b'\xc5\x01\xaa\x06\xe1kt9...
4  (((42,8), (40,170)), b'\xc0\xc2\x0f*o\x1aPJm\x...  ...  (((143,155), (36,153)), b'\x01z5\xd5\xbc>T\xfe...
5  (((110,46), (135,95)), b'\xd2\xbau6\xb4dqU\x04...  ...  (((142,62), (171,70)), b'\xd3\xc0R\x9d\xf2\xbc...

[6 rows x 3 columns]
```

图 5-9　各竞拍者加密的投标向量与对应的数字签名

5.4.3　开标阶段

在开标阶段，拍卖者和竞拍者验证每个竞拍者提交到数据公告牌上的数字签名，将不诚实的竞拍者从拍卖队列中剔除。竞拍者和拍卖者按可选标价递增序列依次判断拍卖者发布的每个可选标价是否满足作为中标价格的条件。若决策出中标价格，则向所有竞拍者宣告中标价格；否则宣告本轮拍卖无最佳报价。开标阶段可分为三个步骤：验证报价密文、决策中标价格和宣告中标价格。

1. 验证报价密文

拍卖者和竞拍者验证每个投标向量密文的数字签名：遍历数据公告牌上每个竞拍者所提交的密文列表，接着遍历这些密文列表中的每一个密文，依次调用 verify() 函数验证这些密文的数字签名。若所有数字签名验证结果均为 True，则认为密文 C_{ij} 未被篡改，是可信的，可执行开标流程；如果存在数字签名验证结果为 False，说明对应报价被篡改，即不可信，则先将对应竞拍者剔除，删除其在公告牌上的所有数据，再执行开标流程。

```
01.for key in board_data.keys():  #遍历数据公告牌上每个竞拍者所提交的密文列表
02.    for i in range(k):  #遍历每个密文
03.        if not verify(sk_sign, board_data.get(key)[i][0], board_data.
get(key)[i][1]):
04.            board_data.pop(key)
```

2. 决策中标价格

开标流程：定义变量 index 并赋值−1，用于记录中标价格的索引。对于$i \in [0, k-1]$，从$i=0$开始，调用开标函数 open()解密得所有竞拍者第i个报价之和的密文，即$\sum_{j=1}^{l} m_{ij}$，并由此判断标价P_i是否为开标价格，即$\sum_{j=1}^{l} m_{ij} = 1$是否成立。若成立，对应的价格$P_i$为中标价格，记录中标价格索引，开标完成；否则继续对$i+1$调用开标函数 open()，判断标价P_{i+1}是否为开标价格。如此不断进行下去，直至找到中标价格或遍历完所有可选标价。若所有报价均不是中标价格，则宣告无最佳报价，结束本次拍卖。

```
01.index = -1                    #记录中标价格的索引
02.for i in range(k):
03.    if open(board_data, clients, i, G, sk_sign):
04.        index = i
05.        break
```

open()函数的代码如下，用于决策中标价格，即按标价从小到大的顺序依次对每个标价进行判断，判断该标价是否为中标价格。

```
01.def open(board_data, clients, i, G, sk_sign):
02.    #决策中标价格，board_data 为数据公告牌，clients 为竞拍者对象列表，i 为中标
价格索引，G 为椭圆曲线的基点，sk_sign 为数字签名密钥，返回 True 或 False
03.    key_init = [key for key in board_data.keys()][0]
04.    mijuiG = board_data.get(key_init)[i][0][0]
                                        #获取第 i 行首列的密文第 1 分量
05.    viG = board_data.get(key_init)[i][0][1]
                                        #获取第 i 行首列的密文第 2 分量
06.    for key in board_data.keys():    #计算密文和
07.        if key != key_init:
08.            mijuiG = mijuiG+board_data.get(key)[i][0][0]
09.            viG = viG+board_data.get(key)[i][0][1]
10.    c = (mijuiG,viG)
11.    sign = signing(sk_sign, c)
12.    for client in clients[::-1]:
13.        c, sign = client.decrypt(i, c, sign)
14.    if c[0] == G*1:
15.        return True
16.    else:
```

```
17.         return False
```

(1) 传入数据公告牌 board_data、所有竞拍者对象的列表 clients、标价索引 i、椭圆曲线的基点 G、数字签名密钥 sk_sign 等参数。

(2) 在第 3～10 行，根据 ECC 的加法同态性质，B_l 从数据公告牌 board_data 上获取所有竞拍者的第 i 个报价密文，即表 5-1 中 P_i 所在行的密文，并计算 P_i 所在行的密文之和 $C=(x,y)=\sum_{j=1}^{l}C_{ij}=\left(\sum_{j=1}^{l}(m_{ij}G+u_i v_{ij}G),\sum_{j=1}^{l}v_{ij}G\right)=\left(\sum_{j=1}^{l}m_{ij}G+\left(\sum_{j=1}^{l}u_{ij}\right)\sum_{j=1}^{l}v_{ij}G,\sum_{j=1}^{l}v_{ij}G\right)$。然后调用 signing() 函数计算密文之和 C 的数字签名，记为 sign。

(3) 在第 12～17 行，倒序遍历列表 clients 中的所有竞拍者，依次调用 decrypt() 方法对 C 逐层解密。逐层解密的原理是竞拍者 B_l 使用其 ECC 密码体制的私钥解密此密文，可得 $x-u_{il}y=\sum_{j=1}^{l}m_{ij}G+\left(\sum_{j=1}^{l-1}u_{ij}\right)\sum_{j=1}^{l}v_{ij}G$，构造密文 $C=(x,y)=\left(\sum_{j=1}^{l}m_{ij}G+\left(\sum_{j=1}^{l-1}u_{ij}\right)\sum_{j=1}^{l}v_{ij}G,\sum_{j=1}^{l}v_{ij}G\right)$。

B_l 发送密文 C 及其签名 σ 给 B_{l-1}。同理，B_{l-1} 验证通过签名 σ 后，使用其对应于标价 P_i 的 ECC 密码体制的私钥 u_{in-1} 对密文进行解密运算可得 $x-u_{il-1}y=\sum_{j=1}^{l}m_{ij}G+\left(\sum_{j=1}^{l-2}u_{ij}\right)\sum_{j=1}^{l}v_{ij}G$，更新密文 C 为 $C=(x,y)=\left(\sum_{j=1}^{l}m_{ij}G+\left(\sum_{j=1}^{l-2}u_{ij}\right)\sum_{j=1}^{l}v_{ij}G,\sum_{j=1}^{l}v_{ij}G\right)$，并发送密文 C 及其签名 σ 给 B_{l-2}。B_{l-2}，B_{l-3}，…，B_1 执行相同运算，最终 B_1 得 $C=(x,y)=\left(\sum_{j=1}^{l}m_{ij}G,\sum_{j=1}^{l}v_{ij}G\right)$。

decrypt() 方法：用于实现每层解密，需要传入的参数包括需要解密标价的索引 i、所有竞拍者对于标价 i 的投标向量密文之和 c、对密文之和 c 的数字签名 sign，返回值为当前竞拍者解密一层后的密文与密文对应的签名。当前解密的竞拍者 B_j 验证上一竞拍者 B_{j+1} 对密文的数字签名。若验证失败，则终止拍卖；若验证成功，则按照逐层解密的原理对密文之和 $C=(x,y)$ 进行逐层解密。下述代码中用 $c[0]$ 表示密文 x，$c[1]$ 表示密文 y。选择竞拍者 B_j 对应于标价 i 的子私钥 u_{ij}，计算 u_{ij} 与密文 y 的乘积 $u_{ij}y$，即 $u_{ij}\times$c[1]，继续计算 $x-u_{ij}y$，即 $c[0]-u_{ij}\times c[1]$，实现本层解密，解密结果记为 $C\_=(x,y)=(c[0]-u_{ij}\times c[1],c[1])$，计算 $C\_$ 对应的数字签名 sign_并返回，发送给竞拍者 B_{j-1} 解密。

```
01.def decrypt(self, i, c, sign):
02.    #逐层解密标价
03.    #i 为标价索引, c 为“聚合”公钥[u1G, u2G, ..., ukG], sign 为密文 c 的签名
04.    #返回逐层解密后的密文 c, 密文 c 的签名
05.    if not verify(self.sk_sign, c, sign):   #验证数字签名
```

```
06.         exit("拍卖终止")
07.     temp = c[1]*self.get_uij(i)                    #用于解密的中间结果
08.     c_ = (c[0]+temp.invert(), c[1])                #本层解密后的密文
09.     sign_ = signing(self.sk_sign, c_)              #对密文进行签名
10.     return c_, sign_
```

(4) 由于本拍卖案例模拟单轮单物品拍卖，B_1 判断是否 $\sum_{j=1}^{l} m_{ij} G = G$ 成立，若成立，则 $\sum_{j=1}^{l} m_{ij} = 1$，表示同意价格 P_i 总人数为 1。由 5.4.2 节第 1 部分投标向量格式可知任意竞拍者 B_j 报价 P_i 对应的投标向量为 $(m_{1j}, m_{2j}, \cdots, m_{ij}, m_{(i+1)j}, \cdots, m_{kj}) = (0, 0, \cdots, 1, 1, \cdots, 1)$，因此同意总人数为 1 的最小标价分量应为中标价格。当按照标价从小到大的顺序依次判断每个标价的同意总人数为 1 时，若第一次出现同意总人数为 1 的标价 P_i，则 P_i 是同意总人数为 1 的最小标价，即为中标价格，记录中标价格索引 index，B_1 公布开标价格，开标结束；否则，更新 $i = i + 1$。

3. 宣告中标价格

宣告中标价格的代码如下。若变量 index 未被赋予新值，仍为初始值−1，则可判断无最佳报价，拍卖结束；否则，公布 5.4.3 节第 2 部分中决策出的中标价格。

```
01.if  index == -1:  #无法找出最佳报价
02.     exit("无最佳报价")
03.print("中标价格为：", P[index], "\n")
```

在本案例所有竞拍者给出的最低报价中，标价 5 为最低报价，且仅有一名竞拍者给出该报价，所以中标价格为 5。打印输出的中标价格如图 5-10 所示。

中标价格为：5

图 5-10　公布中标价格

5.4.4　确定中标者阶段

在确定中标者阶段中，首先需要由每个竞拍者根据上一阶段决策出的中标价格判断自身是否中标，以此确认中标者身份，然后由所有竞拍者共同验证中标者身份的真实性。若验证通过，则完成交易；否则，宣告当前进行身份验证的竞拍者非中标者，拍卖结束。确定中标者阶段可分为两个步骤：中标者确认和中标者验证。

1. 中标者确认

clients 列表中的每个竞拍者调用 iswinner()方法，根据中标价格的索引判断自己是否为中标者，将中标者放入 winner 列表中。

```
01.#竞拍者判断是否中标
02.winner = [client for client in clients if client.iswinner(index)]
```

iswinner()方法：参数为中标价格的索引 index，竞拍者遍历自己所填写的投标向量，使用变量 flag 记录竞拍者的报价索引，对比中标价格的索引 index。若相等，返回 True，表示该竞拍者中标；若不相等，返回 False，表示该竞拍者不是中标者。

```
01.def iswinner(self, index):
02.    #判断自身是否中标
03.    #index 为中标价格索引
04.    #返回 Ture 或 False
05.    for i in range(self.k):                    #遍历每个投标向量
06.        if self.mj[i] == 1:
07.            flag = i                           #记录可接受标价的索引
08.            break
09.    return flag == index                       #对比标价索引
```

2. 中标者验证

上一步骤确定的中标者公布对应中标价格的加密随机数与加密随机数的数字签名，拍卖者和所有竞拍者通过加密随机数验证中标者身份的真实性，宣告验证结果。若验证成功，则进行交易，拍卖结束。此步骤的详细内容如下。

拍卖者和所有竞拍者共同验证中标者的真实性，不妨设 P_i 为中标价格，中标者是 B_j 。

(1) B_j 公布加密随机数 v_{ij} 及其数字签名。中标者 B_j 使用中标价格索引 index 获取其对应于该价格的随机数 v_{ij} ，并对其进行签名，记为 vij_sign。

```
01.vij_sign = signing(sk_sign, winner[0].vj[index])
```

(2)其他竞拍者和拍卖者通过验证中标者函数 verify_winner()验证中标者 B_j 提交的数字签名。若通过验证，宣告 B_j 为中标者；否则，宣告 B_j 不是真正的中标者。

```
01.if verify_winner(winner[0], vij_sign, board_data, G, index, pk):
02.    print("中标者", winner[0].bj)
03.else:
04.    print("当前竞拍者非中标者")
```

verify_winner()函数：输入参数包括通过标价判断中标的竞拍者对象 winner、winner 提交的加密随机数 v_{ij} 的数字签名 vij_sign、数据公告牌 board_data、椭圆曲线基点 G 、中标价格索引 i，以及“聚合”公钥列表 pk。竞拍者调用 verify()函数验证加密随机数 v_{ij} 数字签名的正确性。若验证通过，进一步计算 $(1+u_i v_{ij})G$ ，并与竞拍阶段公告牌上 P_i 所在行 B_j 所在列的数据的 C_{ij} 进行比较，如果一致，则返回 True，表示验证中标者身份成功；否则，返回 False，表示验证中标者身份失败，即 v_{ij} 不正确且该中标者存在欺诈行为。

```
01.def verify_winner(winner,vij_sign,board_data, G, i, pk):
02.    #验证中标者
03.    #winner 为中标者, vij_sign 为加密随机数的数字签名, board_data 为数据公告牌
```

```
04.     #G 为椭圆曲线的基点，i 为中标价格的索引，pk 为“聚合”公钥列表
05.     #返回 Ture 或 False
06.     if not verify(winner.sk_sign, winner.vj[i], vij_sign):
07.         return False
08.     return G + pk[i] * winner.vj[i] == (board_data.get(winner.bj)
[i][0][0])
```

(3) 拍卖者与中标者 B_j 以中标价格 P_i 完成交易，拍卖结束。

本案例中，竞拍者 B_1 的报价最低且唯一，故输出如图 5-11 所示的中标者 B_1。

图 5-11　公布中标者

5.5　讨论与挑战

本章介绍了一个由 MPC 构建的隐私保护应用程序简明案例。为了使内容简单易懂，作者避开基于电路的 MPC 通用协议，应用基于同态加密和数字签字的 MPC 协议，有效保护封闭式电子拍卖中的投标隐私性。

从 20 世纪 80 年代开始，MPC 已经从理论研究发展为用于构建隐私保护应用程序的多功能工具，成为一种功能强大的隐私增强工具。虽然还有大幅降低 MPC 开销[1, 21]、控制输出信息泄露[1]、构建可被完全信任的计算系统[1]等问题有待解决，但是 MPC 已成为一个充满活力的研究领域，有大量创新、开发和应用的机会。

5.6　实验报告模板

5.6.1　问答题

(1) ECC 属于半同态加密吗？为什么？

(2) 使用数字签名算法，恶意竞拍者可以对拍卖系统发起怎样的攻击？

5.6.2　实验过程记录

(1) ECC 实验过程记录。

①简述 ECC 的数学原理；

②简述 ECC 过程中，生成密钥对，以及加密和解密的步骤。

(2) ECDSA 实验过程记录。

①简述 ECDSA 数字签名为什么具有可验证性、不可伪造性和不可抵赖性；

②简述 ECDSA 数字签名的步骤。

(3) 简述 5.4 节中封闭式电子拍卖隐私保护的主要流程。

参考文献

[1] Canetti R, Feige U, Goldreich O,et al.Adaptively secure multi-party computation[C].Proceedings of the 28th Annual ACM Symposium on Theory of Computing. Philadelphia，1996：639-648.

[2] YAO A C. Protocols for secure computations[C]. 23rd Annual Symposium on Foundations of Computer Science. Chicago, 1982: 160-164.

[3] SILVERMAN J H. The arithmetic of elliptic curves[M]. New York: Springer, 2009.

[4] HU L, FENG D G, WEN T H. Fast multiplication on a family of Koblitz elliptic curves[J]. Journal of software, 2003, 14(11): 1907-1910.

[5] MÜLLER V. Fast multiplication on elliptic curves over small fields of characteristic two[J]. Journal of cryptology, 1998, 11(4): 219-234.

[6] JOHNSON D, MENEZES A, VANSTONE S. The elliptic curve digital signature algorithm (ECDSA)[J]. International journal of information security, 2001, 1(1): 36-63.

[7] RIVEST R L, ADLEMAN L, DERTOUZOS M L. On data banks and privacy homomorphisms[J]. Foundations of secure computation, 1978, 4(11): 169-180.

[8] ACAR A, AKSU H, ULUAGAC A S, et al. A survey on homomorphic encryption schemes: theory and implementation[J]. ACM computing surveys, 2018, 51(4): 1-35.

[9] PAILLIER P. Public-key cryptosystems based on composite degree residuosity classes[C]. 18th International Conference on the Theory and Applications of Cryptographic Techniques. Prague, 1999: 223-238.

[10] RIVEST R L, SHAMIR A, ADLEMAN L. A method for obtaining digital signatures and public-key cryptosystems[J]. Communications of the ACM, 1978, 21(2): 120-126.

[11] ELGAMAL T. A public key cryptosystem and a signature scheme based on discrete logarithms[J]. IEEE transactions on information theory, 1985, 31(4): 469-472.

[12] GENTRY C. Fully homomorphic encryption using ideal lattices[C]. 41st Annual ACM Symposium on Theory of Computing. Bethesda, 2009: 169-178.

[13] GENTRY C, HALEVI S. Implementing gentry's fully-homomorphic encryption scheme[C]. 30th Annual International Conference on the Theory and Applications of Cryptographic Techniques. Tallinn, 2011: 129-148.

[14] BRAKERSKI Z, GENTRY C, VAIKUNTANATHAN V. (Leveled) fully homomorphic encryption without bootstrapping[J]. ACM transactions on computation theory, 2014, 6(3): 1-36.

[15] BRAKERSKI Z. Fully homomorphic encryption without modulus switching from classical GapSVP[C]. 32nd Annual Cryptology Conference. Santa Barbara, 2012: 868-886.

[16] FAN J, VERCAUTEREN F. Somewhat practical fully homomorphic encryption[J]. Proceedings of the 15th international conference on practice and theory in public key cryptography, 2012: 1-16.

[17] GENTRY C, SAHAI A, WATERS B. Homomorphic encryption from learning with errors: conceptually-simpler, asymptotically-faster, attribute-based[C]. 33rd Annual Cryptology Conference.

Santa Barbara, 2013: 75-92.
[18] CHEON J H, KIM A, KIM M, et al. Homomorphic encryption for arithmetic of approximate numbers[C]. 23rd International Conference on the Theory and Application of Cryptology and Information Security. Hong Kong, 2017: 409-437.
[19] BONEH D, GOH E J, NISSIM K. Evaluating 2-DNF formulas on ciphertexts[C]. 2nd Theory of Cryptography Conference. Cambridge, 2005: 325-341.
[20] MAO W. Modern cryptography: theory and practice[M]. Upper Saddle River: Prentice Hall, 2004.
[21] BARKER E, BARKER W, BURR W, et al. Recommendation for key management-part 1: general[M]. Gaithersburg: Special Publication, 2006.

第 6 章　基于对抗训练的深度学习隐私保护

2006 年，Geoffrey Hinton 发表了论文 *A Fast Learning Algorithm for Deep Belief Nets*(深度信任网络的快速学习算法)，开启了深度学习时代。相较于传统机器学习方法，深度学习在语音识别、自然语言处理、计算机视觉等领域展现出了独特的优势。2012 年，深度学习在计算机视觉领域取得重大突破，Hinton 的研究小组提出 Alex Net 神经网络[1]，获得 ImageNet[2]图像分类比赛的冠军，其模型准确率与第二名使用的传统计算机视觉方法相比提升 10%以上，掀起了深度学习的热潮。

在此之后，Sun[3]等使用卷积神经网络在 Labeled Faces in the Wild(LFW)人脸数据集上识别任两幅图片中的人是否是同一个人，取得了 95.52%的准确率。随后，他们提出 DeepID[4]，根据属性对每张人脸进行分类，取得了 97.45%的准确率。目前深度学习可以达到 99.47%的准确率[5]，远超非深度学习方法。深度学习之所以能获得较高准确率，是因为其依赖于充足的训练数据和强大的计算资源。在现实中，服务商为了训练深度学习模型，往往需要从用户收集大量的训练数据，并购买特定的计算设备进行模型训练，最终根据所得模型提供相应服务，如医学图像分类[6]和网络流量分析[7]。

由于原始训练数据可以用于多种分析目标，一旦将原始数据分享，数据可能被挪作他用，则会产生违背用户意愿的隐私泄露问题。例如，用于分析病情的医疗数据被保险公司用于分析是否拒绝为其办理保险。针对此类问题，现有的一种解决方法是让用户不再提供原始训练数据，而是根据服务商的数据需求，对数据进行特征提取，并将得到的数据特征提交给服务商[8]。然而，恶意服务商仍可以从提取出的数据特征中推测出大量的隐私属性，甚至恢复原始数据[9]。为了解决这个问题，可以考虑优化数据特征提取算法，使提取的数据特征无法被攻击者利用，从而防止隐私泄露。

本章以基于对抗训练的深度学习隐私保护方法为例，介绍如何在深度学习中保护用户的隐私信息不被非意愿使用。该方法基于多任务学习和对抗训练思想，训练一个神经网络作为数据特征提取器，使获取的数据特征可以满足服务商的训练需求，且同时难以用于复原原始数据或推测隐私信息。用户可以使用这个神经网络对数据进行本地处理，仅上传隐私保护后的数据特征给服务商，以供其进行指定目标的深度学习训练。

6.1　实 验 内 容

1. 实验目的

(1) 掌握深度学习中神经网络的基础概念，熟悉基于卷积神经网络的图像属性分类方法。
(2) 熟悉多任务学习在深度学习隐私保护中的应用。
(3) 了解深度学习框架 PyTorch 的使用并掌握多任务学习和对抗训练的实现。

2. 实验内容与要求

(1) 掌握基于 Python 语言的 PyTorch 深度学习框架的使用，构造卷积神经网络并使用 CelebA 人脸属性数据集训练该神经网络。

(2) 掌握多任务学习方法的概念，并在 PyTorch 深度学习框架中实现该方法。

(3) 掌握基于对抗训练的深度学习隐私保护方法的实现思路，并在 PyTorch 深度学习框架中实现该方法。

3. 实验环境

(1) 计算机配置：8×NVIDIA TELSA T4 GPUs 服务器，16 GB 内存，Centos 8.0 操作系统。

(2) 编程语言版本：Python 3.7、PyTorch 1.6.0。

(3) 开发工具：PyCharm 2020.2。

6.2 实验原理

6.2.1 计算机视觉中的深度学习

在计算机视觉领域，研究人员使用深度学习执行图像识别任务，如物体识别、人脸识别等。传统识别方法依赖于研究人员的背景知识，对特定的数据设计数据特征的表示。该方法需要耗费大量人力进行特征工程，且设计出的特征仅包含少量参数，难以充分利用大数据的优势。深度学习使用神经网络等技术，可以自动地从大批量数据中学习有用信息，用于表示数据的特征，极大地提高了图像识别的性能。

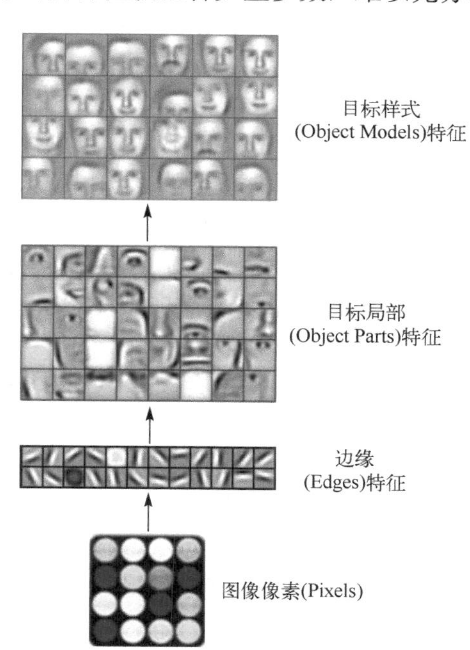

图 6-1　深度学习中的人脸特征提取过程

深度学习中的神经网络由输入层、隐含层和输出层组成，可以近似拟合各种分类函数。每一幅输入的图像均由若干像素点组成，这些像素点被直接输入到神经网络中。研究人员通过在隐含层内设置若干网络层数，学习人脸图像中的各种特征表达。例如，在隐含层底层学习到人脸图像局部的边缘和纹理特征，在隐含层中层学习到人脸器官的不同表示，在隐含层高层学习到人脸的全局特征。通过这种方式，深度学习可以逐层地提取图像中的抽象特征信息，特征提取过程如图 6-1 所示。

经过提取后的图像特征可用于人脸确认

和人脸识别两类任务。人脸确认即判断两幅人脸图像是否属于同一个人，人脸识别即将所有人脸图像分为 N 个类别，给每幅人脸图像的属性归类。它们都依赖于人脸图像的特征对比，为了提取人脸图像中的特征并识别图像，通常使用卷积神经网络作为深度学习模型。

定义 6.1（卷积神经网络）　卷积神经网络由输入层（输入图像）、卷积层、池化层、全连接层和输出层（softmax 层）组成，其中多个卷积层和池化层交替连接，与全连接层组成神经网络的隐含层。在隐含层中，数据被分为多个特征平面，由卷积层和池化层提取不同的特征信息，并输出给全连接层。全连接层将对数据特征进行分类，最后由输出层输出结果。一种代表性的卷积神经网络结构——视觉几何群网络（Visual Geometry Group Network，VGG16）如图 6-2 所示。

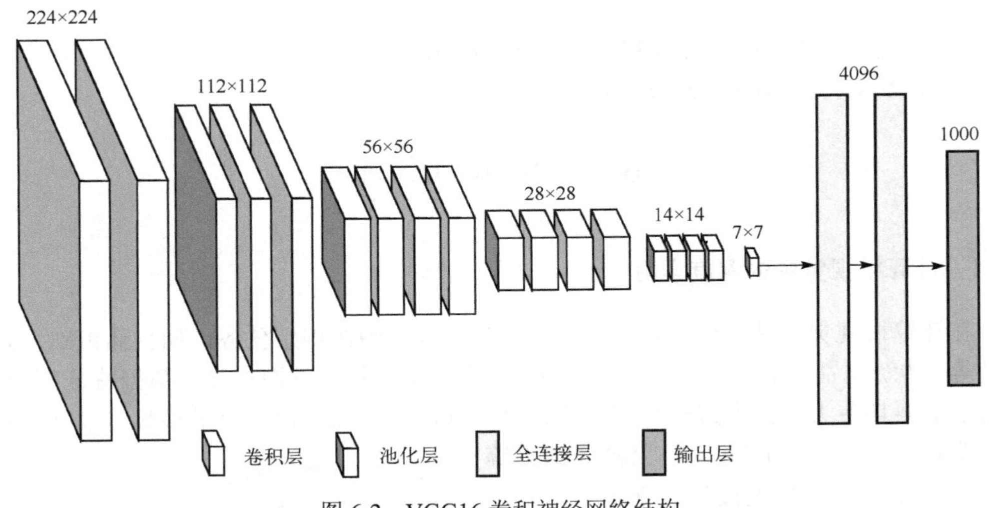

图 6-2　VGG16 卷积神经网络结构

在训练过程中，为了找到识别性能最好的卷积神经网络，需要为训练过程设置一个优化目标。为此，深度学习引入了损失函数的概念，用于度量神经网络模型识别性能。

定义 6.2（损失函数）　给定独立同分布的若干数据样本和某模型 $f(X,W)$，损失函数可用于衡量输出概率分布 $f(X)$ 和真实标签概率分布 Y 之间的距离 Distance$(Y,f(X))$，即模型预测的误差，记为 $L(Y,f(X))$，典型的损失函数如下。

（1）0-1 损失函数：

$$L(Y,f(X))=\begin{cases}1, & Y\neq f(X)\\0, & Y=f(X)\end{cases}$$

（2）平方损失函数：

$$L(Y,f(X))=(Y-f(X))^2$$

（3）绝对值损失函数：

$$L(Y,f(X))=|Y-f(X)|$$

损失函数的值越小，模型预测的误差就越小，意味着模型就越好。每个不同的训练任务中，适宜的损失函数也各不相同。在基于深度学习的图像识别中，涉及的损失函数还包括以下几个。

(1) 二分类下的交叉熵损失函数：

$$L(Y, f(X)) = -(Y\log\hat{Y} + (1-Y)\log(1-\hat{Y}))$$

(2) 多分类下的交叉熵损失函数：

$$L(Y, f(X)) = -\sum_{i=1}^{M} Y_i \log(\hat{Y}_i)$$

在二分类下，数据样本仅被分为正类($Y=1$)和负类($Y=0$)，$\hat{Y}$表示神经网络输出的类别预测概率，即该样本为正类的概率为$\hat{Y}$，为负类的概率为$1-\hat{Y}$。多分类即为二分类的扩展，每个数据样本有 M 个类别标签。若某数据样本属于第 i 类，则取$Y_i=1$；否则$Y_i=0$。$\hat{Y}_i$表示该数据样本属于第 i 类的概率。

在设置完损失函数后，开始训练神经网络，具体过程如下。

(1) 将包含真实标签Y的数据 X 输入神经网络，得到网络输出 $f(X)$。

(2) 使用损失函数计算损失值$L(Y, f(X))$。

(3) 根据损失值，使用反向传播算法[10]计算神经网络的梯度。

(4) 根据梯度结果，使用随机梯度下降算法[11]更新神经网络的参数。

使用训练集重复循环以上过程，直到神经网络分类性能收敛。在实际训练中，通常会使用批量的数据作为神经网络输入，将第(2)步中计算出的损失值进行累加后，再进行第(3)步，计算神经网络梯度。限于篇幅，本章不对反向传播算法和随机梯度下降算法进行介绍，感兴趣的读者可以查阅相关材料[13]。

6.2.2　基于多任务学习的隐私保护方法

在此前已提到，图像识别深度学习模型的训练依赖于充足的训练数据。在实际应用中，因为训练数据及其标签可用于其他关于用户隐私的分类任务，执行训练的服务商往往无法从用户直接获取训练数据。为了解决这个问题，可以引入多任务学习方法进行深度学习训练，即将业务任务和隐私保护任务同时进行训练。

多任务学习即把多个相关任务放在一起，同时对某模型进行训练。多个任务间需要共享部分模型参数，具体可分为硬参数共享(Hard Parameter Sharing)和软参数共享(Soft Parameter Sharing)。在硬参数共享中，无论最后有多少个任务，模型底层参数由所有任务统一共享，模型顶层参数由各个模型独立训练。在软参数共享中，不同任务仅共享部分模型底层参数，顶层同样训练自己的参数，如图 6-3 所示。

多任务学习可以概括为：将多个/单个数据输入一个大模型，模型输出多个不同的目标预测结果，根据多个预测结果对大模型进行统一优化。

本章将服务商的业务模型训练任务和隐私保护任务同时作为目标任务，对卷积神经网络进行优化。此类多任务学习的构造方法是将多个目标任务的损失函数整合为一个损失函数，例如，将不同目标任务的损失函数进行线性加权求和，计算公式如下：

$$L_{\text{MTL}} = \sum_{i} w_i L_i$$

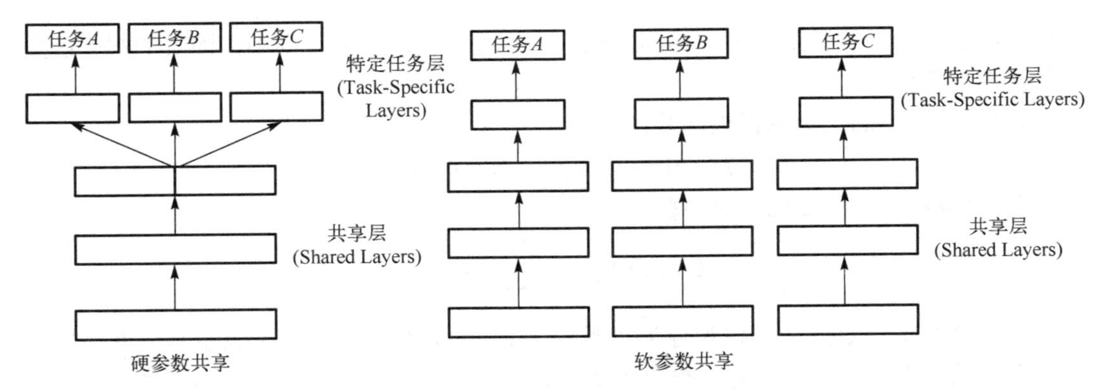

图 6-3 多任务学习的类别

式中，每个任务的损失函数 L_i 的权重 w_i 都代表了该任务在多个任务中的相对重要程度，在梯度下降优化时，计算公式如下：

$$W_{s_{t+1}} = W_{s_t} - \gamma \sum_i w_i \frac{\partial L_i}{\partial W_{s_t}}$$

其中，γ 为学习率；$W_{s_{t+1}}$ 为第 $t+1$ 次优化后的共享参数，其优化受到所有损失函数 L_i 的影响，并且不同 L_i 对共享参数的影响可以使用权重 w_i 进行调节。

除了可以获得满足多个任务要求的底层神经网络模型之外，多任务学习的优势还在于：不同任务间不相关的部分相对于其他任务相当于噪声，这些噪声将提高其他任务的模型泛化能力，预防训练陷入局部最优和过拟合。

为了实现基于多任务学习的隐私保护方法，本章采用硬参数共享方法，将共享的底层参数作为数据特征提取器，分别设置若干个顶层模型，分别用于与业务分类和隐私保护相关的任务。在训练完成后，用户可以使用底层的数据特征提取器对数据进行处理，去除数据中的隐私特征，再将结果提交给服务商进行业务分类训练。

对于业务分类任务，通常希望模型的业务分类准确率尽可能高。对于隐私保护任务，其目标则是使数据特征中的隐私信息无法被正确识别，且恶意方难以使用数据特征恢复原始数据。以图像识别为例，多任务学习中的目标可概括如下。

(1) 保证数据特征满足服务商的业务分类训练要求。

(2) 使数据特征中尽可能不包含与隐私相关的特征信息。

(3) 使经过提取后的数据特征难以用于复原原始图像。

针对以上三个目标，相应地设置如下三个顶层神经网络分类器及损失函数。

(1) 业务分类器 C，以及衡量分类误差的损失函数 $L(C)$。

(2) 隐私分类器 P，以及衡量分类误差的损失函数 $L(P)$。

(3) 图像复原器 R，以及衡量复原误差的损失函数 $L(R)$。

训练的整体目标是业务分类器 C 表现优秀，而隐私分类器 P 和图像复原器 R 表现较差，为此，将 $L(C)$、$L(P)$ 和 $L(R)$ 三个损失函数进行线性组合，得到 $L(E)=L(C)-\alpha_1 L(P)-\alpha_2 L(R)$，其中，$\alpha_1>0$，$\alpha_2>0$，将 $L(E)$ 作为底层的数据特征提取器 E 的损失函数。

要使数据特征提取器 E 的损失函数 $L(E)=L(C)-\alpha_1 L(P)-\alpha_2 L(R)$ 值尽可能小。训练完成时，$L(C)$ 将维持较小值，而 $L(P)$ 和 $L(R)$ 将维持较大值，即输出的数据特征可被业务分类器正确分类，但难以被隐私分类器正确识别隐私，且数据特征难以用于复原图像。由此，获得了可以保护隐私的数据特征提取器 E。

6.2.3　基于对抗训练的多任务学习方法

当使用多任务学习方法时，会根据损失函数 $L(E)=L(C)-\alpha_1 L(P)-\alpha_2 L(R)$ 不断优化底层的数据特征提取器，即根据顶层神经网络的分类准确率训练底层的特征提取器。但在训练中要注意的是，顶层神经网络的分类准确率除了和接收的数据输入有关，还和其自身的分类性能有关。换句话说，若顶层的隐私分类器无法从特征中识别出隐私信息，有可能是如下两种情况造成的。

(1) 数据特征提取器的隐私保护效果良好，其提取的数据中包含较少的隐私特征。这意味着即使是性能良好的隐私分类器，也无法从数据中识别出隐私信息。

(2) 隐私分类器自身的分类性能较差，即使数据特征提取器提取的数据中包含大量的隐私特征，隐私分类器也无法正确识别。

为了避免如上的情况 (2) 出现，需要在训练中优化顶层的隐私分类器，确保数据特征提取器可以在特征提取过程中去除数据中的隐私信息。在实际训练中，如何优化隐私分类器又是一个值得研究的问题。

一般情况下，多任务学习共享底层神经网络参数，并同时训练底层神经网络和顶层神经网络的多个任务分类器，使得每个顶层模型表现更好。但在隐私保护的多任务学习中，底层数据特征提取器的训练仅提升顶层的业务分类性能，同时会使得顶层的隐私分类模型和图像复原器性能变差。在训练中，如果在更新底层神经网络的同时更新顶层的隐私分类模型和图像复原模型，由于底层和顶层的优化方向相反，整个网络将难以收敛。

为了便于网络收敛，可以将底层数据特征提取器和顶层分类模型分开进行训练。预先将顶层神经网络中的每个模型分别进行训练，再将模型组合后进行多任务学习训练。在训练过程中，仅对底层神经网络进行更新，使底层神经网络提取的数据特征满足用户的隐私保护要求。但该方法也有一个不足：由于顶层神经网络不再优化，因此底层神经网络仅可以防御当前批次下的隐私分类模型和图像复原模型，其提取的数据特征可能仍包含有效的隐私信息。

为了强化训练效果，可将对抗训练方法引入到多任务学习框架中。在每一轮中，交替地训练底层神经网络和顶层神经网络，通过不断地增强顶层神经网络性能，以对底层神经网络进行进一步优化。具体训练过程如下。

(1) 预先训练数据特征提取器 E、业务分类器 C、隐私分类器 P、图像复原器 R。

(2) 根据现有的数据特征提取器 E，训练隐私分类器 P 和图像复原器 R，提高其对数据特征的属性分类能力和数据复原能力。

(3) 根据现有的数据特征提取器 E，训练业务分类器 C，提高其业务分类准确率。

(4) 使用损失函数 $L(E)=L(C)-\alpha_2 L(R)$ 训练数据特征提取器 E，使提取的数据特征尽可能不降低业务分类器 C 的分类准确率，且不容易被图像复原器 R 还原为原始图像。

(5) 使用损失函数 $L(E)=L(C)-\alpha_1 L(P)$ 训练数据特征提取器 E，使其尽可能不降低业务分类器 C 的分类准确率，且不容易被隐私分类器 P 正确推测隐私属性。

经过多轮迭代，直到收敛的数据特征提取器可以满足业务分类任务的要求，同时保护数据中的隐私属性等。此时，可以认为该数据特征提取器具有较好的隐私保护效果。

6.3 核心算法示例

6.3.1 图像识别神经网络训练

在进行隐私保护的多任务学习和对抗训练之前，需要预先构造并训练初始的底层数据特征提取器和顶层分类器。可总结为以下四个步骤。

1) 构造待训练的神经网络

以针对 Fashion-MNIST 服饰数据集的识别任务为例，构造一个卷积神经网络的 CNN 类，可分为三个子层。前两个子层 conv1、conv2 均由卷积层 Conv2d、激活函数 ReLU 和池化层 MaxPool2d 组合而成。最后一个子层 out 由线性层 Linear 组成，用于输出神经网络的分类结果。

```
01.class CNN(nn.Module):                            #用于 Fashion_MNIST 服饰数据集
                                                   手写数字识别的卷积神经网络
02.    def __init__(self):
03.        super(CNN, self).__init__()
04.        self.feature1 = nn.Sequential(           #模型将会按照 Sequential 中的内
                                                   容顺序构造
05.            nn.Conv2d(
06.                in_channels=1,                   #输入图像的通道数为 1
07.                out_channels=16,                 #卷积核的个数，输出的通道数为 16
08.                kernel_size=5,                   #卷积核大小
09.                stride=1,                        #卷积核步长
10.                padding=2,                       #卷积后在图像周围填充空白
11.            ),
12.            nn.ReLU(),                           #激活函数层
13.            nn.MaxPool2d(kernel_size=2),         #池化层，取每 2x2 区域中的最大值
14.        )
15.        self.conv2 = nn.Sequential(
16.            nn.Conv2d(16, 32, 5, 1, 2),          #输入图像的通道数为 16
17.            nn.ReLU(),                           #激活函数层
18.            nn.MaxPool2d(2),                     #池化层
19.        )
20.        self.out = nn.Linear(32 * 7 * 7, 10)     #线性层，输出 10 个类别
```

在神经网络的构造中，还需要在 CNN 类里定义前向传播函数 forward，表示数据从输入神经网络到输出分类结果的全过程。

```
01.def forward(self, x):                  #神经网络前向传播，x 即数据
02.     x = self.conv1(x)
03.     x = self.conv2(x)
04.     x = x.view(x.size(0), -1)         #将数据输出格式转化为线性层的输入格式
05.     output = self.out(x)
06.     return output
```

2) 设置损失函数和优化器

根据分类模型的优化目标，设置相应的损失函数。例如，在 Fashion-MNIST 服饰识别任务中，服饰包含上衣、鞋子等 10 个类别，因此选用多分类下的交叉熵损失函数 CrossEntropyLoss。

随后设置优化器 Adam，使用随机梯度下降算法更新模型的参数。

```
01.loss_func = nn.CrossEntropyLoss()                           #交叉熵损失函数
02.optimizer = torch.optim.Adam(cnn.parameters(), lr=LR)  #优化过程的执行器
```

3) 执行模型训练过程

实例化 CNN 类，设置多个训练批次(epoch)，分批量地使用数据训练模型。在每个批次中，将数据输入神经网络，使用神经网络输出计算损失值和梯度，并更新模型参数。

```
01.cnn = CNN()  #将 CNN 类实例化
02.for epoch in range(EPOCH):
03.     for batch_idx, (x, y) in enumerate(train_loader):
      #train_loader 存储了按批次分组的训练数据，每次 for 循环载入一批次的数据
04.          output = cnn(x)                     #cnn 神经网络输出值
05.          loss = loss_func(output,  y) #计算交叉熵损失函数值
06.          optimizer.zero_grad()           #在反向传播前清除上一轮计算的梯度
07.          loss.backward()                     #反向传播，计算梯度
08.          optimizer.step()                    #使用梯度更新神经网络
```

4) 计算当前模型准确率

输出测试数据的分类结果，并计算分类准确率。当准确率不再明显变化时，说明模型收敛，训练结束。

```
01.test_output = cnn(test_x)                  #测试数据的神经网络输出值
02.pred_y = torch.max(test_output, 1)[1].data.squeeze().numpy()
                                                        #分类结果
03.accuracy = float((pred_y == test_y.data.numpy()).astype(int).sum()) /
float(test_y.size(0))                          #计算测试数据的分类准确率
04.print('Epoch: ', epoch, '| train loss: %.4f' % loss.data.numpy(), '|
test accuracy: %.2f' % accuracy)          #打印分类准确率
```

通过以上步骤，可以获得一个完整的业务分类网络。将业务分类网络进行拆分，即可获得初始的数据特征提取器和业务分类器。在 Fashion-MNIST 数据集上，本节以服饰的类别作为业务分类任务，以服饰的款式和花纹等偏好类别作为隐私分类任务，可以重复类似过程训练出隐私分类器。

6.3.2 隐私保护多任务学习

在 6.3.1 节中，通过训练可以获得若干初始神经网络。为了进一步实现隐私保护的多任务学习，可将数据特征提取器 E 作为底层神经网络，分类器等作为顶层神经网络。其中包括：一个业务分类器 C 对图像的业务属性进行识别，一个隐私分类器 P 对图像的隐私属性进行识别，两者均使用 CrossEntropyLoss 或 BCELoss 损失函数，衡量分类结果和真实类别间的误差；此外，设置一个图像复原器 R，根据特征提取器输出的特征恢复原始图像，使用 MS-SSIM 作为损失函数，来衡量恢复后的图像和原始图像间的误差。

模型设置如下：

```
01.C_loss = nn.BCELoss()            #业务分类器的损失函数
02.P_loss = nn.BCELoss()            #隐私分类器的损失函数
03.R_loss = 1 - MS_SSIM()           #图像复原器的损失函数
```

在设置完 C、P 和 R 的损失函数后，根据多任务学习思想，将这些损失函数进行线性组合，得到：

```
01.E_loss = C_loss-lambda * (P_loss + R_loss)  #数据特征提取器的损失函数
```

其中 $\lambda > 0$，为了优化 E_loss 使其最小，需要使 C_loss 最小，即业务分类准确率高，而 $P\_loss + R\_loss$ 尽可能大，即隐私分类误差大，且复原的图像和原始图像误差大。

重复 6.3.1 节的训练流程，使用该损失函数对数据特征提取器进行优化训练，使其既可以保证业务分类任务的准确率，又可以抵抗隐私分类攻击和图像复原攻击。

6.3.3 隐私保护对抗训练

为了使数据特征提取器在训练中更易收敛，且性能更好，引入对抗训练的思想。首先，分别训练业务分类器、隐私分类器和图像复原器，增强模型性能。随后，设置各顶层神经网络的损失函数以及底层数据特征提取器的复合损失函数 $E\_loss = C\_loss - \lambda * (P\_loss + R\_loss)$。

```
01.for batch_idx, sample in enumerate(train_loader):
02.    images = sample['images']
03.    task_label = sample['task_label']
04.    private_label = sample['private_label']
05.    features = E(images)
06.    restore_img = R(features)
07.    out = C(features)                              #输出业务分类结果
08.    privacy = P(features)                          #输出隐私分类结果
09.    C_loss = BCE(out, task_label)                  #输出业务分类损失函数值
10.    P_loss = BCE(privacy, private_label)           #输出隐私分类损失函数值
11.    R_loss = 1 - MS_SSIM(restore_img, images)      #输出图像复原损失函数值
```

在 k 个循环中进行对抗训练，首先使用优化器 Optimizer 对顶层神经网络中各分类器 C、P 和 R 分别进行优化，再使用复合损失函数对数据特征提取器 E 进行优化。在

本算法中，可以将隐私分类任务和图像复原任务看作一个隐私任务，共享一个多任务学习权重λ。

```
01.if batch_idx % 4 == 0:                    #优化隐私分类网络
02.     P_loss.backward()
03.     P_optimizer.step()
04.elif batch_idx % == 1:                    #优化图像复原网络
05.     R_loss.backward()
06.     R_optimizer.step()
07.elif batch_idx % == 2:                    #优化业务分类网络
08.     C_loss.backward()
09.     C_optimizer.step()
10.else:
11.     E_loss = C_loss - lambda * (P_loss + R_loss)
                                             #设置数据特征提取器的损失函数
12.     E_loss.backward()
13.     E_optimizer.step()
```

经过以上过程，最终可以得到收敛的数据特征提取器。将使用该特征提取器提取的特征参数提供给服务商进行业务分析，可以在保障业务准确率的同时，防止隐私分类攻击和图像复原攻击，即完成了隐私保护的深度学习。

6.4　深度学习模型参数隐私保护案例

在掌握了基于对抗训练的深度学习隐私保护多任务训练后，本节以人脸图像隐私保护为例，进行完整的对抗训练过程。通过训练一个基于对抗训练的隐私保护数据特征提取器，保证提取的数据特征既可用于业务分类训练，也不会泄露数据内的隐私属性。

本实验使用的数据集是 CelebA(Celebfaces Attribute)人脸属性数据集，广泛用于人脸相关的计算机视觉训练任务。

6.4.1　构造图像识别深度神经网络

对于 CelebA 数据集中的人脸识别，简单的神经网络已无法满足准确率要求。为此，本节使用 VGG[12]网络实现该人脸图像的分类。VGG 是一类用于图像分类的卷积神经网络架构，根据卷积核大小和卷积层数目的不同又可分为六个类别，结构描述分别如下。

本节采用 VGG16 网络，它包括 5 个卷积层(用 conv3-XXX 表示)、3 个全连接层(用 FC-XXXX 表示)和 5 个池化层(用 maxpool 表示)，最后的 softmax 层用于将输出结果转换为预测概率。

若将卷积层 conv3 和池化层 maxpool 的组合看作一个模块，VGG 则包括 5 个模块和 1 个全连接层，如图 6-4 所示。在隐私分类任务中，可以将模块 1 和模块 2 作为数据特

征提取器 E，对图像进行特征提取；将模块 3、模块 4 和模块 5 作为分类器 Classifier，根据具体任务对图像进行分类；分别创建 Encoder.py 和 Classifier.py 文件，作为本实验中的神经网络模型。以下是具体构造步骤。

ConvNet Configuration						
A	A-LRN	B	C	D	E	
11 Weight Layers	11 Weight Layers	13 Weight Layers	16 Weight Layers	16 Weight Layers	19 Weight Layers	
Input(224 × 224 RGB image)						
conv3-64	conv3-64 LRN	conv3-64 conv3-64	conv3-64 conv3-64	conv3-64 conv3-64	conv3-64 conv3-64	模块1
maxpool						
conv3-128	conv3-128	conv3-128 conv3-128	conv3-128 conv3-128	conv3-128 conv3-128	conv3-128 conv3-128	模块2
maxpool						
conv3-256 conv3-256	conv3-256 conv3-256	conv3-256 conv3-256	conv3-256 conv3-256 conv1-256	conv3-256 conv3-256 conv3-256	conv3-256 conv3-256 conv3-256 conv3-256	模块3
maxpool						
conv3-512 conv3-512	conv3-512 conv3-512	conv3-512 conv3-512	conv3-512 conv3-512 conv1-512	conv3-512 conv3-512 conv3-512	conv3-512 conv3-512 conv3-512 conv3-512	模块4
maxpool						
conv3-512 conv3-512	conv3-512 conv3-512	conv3-512 conv3-512	conv3-512 conv3-512 conv1-512	conv3-512 conv3-512 conv3-512	conv3-512 conv3-512 conv3-512 conv3-512	模块5
maxpool						
FC-4096						
FC-4096						
FC-1000						
soft-max						

图 6-4　VGG 神经网络结构

首先，构造数据特征提取器 E 的类 Encoder，并使用 PyTorch 中的 torch.nn 模块将卷积层 nn.Conv2d、归一化层 nn.BatchNorm2d、激活函数层 nn.ReLU 和池化层 nn.Maxpool2d 进行组合，构成模块 1，代码如下：

```
01.#based on vgg16
02.import torch.nn as nn                        #PyTorch 框架中构造神经网络的模块
03.class Encoder(nn.Module):
04.    def __init__(self):
05.        super(Encoder, self).__init__()
06.        self.features1 = nn.Sequential( #模型将会按照 Sequential 中的内容顺序构造
07.        nn.Conv2d(3, 64, kernel_size=3, stride=1, padding=1),#卷积层
08.        nn.BatchNorm2d(64, eps=1e-05, momentum=0.1, affine=True, track_
running_stats=True),                        #归一化层
```

```
09.        nn.ReLU(inplace=True),                          #激活函数层
10.        nn.Conv2d(64, 64, kernel_size=3, stride=1, padding=1),#卷积层
11.        nn.BatchNorm2d(64, eps=1e-05, momentum=0.1, affine=True,
track_ running_stats=True)                                  #归一化层
12.        nn.ReLU(inplace=True)                           #激活函数层
13.        )
14.        self.pool1 = nn.MaxPool2d(kernel_size=2, stride=2, padding=0,
dilation=1, ceil_mode=False, return_indices=True)  #池化层
```

类似地，构造 Encoder 的模块 2，其中模块 2 和模块 1 的区别在于卷积层 nn.Conv2d 的参数不同。模块 1 的卷积层为 conv3-64，用于接收图像输入，输入通道数为 3，输出通道数为 64。模块 2 的卷积层为 conv3-128，用于接收模块 1 的输出，输入通道为 64，输出通道为 128。

```
01.        self.features2 = nn.Sequential(  #仅输入和输出的通道数不同于模块 1
02.        nn.Conv2d(64, 128, kernel_size=3, stride=1, padding=1),
#conv3-128
03.         nn.BatchNorm2d(128, eps=1e-05, momentum=0.1, affine=True,
track_ running_stats=True),
04.        nn.ReLU(inplace=True),
05.        nn.Conv2d(128, 128, kernel_size=3, stride=1, padding=1),
#conv3-128
06.         nn.BatchNorm2d(128, eps=1e-05, momentum=0.1, affine=True,
track_ running_stats=True),
07.        nn.ReLU(inplace=True)
08.        )
09.        self.pool2 = nn.MaxPool2d(kernel_size=2, stride=2, padding=0,
dilation=1, ceil_mode=False, return_indices=True)
```

底层的数据特征提取器 E 构造完成后，构造顶层神经网络 Classifier。与 E 的构造方法类似，仅需要修改 Conv2d 中的通道参数构造模块 3、模块 4 和模块 5。例如，模块 3 的代码如下。

```
01.        #模块 3
02.        self.features3 = nn.Sequential(
03.        nn.Conv2d(128, 256, kernel_size=3, stride=1, padding=1),
#conv3-256
04.        nn.BatchNorm2d(256, eps=1e-05, momentum=0.1, affine=True,
track_ running_stats=True),
05.        nn.ReLU(inplace=True),
06.        nn.Conv2d(256, 256, kernel_size=3, stride=1, padding=1),
07.        nn.BatchNorm2d(256, eps=1e-05, momentum=0.1, affine=True,
track_ running_stats=True),
08.        nn.ReLU(inplace=True),
09.        nn.Conv2d(256, 256, kernel_size=3, stride=1, padding=1),
#conv3-256
```

```
10.         nn.BatchNorm2d(256, eps=1e-05, momentum=0.1, affine=True,
track_ running_stats=True),
11.         nn.ReLU(inplace=True)
12.         )
13.         self.pool3 = nn.MaxPool2d(kernel_size=2, stride=2, padding=0,
dilation=1, ceil_mode=False, return_indices=True)
```

使用 nn.Sequential 方法构造顶层神经网络最后的线性层，卷积层的输出将作为该线性层的输入。因此需要根据卷积层的输出通道数，相应地设置线性层的输入通道数，最后输出分类结果。

```
01.         self.classifier = nn.Sequential(
02.         nn.Linear(15360, 4096, bias=True),#该线性层输入通道数为 15360,
                                               输出通道数为 4096
03.         nn.ReLU(inplace=True),
04.         nn.Dropout(p=0.5),                 #防止过拟合，加快训练速度
05.         nn.Linear(4096, 4096, bias=True),
06.         nn.ReLU(inplace=True),
07.         nn.Dropout(p=0.5),                 #防止过拟合，加快训练速度
08.         nn.Linear(4096, 1, bias=True),     #输出分类结果
09.         nn.Sigmoid()
10.         )
```

6.4.2 训练数据特征提取器、业务分类器和隐私分类器

构造网络之后，将类 Encoder 训练为图像的数据特征提取器，并基于 Classifier 分别训练出业务分类器和隐私分类器。即完成各网络的预训练，用于后续的多任务学习和对抗训练。

创建模型训练的代码 main.py，导入模型训练所需的 Python 库，其中包括深度学习库 torch、图像读取库 PIL、数据处理库 numpy、命令行参数库 argparse，以及深度学习模型 Encoder 和 Classifier 等。

```
01.import torch                                #PyTorch 库
02.import torch.nn as nn                       #提供构造神经网络的工具
03.import torch.optim as optim                 #用于优化神经网络的工具
04.from torchvision import transforms          #用于数据格式转换
05.from torch.utils.data import DataLoader, Dataset,Subset
                                               #用于加载训练数据
06.from PIL import Image                       #加载图像
07.import numpy as np                          #进行科学计算的库
08.import os
09.import argparse                             #解析命令行参数和选项的模块
10.import Encoder                              #预设的数据特征提取器网络
11.import Classifier                           #预设的业务分类器网络
```

在训练前，需要创建图像预处理方法 preprocess，将训练数据集 CelebA 中的图像转

化为可以输入神经网络的张量矩阵(tensor)，读取数据对应标签，并保存在字典里。

```
01.preprocess = transforms.Compose([
02.     transforms.ToTensor(),              #数据预处理，将图像转化为张量矩阵
03.     ])
04.class CelebA(Dataset):                   #CelebA 数据集也写为一个类
05.     def__init__(self, img_dir, label_root):
06.          self.img_dir = os.listdir(img_dir)          #读取图像文件路径
07.          self.label_root = np.load(label_root)       #读取图像标签路径
08.          self.root = img_dir
09.     def __len__(self):
10.          return len(self.img_dir)                    #返回图像数据的个数
11.     def __getitem__(self, idx):
12.          filename = self.img_dir[idx]
13.          img = Image.open(os.path.join(self.root, filename))
14.          label = self.label_root[int(filename[:-4])-1]
                                            #文件名为 xx.png，读取.png 前序号
15.          for i in range(len(label)):
16.               if label[i] < 0:
17.                    label[i] = 0
18.          img = preprocess(img)
19.          sample = {'images': img, 'labels': label}
                #返回的数据集用字典表示，其中每个样本的格式为(图像编号，标签)
20.          return sample
```

在训练开始前，可以使用 argparse 库设置训练需要使用的参数，以供其他函数直接调用。参数包括图像存储路径、训练集大小、测试集大小、图像标签存储路径、训练所使用的图像标签、训练的迭代次数、训练中每批次的数据量 b 和初始学习率 lr 等。

```
01.parser = argparse.ArgumentParser()        #实例化 argparse 方法
02.parser.add_argument('-gpu', type=bool, default=True, help='是否使用 GPU')
03.parser.add_argument('-img_dir', type=str, default='/project/img_align/',
help='图像存储路径')
04.parser.add_argument('-train_size', type=int, default=20000, help='
训练集大小')
05.parser.add_argument('-test_size', type=int, default=5000, help='测试
集大小')
06.parser.add_argument('-label_root', type=str, default='/project/labels.npy',
help='图像标签存储路径')
07.parser.add_argument('-labels', type=list, default=[31], help='训练所
使用的图像标签，31 表示笑容')
08.parser.add_argument('-epoch', type=int, default=5, help='训练的迭代次数')
09.parser.add_argument('-w', type=int, default=16, help='Dataloader 模块
中数据读取器的参数 worker')
10.parser.add_argument('-b', type=int, default=64, help='训练中每批次的数
据量')
```

```
11.parser.add_argument('-s', type=bool, default=True, help='训练中是否按照顺序读取数据')
12.parser.add_argument('-lr', type=float, default=0.0001, help='初始学习率')
13.args = parser.parse_args()
```

由于模型的训练涉及大量人脸图像数据，因此需要使用较高性能的GPU设备进行运算。在训练前，设置训练所使用的GPU编号，并将模型训练的计算过程部署在GPU上运行。

```
01.if args.gpu:
02.    os.environ['CUDA_VISIBLE_DEVICES'] = '1,2,3,4'  #使用指定的 GPU 进行训练
03.E = Encoder.Encoder()                               #设置待训练模型并初始化
04.C = Classifier.Classifier(len(args.labels))
05.if args.gpu:                                        #将模型训练转移到 GPU
06.    E = E.cuda()
07.    C = C.cuda()
08.    E = nn.DataParallel(E, device_ids=[0,1,2,3])
09.    C = nn.DataParallel(C, device_ids=[0,1,2,3])
```

为了更便捷地展示实验结果，仅使用部分 CelebA 数据进行模型训练。首先加载CelebA数据集，再根据数据的索引 indices，从数据集中获取训练集 train_dataset 和测试集 test_dataset 的数据索引。此外，还需要额外设置 PyTorch 中的 DataLoader 模块，根据数据索引加载数据。

```
01.celeba_dataset = CelebA(args.img_dir, args.label_root)  #加载数据集
02.indices = [i for i in range(len(celeba_dataset))]  #根据数据索引获取数据子集
03.indices_train = indices[:args.train_size]  #从数据子集中获取数据用于训练
04.indices_test = indices[args.train_size: args.train_size+ args.test_size]                 #从数据子集中获取数据用于测试
05.train_dataset = Subset(celeba_dataset, indices_train)    #取出训练子集
06.test_dataset = Subset(celeba_dataset, indices_test)      #取出测试子集
07.celeba_train_loader = DataLoader(train_dataset, batch_size=args.b, shuffle=args.s, num_workers=args.w) #训练数据读取器，可更高效地批量载入数据进行训练
08.celeba_test_loader = DataLoader(test_dataset, batch_size=args.b, shuffle=args.s, num_workers=args.w)#测试数据读取器
```

设置损失函数，本实验的业务分类任务是对图像进行二分类，因此选用二分类中的交叉熵损失函数 BCELoss()，并设置随机梯度下降的优化方法 optim.Adam()。为了便于模型收敛，还需要设置学习率调整器 lr_scheduler.StepLR，每训练十个批次 epoch，学习率 gamma 则减小为之前的 1/10。

```
01.loss_func = nn.BCELoss()                  #损失函数
02.E_optimizer = optim.Adam(E.parameters(), lr=args.lr)  #更新模型的优化器
03.C_optimizer = optim.Adam(C.parameters(), lr=args.lr)
04.E_scheduler = optim.lr_scheduler.StepLR(E_optimizer, step_size=10, gamma=0.1)                            #学习率调整器
05.C_scheduler = optim.lr_scheduler.StepLR(C_optimizer, step_size=10, gamma=0.1)
```

开始模型训练，使用 train()方法将模型设置为训练模式。在训练模式下，按批次将训练数据输入神经网络，输出结果 out，代码如下。

```
01.train_loss = []  #记录训练过程中的损失函数值
02.train_acc = []   #记录训练过程中的模型准确率
03.E.train()        #调整到训练模式,启用 Batch Normalization 和 Dropout 层
04.C.train()
05.for batch_idx, sample in enumerate(celeba_train_loader):
                                  #按批次获取数据，进行训练
06.    images = sample['images']
07.    labels = sample['labels']
08.    images = images.type(torch.FloatTensor)
09.    labels = labels[:, args.labels]
10.    labels = labels.type(torch.FloatTensor)
11.    if args.gpu:               #将数据迁移到 GPU 上训练
12.        images = images.cuda()
13.        labels = labels.cuda()
14.    features = E(images)       #将图像输入神经网络
15.    out = C(features)
```

计算神经网络的损失函数值 loss，并计算当前训练批次的模型分类准确率，将结果存入数组 train_acc 中。随后，根据损失函数值，使用反向传播算法 backward()计算模型梯度，并使用 E_optimizer 和 C_optimizer 更新模型 E 和 C，代码如下。

```
01.    loss = loss_func(out, labels)    #根据神经网络输出结果计算损失函数值
02.    train_loss.append(loss.cpu().data.numpy()) #将数据转换为 numpy 格式参与运算
03.    out = out.cpu().data.numpy()
04.    labels = labels.cpu().data.numpy()
05.    for i in range(len(out)):     #计算分类准确率
06.        for j in range(len(args.labels)):
07.            if out[i, j] < 0.5:
08.                out[i, j] = 0.    #当输出小于 0.5 时，0 表示预测的分类结果为反例
09.            else:
10.                out[i, j] = 1.    #1 表示预测的分类结果为正例
11.    train_acc.append(np.sum(labels == out) / (len(out) * len(args.
labels)))                            #计算分类准确率
12.    E_optimizer.zero_grad()  #根据 PyTorch 的机制，上一批次计算的梯度需要清零
13.    C_optimizer.zero_grad()  #梯度清零
14.    loss.backward()          #根据损失函数值，使用反向传播算法更新模型梯度
15.    C_optimizer.step()       #根据模型梯度对模型进行更新
16.    E_optimizer.step()       #更新模型
17.    print('Train Epoch: {} [{}/{} ({:.0f}%)]\tLoss: {:.6f}\tAccurcay:
{:.6f}'.format(epoch, batch_idx * len(images), len(celeba_train_loader.
dataset), 100. * batch_idx / len(celeba_train_loader), loss.item(), train_acc[-1]))
    #打印显示当前的批次号 epoch、损失函数值和分类准确率
18.E_scheduler.step()           #调整数据特征提取器的学习率
19.C_scheduler.step()           #调整业务分类器的学习率
```

当以上训练重复了至少 5 个批次之后，使用 eval()方法将模型设置为测试模式，再将测试数据输入神经网络，计算分类准确率。

```
01.test_loss = []                          #记录测试过程中的损失函数值
02.test_acc = []                           #记录测试过程中的分类准确率
03.E.eval()                                #开启数据特征提取器的测试模式
04.C.eval()                                #开启业务分类器的测试模式
05.with torch.no_grad():                   #测试过程中，输入数据时不计算神经网络的梯度
06.    for batch_idx, sample in enumerate(celeba_test_loader):
07.        '''
08.        此处省略的代码和 train 过程相同，计算神经网络的输出结果 out
09.        '''
10.        test_acc.append(np.sum(labels == out) / (args.b * len(args.labels)))
11.print('\nTest set: Average loss: {:.4f}, Accuracy: {}/{} ({:.0f}%)
\n'.format(np.mean(test_loss), np.mean(test_acc), len(celeba_test_loader.dataset),
100. * np.mean(test_acc) / len(celeba_test_loader.dataset)))
                                           #测试平均损失函数值和分类准确率
12.print('Epoch:',epoch, '| train loss: %.4f' % np.mean(train_loss), '|
train accuracy: %.4f' % np.mean(train_acc), '| test loss: %.4f' %
np.mean(test_loss), '| test accuracy: %.4f' % np.mean(test_acc))
                                           #训练平均损失函数值和分类准确率
13.torch.save(E.module.state_dict(), '/project/E _epoch='+str(epoch)+
'.pth')                                    #保存数据特征提取器
14.torch.save(C.module.state_dict(), '/project/C_epoch='+str(epoch)+'.pth')
                                           #保存业务分类器
```

初始训练时的业务分类模型分类准确率如图 6-5 所示。不难看出，神经网络的初始分类准确率在 0.5 上下浮动，随着训练数据按批次地参与模型训练后，分类准确率上升并达到 0.9 左右，如图 6-6 所示。

```
data loading
done
Train Epoch: 0 [0/20000 (0%)]    Loss: 0.701117  Accurcay: 0.453125
Train Epoch: 0 [64/20000 (0%)]   Loss: 1.845234  Accurcay: 0.578125
Train Epoch: 0 [128/20000 (1%)]  Loss: 0.768004  Accurcay: 0.406250
Train Epoch: 0 [192/20000 (1%)]  Loss: 0.790974  Accurcay: 0.515625
Train Epoch: 0 [256/20000 (1%)]  Loss: 0.670289  Accurcay: 0.546875
Train Epoch: 0 [320/20000 (2%)]  Loss: 0.797884  Accurcay: 0.578125
Train Epoch: 0 [384/20000 (2%)]  Loss: 0.847639  Accurcay: 0.546875
Train Epoch: 0 [448/20000 (2%)]  Loss: 0.730501  Accurcay: 0.421875
Train Epoch: 0 [512/20000 (3%)]  Loss: 0.847039  Accurcay: 0.515625
Train Epoch: 0 [576/20000 (3%)]  Loss: 0.743349  Accurcay: 0.593750
Train Epoch: 0 [640/20000 (3%)]  Loss: 0.798936  Accurcay: 0.531250
Train Epoch: 0 [704/20000 (4%)]  Loss: 0.707657  Accurcay: 0.593750
Train Epoch: 0 [768/20000 (4%)]  Loss: 0.689798  Accurcay: 0.437500
Train Epoch: 0 [832/20000 (4%)]  Loss: 0.799515  Accurcay: 0.531250
Train Epoch: 0 [896/20000 (4%)]  Loss: 0.751995  Accurcay: 0.531250
Train Epoch: 0 [960/20000 (5%)]  Loss: 0.705688  Accurcay: 0.484375
Train Epoch: 0 [1024/20000 (5%)]         Loss: 0.726155  Accurcay: 0.562500
Train Epoch: 0 [1088/20000 (5%)]         Loss: 0.694197  Accurcay: 0.609375
```

图 6-5　初始训练时的业务分类模型分类准确率

至此，本节完成了一个单任务的图像分类模型训练，其训练目标是人脸情绪识别，可以作为多任务学习中的业务分类模型。使用同样的方法，训练人脸性别识别任务作为

隐私分类模型。在该过程中，需要修改 parser () 中的部分参数，将 labels 由笑容属性 31 改为性别属性 20。此外，还需要设置之前训练完毕的数据特征提取器 E 模型，在 parser() 设置 E 的模型路径 E_Model。

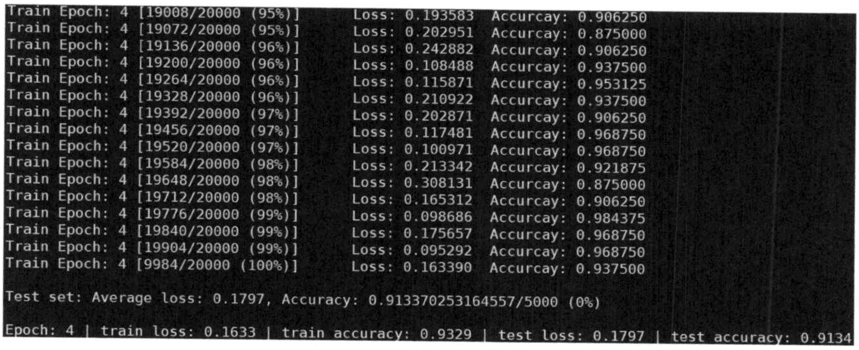

```
Train Epoch: 4 [19008/20000 (95%)]      Loss: 0.193583  Accurcay: 0.906250
Train Epoch: 4 [19072/20000 (95%)]      Loss: 0.202951  Accurcay: 0.875000
Train Epoch: 4 [19136/20000 (96%)]      Loss: 0.242882  Accurcay: 0.906250
Train Epoch: 4 [19200/20000 (96%)]      Loss: 0.108488  Accurcay: 0.937500
Train Epoch: 4 [19264/20000 (96%)]      Loss: 0.115871  Accurcay: 0.953125
Train Epoch: 4 [19328/20000 (96%)]      Loss: 0.210922  Accurcay: 0.937500
Train Epoch: 4 [19392/20000 (97%)]      Loss: 0.202871  Accurcay: 0.906250
Train Epoch: 4 [19456/20000 (97%)]      Loss: 0.117481  Accurcay: 0.968750
Train Epoch: 4 [19520/20000 (97%)]      Loss: 0.100971  Accurcay: 0.968750
Train Epoch: 4 [19584/20000 (98%)]      Loss: 0.213342  Accurcay: 0.921875
Train Epoch: 4 [19648/20000 (98%)]      Loss: 0.308131  Accurcay: 0.875000
Train Epoch: 4 [19712/20000 (98%)]      Loss: 0.165312  Accurcay: 0.906250
Train Epoch: 4 [19776/20000 (99%)]      Loss: 0.098686  Accurcay: 0.984375
Train Epoch: 4 [19840/20000 (99%)]      Loss: 0.175657  Accurcay: 0.968750
Train Epoch: 4 [19904/20000 (99%)]      Loss: 0.095292  Accurcay: 0.968750
Train Epoch: 4 [9984/20000 (100%)]      Loss: 0.163390  Accurcay: 0.937500

Test set: Average loss: 0.1797, Accuracy: 0.913370253164557/5000 (0%)

Epoch: 4 | train loss: 0.1633 | train accuracy: 0.9329 | test loss: 0.1797 | test accuracy: 0.9134
```

图 6-6　训练结束时的业务分类模型分类准确率

```
01.parser.add_argument('-labels', type=list, default=[20], help='标签索引，20 表示性别')#将 31 修改为 20
02.parser.add_argument('-E_Model', type=str, default='/project/E_epoch=4.pth')
```

在隐私分类模型初始化时，根据文件路径载入 E。随后的训练中，不再更新 E，仅更新性别隐私分类器 P，并在最后存储训练完成的隐私属性分类模型。

```
01.E = Encoder.Encoder()
02.E.load_state_dict(torch.load(args.E_Model)) #载入此前训练完成的数据特征
                                                 提取器 Encoder
03.P = Classifier.Classifier(len(args.labels))
04.'''
05.过程与训练业务分类器相同
06.'''
07.torch.save(P.module.state_dict(), '/project/P_epoch='+str(epoch)+'.pth')
```

训练结束时的隐私分类器准确率如图 6-7 所示。

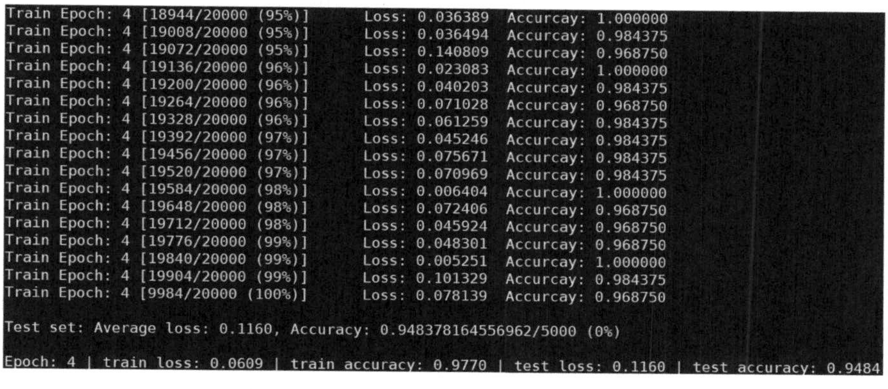

```
Train Epoch: 4 [18944/20000 (95%)]      Loss: 0.036389  Accurcay: 1.000000
Train Epoch: 4 [19008/20000 (95%)]      Loss: 0.036494  Accurcay: 0.984375
Train Epoch: 4 [19072/20000 (95%)]      Loss: 0.140809  Accurcay: 0.968750
Train Epoch: 4 [19136/20000 (96%)]      Loss: 0.023083  Accurcay: 1.000000
Train Epoch: 4 [19200/20000 (96%)]      Loss: 0.040203  Accurcay: 0.984375
Train Epoch: 4 [19264/20000 (96%)]      Loss: 0.071028  Accurcay: 0.968750
Train Epoch: 4 [19328/20000 (96%)]      Loss: 0.061259  Accurcay: 0.984375
Train Epoch: 4 [19392/20000 (97%)]      Loss: 0.045246  Accurcay: 0.984375
Train Epoch: 4 [19456/20000 (97%)]      Loss: 0.075671  Accurcay: 0.984375
Train Epoch: 4 [19520/20000 (97%)]      Loss: 0.070969  Accurcay: 0.984375
Train Epoch: 4 [19584/20000 (98%)]      Loss: 0.006404  Accurcay: 1.000000
Train Epoch: 4 [19648/20000 (98%)]      Loss: 0.072406  Accurcay: 0.968750
Train Epoch: 4 [19712/20000 (98%)]      Loss: 0.045924  Accurcay: 0.968750
Train Epoch: 4 [19776/20000 (99%)]      Loss: 0.048301  Accurcay: 0.968750
Train Epoch: 4 [19840/20000 (99%)]      Loss: 0.005251  Accurcay: 1.000000
Train Epoch: 4 [19904/20000 (99%)]      Loss: 0.101329  Accurcay: 0.984375
Train Epoch: 4 [9984/20000 (100%)]      Loss: 0.078139  Accurcay: 0.968750

Test set: Average loss: 0.1160, Accuracy: 0.948378164556962/5000 (0%)

Epoch: 4 | train loss: 0.0609 | train accuracy: 0.9770 | test loss: 0.1160 | test accuracy: 0.9484
```

图 6-7　训练结束时的隐私分类器准确率

通过以上训练可以获得 3 个神经网络，分别为数据特征提取器 E，情绪识别的业务分类器 C 和性别识别的隐私分类器 P。

6.4.3 部署隐私保护对抗训练

在 6.4.2 节中，通过训练获取了一个数据特征提取器 E，以及业务分类器 C 和隐私分类器 P，这两个分类器都可以从 E 提取的数据特征中较准确地对图像进行分类。

接下来需要再次训练数据特征提取器 E，利用对抗训练使其具有更强的隐私保护能力。基于多任务学习思想，可以为特征提取器设置一个复合损失函数，即 $E\_Loss=C\_Loss-\lambda*P\_Loss$，并进行对抗训练。

首先，在 parser ()方法中修改部分参数，其中包括预先训练完成的模型路径等。

```
01.parser.add_argument('-labels_smile', type=list, default=[31], help='标签索引，31 表示笑容')
02.parser.add_argument('-labels_gender', type=list, default=[20], help='标签索引，20 表示性别')
03.parser.add_argument('-epoch', type=int, default=2, help='训练的迭代次数')
04.parser.add_argument('-E_Model', type=str, default='/project/E_epoch=4.pth')
05.parser.add_argument('-C_Model', type=str, default='/project/C_epoch=4.pth')
06.parser.add_argument('-P_Model', type=str, default='/project/P_epoch=4.pth')
```

与先前训练过程类似，在载入所有模型后设置隐私属性标签 gender，分别设置情绪识别的业务分类器模型 C_Model 的损失函数 C_Loss 和性别识别的隐私分类器模型 P_Model 的损失函数 P_Loss，并将 E_Loss=C_Loss-P_Loss 设置为 E_Model 的损失函数，在每个批次 batch_idx 中进行对抗训练。

```
01.E.train()
02.C.train()
03.P.train()
04.for batch_idx, sample in enumerate(celeba_train_loader):
05.    images = sample['images']
06.    labels = sample['labels']
07.    images = images.type(torch.FloatTensor)
08.    smiling = labels[:, args.labels_smile]          #笑容标签
09.    smiling = smiling.type(torch.FloatTensor)
10.    gender = labels[:, args.labels_gender]          #性别标签
11.    gender = gender.type(torch.FloatTensor)
12.    if args.gpu:                                    #将计算部署在 GPU 上
13.        images = images.cuda()
14.        smiling = smiling.cuda()
15.        gender = gender.cuda()
16.    for i in range(9):    #为了便于网络收敛，对每批次数据进行一次对抗训练，其
                              中每个优化器迭代训练 3 次
17.        E_optimizer.zero_grad()                         #梯度清零
18.        C_optimizer.zero_grad()
```

```
19.          P_optimizer.zero_grad()
20.          features = E(images)
21.          out = C(features)
22.          privacy = P(features)
23.          C_loss = BCE(out, smiling)          #计算任务分类损失函数值
24.          P_loss = BCE(privacy, gender)       #计算隐私分类损失函数值
25.          lambda = 1                          #设置数据特征提取器损失函数的系数
26.          if i / 3 == 0:   #当 i 取 0,1,2 时，增强业务分类器，提高业务分类准确率
27.              C_loss.backward()
28.              C_optimizer.step()
29.          elif i / 3 == 1:       #当 i 取 3,4,5 时，增强隐私分类器，提高隐私分类准确率
30.              P_loss.backward()
31.              P_optimizer.step()
32.          else:
33.              E_loss = C_loss - 1 * P_loss #当 i 取 6,7,8 时，数据训练特征提取
器，对抗隐私分类器
34.              E_loss.backward()
35.              E_optimizer.step()
36.      E_scheduler.step()
37.      C_scheduler.step()
38.      P_scheduler.step()
```

对抗训练结束时的业务分类器准确率如图 6-8 所示。

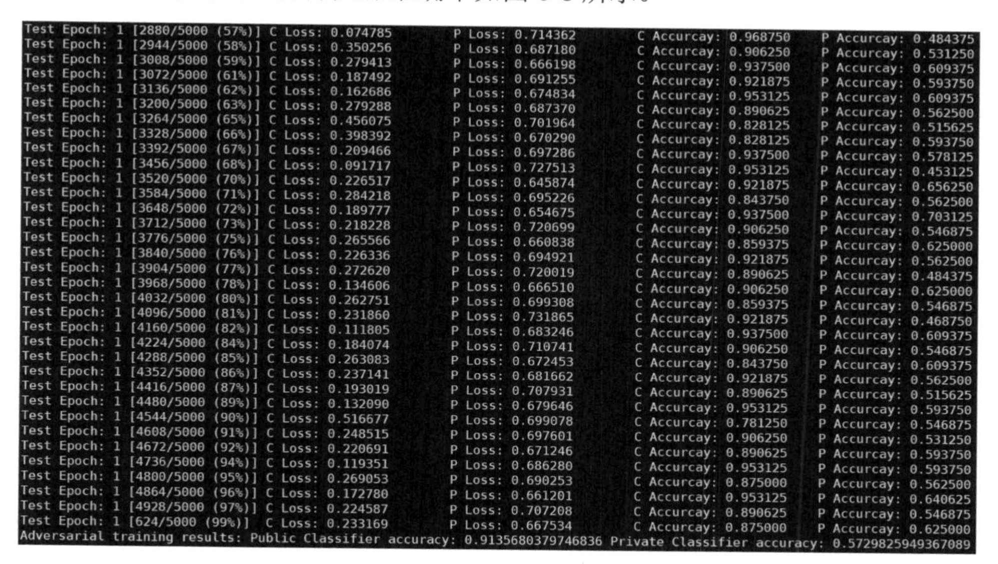

```
Test Epoch: 1 [2880/5000 (57%)] C Loss: 0.074785    P Loss: 0.714362    C Accurcay: 0.968750    P Accurcay: 0.484375
Test Epoch: 1 [2944/5000 (58%)] C Loss: 0.350256    P Loss: 0.687180    C Accurcay: 0.906250    P Accurcay: 0.531250
Test Epoch: 1 [3008/5000 (59%)] C Loss: 0.279413    P Loss: 0.666198    C Accurcay: 0.937500    P Accurcay: 0.609375
Test Epoch: 1 [3072/5000 (61%)] C Loss: 0.187492    P Loss: 0.691255    C Accurcay: 0.921875    P Accurcay: 0.593750
Test Epoch: 1 [3136/5000 (62%)] C Loss: 0.162686    P Loss: 0.674834    C Accurcay: 0.953125    P Accurcay: 0.609375
Test Epoch: 1 [3200/5000 (63%)] C Loss: 0.279288    P Loss: 0.687370    C Accurcay: 0.890625    P Accurcay: 0.562500
Test Epoch: 1 [3264/5000 (65%)] C Loss: 0.456075    P Loss: 0.701964    C Accurcay: 0.828125    P Accurcay: 0.515625
Test Epoch: 1 [3328/5000 (66%)] C Loss: 0.398392    P Loss: 0.670290    C Accurcay: 0.828125    P Accurcay: 0.593750
Test Epoch: 1 [3392/5000 (67%)] C Loss: 0.209466    P Loss: 0.697286    C Accurcay: 0.937500    P Accurcay: 0.578125
Test Epoch: 1 [3456/5000 (68%)] C Loss: 0.091717    P Loss: 0.727513    C Accurcay: 0.953125    P Accurcay: 0.453125
Test Epoch: 1 [3520/5000 (70%)] C Loss: 0.226517    P Loss: 0.645874    C Accurcay: 0.921875    P Accurcay: 0.656250
Test Epoch: 1 [3584/5000 (71%)] C Loss: 0.284218    P Loss: 0.695226    C Accurcay: 0.843750    P Accurcay: 0.562500
Test Epoch: 1 [3648/5000 (72%)] C Loss: 0.189777    P Loss: 0.654675    C Accurcay: 0.937500    P Accurcay: 0.703125
Test Epoch: 1 [3712/5000 (73%)] C Loss: 0.218228    P Loss: 0.720699    C Accurcay: 0.906250    P Accurcay: 0.546875
Test Epoch: 1 [3776/5000 (75%)] C Loss: 0.265566    P Loss: 0.660838    C Accurcay: 0.859375    P Accurcay: 0.625000
Test Epoch: 1 [3840/5000 (76%)] C Loss: 0.226336    P Loss: 0.694921    C Accurcay: 0.921875    P Accurcay: 0.562500
Test Epoch: 1 [3904/5000 (77%)] C Loss: 0.272620    P Loss: 0.720019    C Accurcay: 0.890625    P Accurcay: 0.484375
Test Epoch: 1 [3968/5000 (78%)] C Loss: 0.134606    P Loss: 0.666510    C Accurcay: 0.906250    P Accurcay: 0.625000
Test Epoch: 1 [4032/5000 (80%)] C Loss: 0.262751    P Loss: 0.699308    C Accurcay: 0.859375    P Accurcay: 0.546875
Test Epoch: 1 [4096/5000 (81%)] C Loss: 0.231860    P Loss: 0.731865    C Accurcay: 0.921875    P Accurcay: 0.468750
Test Epoch: 1 [4160/5000 (82%)] C Loss: 0.111805    P Loss: 0.683246    C Accurcay: 0.937500    P Accurcay: 0.609375
Test Epoch: 1 [4224/5000 (84%)] C Loss: 0.184074    P Loss: 0.710741    C Accurcay: 0.906250    P Accurcay: 0.546875
Test Epoch: 1 [4288/5000 (85%)] C Loss: 0.263083    P Loss: 0.672453    C Accurcay: 0.843750    P Accurcay: 0.609375
Test Epoch: 1 [4352/5000 (86%)] C Loss: 0.237141    P Loss: 0.681662    C Accurcay: 0.921875    P Accurcay: 0.562500
Test Epoch: 1 [4416/5000 (87%)] C Loss: 0.193019    P Loss: 0.707931    C Accurcay: 0.890625    P Accurcay: 0.515625
Test Epoch: 1 [4480/5000 (89%)] C Loss: 0.132090    P Loss: 0.679646    C Accurcay: 0.953125    P Accurcay: 0.593750
Test Epoch: 1 [4544/5000 (90%)] C Loss: 0.516677    P Loss: 0.699078    C Accurcay: 0.781250    P Accurcay: 0.546875
Test Epoch: 1 [4608/5000 (91%)] C Loss: 0.248515    P Loss: 0.697601    C Accurcay: 0.906250    P Accurcay: 0.531250
Test Epoch: 1 [4672/5000 (92%)] C Loss: 0.220691    P Loss: 0.671246    C Accurcay: 0.890625    P Accurcay: 0.593750
Test Epoch: 1 [4736/5000 (94%)] C Loss: 0.119351    P Loss: 0.686280    C Accurcay: 0.953125    P Accurcay: 0.593750
Test Epoch: 1 [4800/5000 (95%)] C Loss: 0.269053    P Loss: 0.690253    C Accurcay: 0.875000    P Accurcay: 0.562500
Test Epoch: 1 [4864/5000 (96%)] C Loss: 0.172780    P Loss: 0.661201    C Accurcay: 0.953125    P Accurcay: 0.640625
Test Epoch: 1 [4928/5000 (97%)] C Loss: 0.224587    P Loss: 0.707208    C Accurcay: 0.890625    P Accurcay: 0.546875
Test Epoch: 1 [624/5000 (99%)]  C Loss: 0.233169    P Loss: 0.667534    C Accurcay: 0.875000    P Accurcay: 0.625000
Adversarial training results: Public Classifier accuracy: 0.9135680379746836 Private Classifier accuracy: 0.5729825949367089
```

图 6-8　对抗训练结束时的业务分类器准确率

Public Classifier 表示业务分类器、Private Classifier 表示隐私分类器。经过如上的对抗训练后，业务分类的准确率维持在 91%左右，而隐私分类的准确率已降低至 57%，表明数据特征已经使隐私分类器较难获取到图像的隐私属性，数据特征提取器已具有较好的隐私保护效果。

6.5 讨论与挑战

本章介绍了如何基于对抗训练对深度学习训练数据中的隐私属性进行保护，包括图像识别神经网络训练的基本操作与基于多任务学习和对抗训练的隐私保护方法，防止数据在训练中被用于非授权的隐私攻击等行为。本章基于 PyTorch 实现了抗隐私属性推测的深度学习训练，使得数据特征提取器提取的数据特征可以准确地被业务分类器识别，且无法识别出隐私属性。

除了基于对抗训练的深度学习隐私保护方法外，还有很多面向模型梯度的隐私保护方法，如基于差分隐私的扰动方法、基于多方安全计算的梯度加密方法等。每一类隐私保护方法都有其适用的场景。读者可以通过研读更多的文献，来进一步了解第 3 章和第 4 章的技术如何运用到基于对抗训练的深度学习隐私保护中。

6.6 实验报告模板

6.6.1 问答题

(1) 对抗训练过程中，为什么先增强分类器的分类性能后，再训练数据特征提取器？

(2) λ 的最佳取值范围是什么？数据特征提取器的损失函数权重 λ 的取值越大，是否意味着隐私保护效果越好？是否意味着特征提取器的训练更成功？

6.6.2 实验过程记录

(1) 神经网络训练实验过程记录。

①简述卷积神经网络的基本结构，并描述每个模块的功能和作用；

②使用 PyTorch 构造卷积神经网络模型，并使用图像数据进行分类的训练。

(2) 基于多任务训练的对抗训练实验过程记录。

①将神经网络拆分为数据特征提取器、业务分类器和隐私分类器，并为特征提取器设计复合损失函数；

②使用复合损失函数，基于对抗训练方法训练数据特征提取器。

(3) 调整损失函数权重实验过程记录。

①简述损失函数权重在训练中的意义；

②将损失函数权重在 0～2 范围内进行调整，并观察该权重对于训练的最终影响。

参考文献

[1] KRIZHEVSKY A, SUTSKEVER I, HINTON G E. Imagenet classification with deep convolutional neural networks[J]. Advances in neural information processing systems, 2012, 25: 1097-1105.

[2] DENG J, DONG W, SOCHER R, et al. Imagenet: a large-scale hierarchical image database[C]. 2009

IEEE Conference on Computer Vision and Pattern Recognition. Miami, 2009: 248-255.

[3] SUN Y, WANG X, TANG X. Hybrid deep learning for computing face similarities[C]. 2013 IEEE International Conference on Computer Vision. Sydeny, 2013: 1489-1496.

[4] SUN Y, WANG X G, TANG X O. Deep learning face representation from predicting 10,000 classes[C]. 2014 IEEE Conference on Computer Vision and Pattern Recognition. Columbus, 2014: 1891-1898.

[5] SUN Y, WANG X G, TANG X O. Deeply learned face representations are sparse, selective, and robust[C]. 2015 IEEE Conference on Computer Vision and Pattern Recognition. Boston, 2015: 2892-2900.

[6] LITJENS G, KOOI T, BEJNORDI B E, et al. A survey on deep learning in medical image analysis[J]. Medical image analysis, 2017, 42: 60-88.

[7] ZHANG C Y, PATRAS P, HADDADI H. Deep learning in mobile and wireless networking: a survey[J]. IEEE communications surveys & tutorials, 2019, 21 (3) : 2224-2287.

[8] OSIA S A, TAHERI A, SHAMSABADI A S, et al. Deep private-feature extraction[J]. IEEE transactions on knowledge and data engineering, 2020, 32 (1) : 54-66.

[9] MAHENDRAN A, VEDALDI A. Understanding deep image representations by inverting them[C]. 2015 IEEE Conference on Computer Vision and Pattern Recognition. Boston, 2015: 5188-5196.

[10] WERBOS P, JOHN P. Beyond regression: new tools for prediction and analysis in the behavioral sciences[D]. Cambridge: Harvard University, 1974.

[11] BOTTOU L. Stochastic gradient descent tricks[M]//Neural networks: Tricks of the trade. Heidelberg:Springer, 2012: 421-436.

[12] SIMONYAN K, ZISSERMAN A. Very deep convolutional networks for large-scale image recognition[C]. 3rd International Conference on Learning Representations. San Diego, 2015: 1-14.

[13] GOODFELLOW I, BENGIO Y, COURVILLE A. Deep learning[M]. Cambridge: MIT Press, 2016.

第7章　多媒体服务中的隐私保护

随着互联网的迅猛发展，多媒体社交应用已经成为人们日常生活中必不可少的交流平台。在分享图片、音频和视频的同时带来的隐私泄露风险也引起了用户的广泛关注。2018年，Facebook被曝因软件漏洞导致约8700万用户的社交媒体隐私信息被泄露。由于社交照片、视频、录音等多媒体文件直接取材于人们的日常工作生活，可以直接反映物理世界的真实情况，因此，与之相关的隐私泄露也是最为直观和影响深远的。

相较于文本数据，图片、音频、视频等多媒体可以更为直观地向用户展示信息；与此同时，多媒体文件包含的信息量也远超文本数据。这也使得识别多媒体文件中的隐私信息并进行保护变得困难。当前，多媒体文件中的隐私保护方法种类多样，从技术维度涵盖图像处理、音频处理、访问控制、密码学、机器学习等多个领域，从信息生命周期维度跨越信息的生成、采集、传输、处理、存储和销毁等多个环节。但无论哪种隐私保护方法，其核心依然是通过技术手段阻断用户个人标识符与隐私信息之间的关联。

为了便于理解，本章选择两种最为广泛的多媒体个人标识符进行识别和保护——人脸特征和声纹特征，并在应用案例中选择录制视频和视频通话两种场景对个人标识符进行遮蔽，防止攻击者通过用户个人标识符确定隐私信息所属的用户。

7.1　实验内容

1. 实验目的

(1) 掌握多媒体文件中个人标识符的识别方法。

(2) 了解图像处理、音频处理的基本原理和方法。

(3) 了解利用OpenCV实现简单的图片处理。

(4) 了解并掌握音频文件加噪方法。

(5) 掌握利用遮蔽、加噪等手段保护多媒体文件中的隐私信息。

2. 实验内容与要求

(1) 利用Python语言和相关工具从图片中发现用户的隐私信息，如用户的人脸区域，并对指定的隐私区域进行遮蔽。

(2) 利用Python语言实现音频文件中的个人特征信息扰动算法。测试不同音频文件中的特征信息保护效果。

(3) 综合利用图片和音频隐私保护方法，对视频通话和视频文件中视频流的面部信息进行遮蔽，并对音频流中的声纹信息进行保护。

3. 实验环境

(1)计算机配置：Intel(R) Core(TM) i7-9700 CPU处理器，16GB内存，Windows 10(64位)操作系统。

(2)编程语言版本：Python 3.7。

(3)开发工具：PyCharm 2020.2。

(4)工具库：OpenCV库、FFmpeg库、图像处理标准库PIL(Python Imaging Library)、绘图库(Matplotlib)。

7.2 实验原理

7.2.1 多媒体中的个人标识符识别

由于多媒体文件高度反映物理世界的实际情况，所以多媒体中的个人标识符通常是用户的生物特征。要准确地识别多媒体文件中的个人标识符通常需要使用生物特征识别技术。生物特征(Biometrics)识别技术[1]是指利用人体所固有的生理特征(指纹、虹膜、面相、DNA等)或行为特征(步态、击键习惯等)来进行个人身份鉴定的计算机技术。

在目前的研究与应用领域中，生物特征识别主要涉及计算机视觉、图像处理与模式识别、计算机听觉、语音处理等领域的研究。已用于生物识别的生理特征有手形、指纹、脸型、虹膜、视网膜、脉搏、耳廓等，行为特征有签字、声音、按键力度等。生物特征识别技术在过去的几年中已取得了长足的进展，其中，以人脸识别技术[2-5]和声纹识别技术[6]运用最为广泛。

当前人脸识别技术主要包括面部识别(多采用“多重对照人脸识别法”，即先从拍摄到的人像中找到人脸，从人脸中找出对比最明显的眼睛，最终判断包括两眼在内的领域是不是想要识别的面孔)和面部认证(为提高认证性能开发的“摄动空间法”利用三维技术对人脸侧面及灯光发生变化时的人脸进行准确预测)以及“适应领域混合对照法”(可对部分伪装的人脸进行识别))两方面，已基本实现了快速而高精度的身份认证。由于人脸识别属于非接触型认证，仅仅看到脸部就可以实现很多应用，因而可应用在许多方面，如证件中的身份认证、重要场所中的安全检测和监控、计算机/电子设备登录等多种不同的安全领域。随着网络技术和线上视频的广泛采用，在电子商务等网络资源的应用场景中对身份验证提出新的要求，依托于图像理解、模式识别[7]、计算机视觉和神经网络[8]等技术的人脸识别技术在一定应用范围内已获得了成功。目前国内该项识别技术在警用安防等安全领域用得比较多，同时，该项技术亦用于一些中高档相机的辅助拍摄(如人脸识别拍摄)等民用场景。

声纹识别属于行为识别的范畴。声纹识别主要是利用人的声音特点进行身份识别。声纹识别技术的优点在于它也是一种非接触型认证技术，容易为公众所接受。但声音会受到音量、音速和音质等多种因素的影响。例如，一个人感冒时说话和平时说话就会有明显差异。再者，一个人也可有意识地对自己的声音进行伪装和控制，从而给识别带来一定困难。

以上两种技术都可以从多媒体文件中将用户的身份识别出来，所以常常用来作为隐私信息识别的技术手段。多媒体文件中的隐私保护也常常基于识别出的隐私信息进行遮蔽、干扰等操作，防止敏感信息内容与用户身份关联起来。

7.2.2　多媒体隐私信息保护

1) 图片和视频流中隐私区域的掩模与保护

数字图像处理中掩模的概念是借鉴于 PCB[9]制版的过程。在半导体制造中，许多芯片工艺步骤都采用光刻技术。而用于这些步骤的图形“底片”称为掩模。其作用是：在硅片上选定的区域中对一个不透明的图形模板进行遮盖，继而下面的腐蚀或扩散将只影响选定区域以外的区域。图像掩模与其类似，用选定的图像、图形或物体，对处理的图像(全部或局部)进行遮挡，来控制图像处理的区域或处理过程。

光学图像处理中，掩模可以是胶片、滤光片等。数字图像处理中，掩模通常是二维矩阵数组或者多值图像。图像掩模主要的应用场景如下。

(1) 提取特征区域。将预先制作的目标区域掩模与待处理图像相乘，得到目标区域图像。目标区域内图像值保持不变，而区域外图像值都置为 0。

(2) 屏蔽作用。用掩模对图像上的某些区域进行屏蔽，使其不参与处理或不参与参数的计算。与之相反，也可仅对屏蔽区进行处理或统计。

(3) 结构特征提取。用相似性变量或图像匹配方法来检测和提取图像中与掩模相似的结构特征。

(4) 特殊形状图像的制作。

掩模是一种图像滤镜的模板，通过掩模可以实现对图片或者视频流中隐私区域的处理或遮蔽[10-16]。图片区域处理和遮蔽算法有很多种，包括高斯模糊、马赛克、结晶化、油画等。本章选取高斯模糊算法和马赛克算法作为示例，介绍如何对图片中的隐私区域进行保护。

高斯模糊算法可以理解为每个像素的像素值都取周围 8 个像素的像素值的平均值。当中间点取周围点的平均值时，会在数值上体现出一种“平滑化”，在图像上就会产生模糊的效果，即中间点失去细节信息。平均值的取值范围越大，模糊效果越强烈。

马赛克算法是将原图进行了一定形状的分割(不一定是正方形，还可以是菱形、三角形、六边形等)，在每个分割出来的形状中用同一个颜色填充。选取颜色的方法有很多，包括形状内所有像素值的平均值、左上角像素值、形状内随机选择像素值等。马赛克算法的保护效果取决于分割形状区域的大小。形状越大，保留的信息越少，保护效果越好；形状越小，保留的信息越多，也越容易判断出模糊图像的内容。

2) 音频文件中的身份隐私保护

声纹识别的理论基础是每一个声音都具有独有的特征，通过特征能将不同人的声音进行有效的区分。这种独有的特征主要由两个因素决定：声腔的尺寸和发声器官被操纵的方式。

(1) 声腔的尺寸。声腔包括咽喉、鼻腔和口腔等，这些腔体的形状、尺寸和位置决定声带张力的大小和声音频率的范围。因此不同的人虽然说同样的话，但是声音的频率分布是不同的，有的听起来低沉，有的听起来洪亮。正因为每个人的声腔都是不同的，就像指纹一样，每个人的声音也就有独有的特征。

(2) 发声器官被操纵的方式。发声器官包括唇齿、舌、软腭及腭肌肉等，它们之间相互作用就会产生清晰的语音，而协作方式是人通过后天与周围人的交流随机学习到的。人在学习说话的过程中，通过模拟周围不同人的说话方式，就会逐渐形成自己的声纹特征。

针对第 (1) 类因素产生的声音特征，可以通过增加噪声扰动的方式来干扰声音频率的范围，从而达到接收者无法识别用户身份的目的。而第 (2) 类因素产生的声音特征属于用户说话的行为特征，单纯地改变声音频率并不能影响这一特征，接收者仍然可能识别出用户的身份。第 (2) 类因素的隐私保护方法就变得更为复杂，可能需要先通过将语音转文本 (自动语音识别 (Automatic Speech Recognition，ASR) 技术[17, 18])，再将文本转语音 (Text to Speech，TTS)[19, 20]，来抹除语音中用户的发声习惯。但通过这种隐私保护方法处理之后的音频会损失用户的语气、音调、情绪等信息，使可应用的范围变得狭窄。

本章音频隐私保护实验以加入噪声干扰声音频率为例，对音频文件所属的用户身份进行保护。为了保证声音语义的正常识别，加入音频文件中的噪声一般以白噪声为主。白噪声是一种功率谱密度为常数的随机信号。换句话说，此类信号在各个频段上的功率谱密度是一样的，由于白光由各种频率 (颜色) 的单色光混合而成，因而信号的这种具有平坦功率谱的性质称作是“白色的”，这类信号也因此称作白噪声。相对地，其他不具备这类性质的噪声信号称为有色噪声。

理想的白噪声具有无限带宽，因而其能量是无限大的，但这在现实世界是难以存在的。实际上，常常将有限带宽的平整信号也视为白噪声，这让白噪声在数学分析上更加方便。例如，热噪声和散弹噪声在很宽的频率范围内具有均匀的功率谱密度，通常可以认为它们是白噪声。在音频文件中添加满足强度的白噪声包括以下几个步骤。

(1) 选择信噪比 (Signal-to-Noise Ratio，SNR)[21]。其含义是有用信号功率 (Power of Signal) 与噪声功率 (Power of Noise) 的比，在音频文件中可以视为声音幅度 (Amplitude) 比的平方：

$$\mathrm{SNR}\frac{P_{\text{signal}}}{P_{\text{noise}}}=\left(\frac{A_{\text{signal}}}{A_{\text{noise}}}\right)^2$$

它的单位一般使用分贝 (dB)，其值为十倍对数信号与噪声功率比，即

$$\mathrm{SNR}=10\lg 10\frac{P_{\text{signal}}}{P_{\text{noise}}}=10\lg 10\left(\frac{A_{\text{signal}}}{A_{\text{noise}}}\right)^2=20\lg 10\left(\frac{A_{\text{signal}}}{A_{\text{noise}}}\right)$$

(2) 生成固定功率的噪声。计算语音信号的功率 P_{s} 和生成初始噪声的功率 P_{n1} (设其长度均为 N)：

$$P_{\mathrm{s}}=\frac{\sum_{i=1}^{N}(x_i)^2}{N}$$

$$P_{\mathrm{n1}}=\frac{\sum_{i=1}^{N}(n_i)^2}{N}$$

假设需要生成的语音信号信噪比为30dB，则P_{s}和P_{n}需要满足以下条件：

$$30\mathrm{dB}=10\lg 10\frac{P_{\mathrm{s}}}{P_{\mathrm{n}}}$$

由于生成的初始噪声功率P_{n1}无法满足信噪比要求，因此需要计算何种噪声可以满足30dB信噪比的要求。可以将所有噪声数据都乘一个常数k，使其功率满足信噪比要求。再对上式进行整理可得

$$P_{\mathrm{n}}=\frac{P_{\mathrm{s}}}{10^3}=\frac{\sum_{i=1}^{N}(k\cdot n_i)^2}{N}=\frac{(kn_1)^2+(kn_2)^2+\cdots+(kn_N)^2}{N}=k^2\cdot P_{\mathrm{n1}}$$

即P_{n}最终需要高斯白噪声的功率才能满足30dB的信噪比要求。对上边推导的式子进行整理，则有

$$k^2\cdot P_{\mathrm{n1}}=\frac{P_{\mathrm{s}}}{10^3}$$

$$k=\sqrt{\frac{P_{\mathrm{s}}}{10^3 P_{\mathrm{n1}}}}$$

$$k=\sqrt{\frac{P_{\mathrm{s}}}{10^{\frac{\mathrm{SNR}}{10}}P_{\mathrm{n1}}}}$$

求出这个k值之后，便可以对先前生成的噪声数据进行处理，先将其乘以常数k，然后将得到的数据与原始语音数据相加可得叠加噪声后的数据。

7.3　核心算法示例

7.3.1　图片中人脸区域的识别与保护

社交照片往往会记录人们的日常生活，涉及用户的行为习惯、生活环境等各类隐私信息，若不慎泄露会造成隐私泄露风险。常见的图片隐私保护方法是找到用户在图片中的个人标识符，即人脸区域，并将其进行模糊或遮蔽处理。

如图7-1所示，本节实验的图片遮蔽流程可简要理解如下。

(1) 人脸检测。

(2) 对人脸特征进行提取，搭建人脸数据库。

(3) 选定要进行遮蔽的人脸。

(4) 与人脸数据库中的人脸对比。

(5) 对图片中人脸信息进行模糊处理。

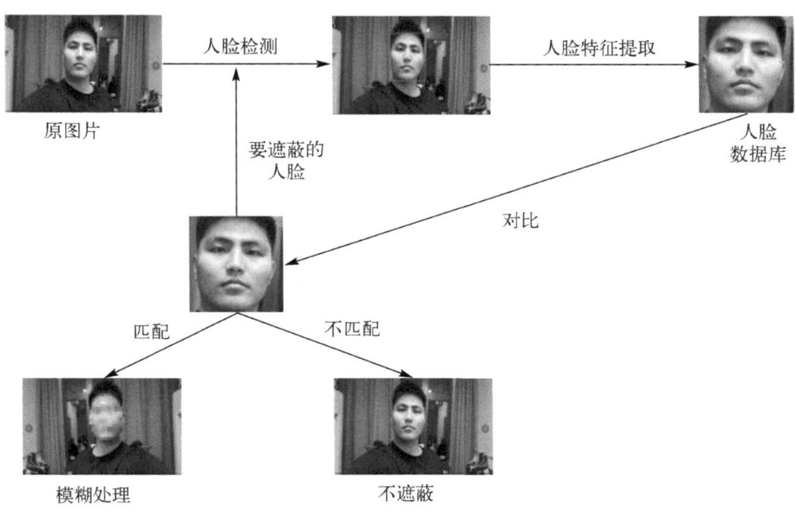

图 7-1　图片遮蔽流程①

接下来介绍如何实现图片中人脸隐私区域的识别。目前，市面上有很多公开的人脸识别分类器 API 和源码。在本实验中，以调用 OpenCV 库中的人脸识别分类器为例，对图片中的人脸进行识别。如图 7-2 所示，选择下载合适的初始化人脸识别分类器(默认的人脸 Haar 级联分类器)，并保存到本地目录。

图 7-2　OpenCV 库中的人脸识别分类器

① 本章使用所有真人图片均经获得本人授权。

下面对一幅图片中的人脸区域进行检测。首先调用人脸识别分类器 haarcascade_frontalface_default.xml，将其地址输入 cv2.CascadeClassifier 函数。读取待识别的图片地址 G://pythonCode//ContestDemo//images//8.png。通过 face_cascade.detectMultiScale 函数识别人脸区域，并将人脸区域坐标存储在 faces 中，再利用 cv2.rectangle 绘制人脸所在区域的矩形。

示例代码如下：

```
01.#-*- coding: utf-8 -*-
02.import cv2
03.#使用 OpenCV 输入人脸识别分类器的地址
04.face_cascade = cv2.CascadeClassifier("G://pythonCode//ContestDemo//
xml// haarcascade_frontalface_default.xml")
05.#输入待识别的图片
06.img = cv2.imread("G://pythonCode//ContestDemo//images//8.png")
07.gray = cv2.cvtColor(img, cv2.COLOR_BGR2GRAY)
08.faces = face_cascade.detectMultiScale(gray, 1.3, 1)
09.#定位人脸坐标，并绘制出人脸区域
10.for (x,y,w,h) in faces:
11.    cv2.rectangle(img,(x,y),(x+w,y+h),(255,0,0),2)
12.#显示图片
13.cv2.imshow('fungis',img)
14.cv2.waitKey(0)
15.cv2.destroyAllWindows()
```

效果如图 7-3 和图 7-4 所示，人脸检测对正脸和轻微转向的侧脸的检测效果较好，但对转向较大的侧脸检测效果较差。

图 7-3　多人图片中的人脸识别

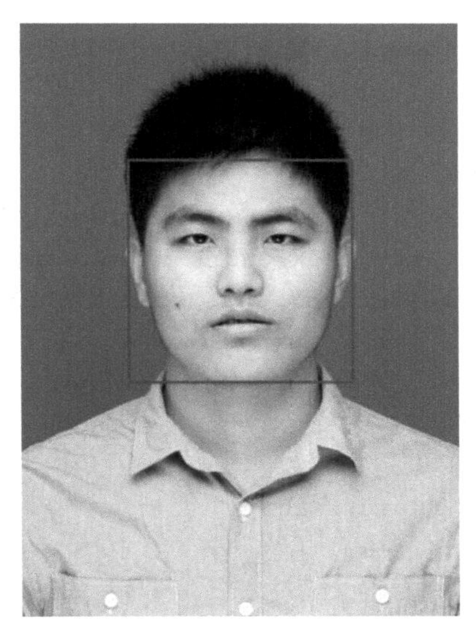

图 7-4　单人证件照中的人脸识别

然后需要对检测出的人脸区域进行模糊处理。本节采用高斯滤波器对人脸区域进行模糊处理。示例代码如下：

```
01.import numpy as np
02.import cv2
03.import argparse
04.ap = argparse.ArgumentParser()
05.ap.add_argument("-m", "--method", type=str, default="gauss",
06.     choices=["gauss", "pixel"],
07.     help="gauss/pixel method")
08.args = vars(ap.parse_args())
09.#模型路径
10.prototxtPath ="./model/deploy.prototxt"
11.weightsPath = "./model/res10_300x300_ssd_iter_140000.caffemodel"
12.#加载模型
13.net  = cv2.dnn.readNet(prototxtPath,weightsPath)
14.#获取图像
15.image = cv2.imread("img_1.png")
16.src = image.copy()
17.(h,w)= image.shape[:2]
18.#构造 blob
19.blob = cv2.dnn.blobFromImage(image,1.0,(300,300),
20.      (104,177,123))
21.#送入网络计算
22.net.setInput(blob)
23.detect = net.forward()
24.#检测
```

```
25.for i in range(0,detect.shape[2]):
26.    confidence = detect[0,0,i,2]
27.    #过滤掉小的置信度，计算坐标，提取人脸区域
28.    if confidence > 0.5:
29.        box = detect[0,0,i,3:7]*np.array([w,h,w,h])
30.        (startX,startY,endX,endY) = box.astype("int")
31.        face = image[startY:endY,startX:endX]
32.    #高斯方法
33.    face  = blurred_face_gauss(face,kernel_scale=3.0)
34.    image[startY:endY,startX:endX] = face
35.#水平方向上平铺显示图
36.result = np.hstack([src,image])
37.cv2.imshow("Result",result)
38.cv2.waitKey(0)
```

效果如图 7-5 所示。

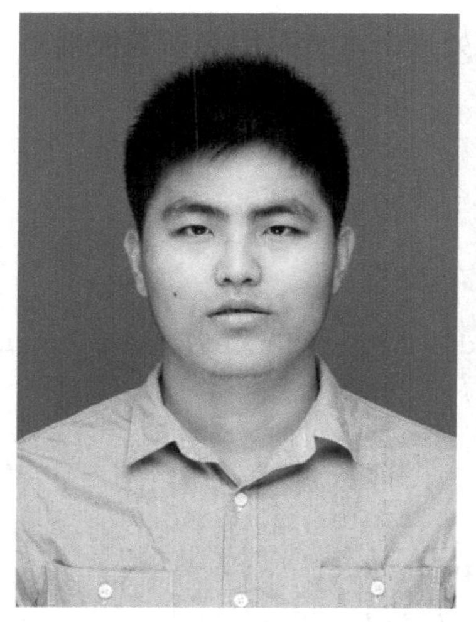
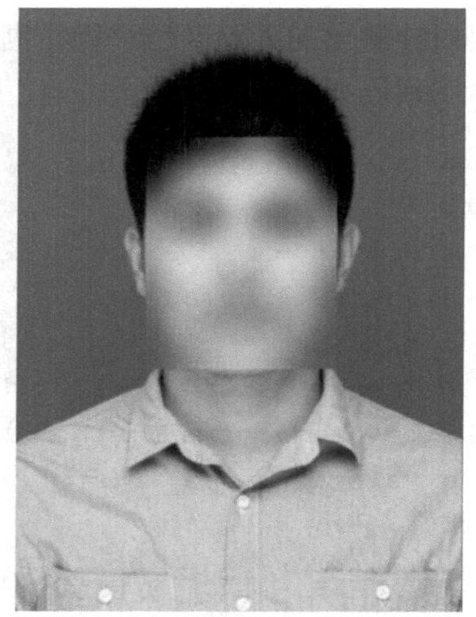

图 7-5　图片人脸区域遮盖

由于篇幅限制，本节实验只介绍了人脸区域检测和模糊处理的基本流程。当图片中存在多个用户，需要对指定用户进行识别并进行针对性的模糊处理时，需要加入人脸识别技术。在这种场景下，需要预先对用户的人脸进行注册(训练)，然后才能对新图片中指定用户的人脸区域进行保护，具体示例将在视频文件的隐私保护中详细介绍。此外，用户的隐私保护策略可以与第 8 章的访问控制技术相结合，实现更细粒度的多媒体隐私保护。

7.3.2　声纹隐私信息识别与保护

音频文件中说话人的语言特征可以通过声纹识别进行分辨，从而确定说话人身份。这使得说话人的身份与说话内容发生关联，从而造成用户隐私的泄露。为了阻断用户身

份与说话内容之间的关系，可以加入噪声对用户声纹特征进行干扰，降低声纹识别的准确率。声纹隐私信息识别与保护主要包括声纹特征提取、说话人识别模型训练、说话人身份识别、语音噪声生成与添加、声纹隐私保护效果评估 5 个步骤。

(1) 声纹特征提取。

首先准备需要训练的说话人音频文件，将其转换到短时傅里叶变换的幅度谱，使用 librosa 计算音频的特征。在训练时，使用随机翻转函数 librosa.stft() 和拼接函数 librosa.magphase() 对语音数据进行增强。经过处理，最终得到一个 257×257 维的短时傅里叶变换的幅度谱。

```
01.wav, sr_ret = librosa.load(audio_path, sr=sr)
02.linear = librosa.stft(extended_wav, n_fft=n_fft, win_length=win_length, hop_length=hop_length)
03.mag, _ = librosa.magphase(linear)
04.freq, freq_time = mag.shape
05.spec_mag = mag[:, :spec_len]
06.mean = np.mean(spec_mag, 0, keepdims=True)
07.std = np.std(spec_mag, 0, keepdims=True)
08.spec_mag = (spec_mag - mean) / (std + 1e-5)
```

(2) 说话人识别模型训练。

使用深度残差网络 ResNet34 模型训练说话人识别模型。

```
01.#开始训练
02.sum_batch = len(train_loader) * (args.num_epoch - last_epoch)
03.    for epoch_id in range(last_epoch, args.num_epoch):
04.        for batch_id, data in enumerate(train_loader):
05.            start = time.time()
06.            data_input, label = data
07.            data_input = data_input.to(device)
08.            label = label.to(device).long()
09.            feature = model(data_input)
10.            output = metric_fc(feature, label)
11.            loss = criterion(output, label)
12.            optimizer.zero_grad()
13.            loss.backward()
14.            optimizer.step()
15.            if batch_id % 100 == 0:
16.                output = output.data.cpu().numpy()
17.                output = np.argmax(output, axis=1)
18.                label = label.data.cpu().numpy()
19.                acc = np.mean((output == label).astype(int))
20.                eta_sec = ((time.time() - start) * 1000) * (sum_batch - (epoch_id - last_epoch) * len(train_loader) - batch_id)
21.                eta_str = str(timedelta(seconds=int(eta_sec / 1000)))
22.                print('[%s] Train epoch %d, batch: %d/%d, loss: %f,
```

```
accuracy: %f, lr: %f, eta: %s' % (
    23.                    datetime.now(), epoch_id, batch_id, len(train_loader),
loss.item(), acc.item(), scheduler.get_lr()[0], eta_str))
    24.            scheduler.step()
```

在每轮训练结束后，都需要调用一次模型评估函数 test，计算模型的准确率，以观察模型的收敛情况。

```
    01.#评估模型
    02.def test(model, metric_fc, test_loader, device):
    03.     accuracies = []
    04.     for batch_id, (spec_mag, label) in enumerate(test_loader):
    05.         spec_mag = spec_mag.to(device)
    06.         label = label.to(device).long()
    07.         feature = model(spec_mag)
    08.         output = metric_fc(feature, label)
    09.         output = output.data.cpu().numpy()
    10.         output = np.argmax(output, axis=1)
    11.         label = label.data.cpu().numpy()
    12.         acc = np.mean((output == label).astype(int))
    13.         accuracies.append(acc.item())
    14.     return float(sum(accuracies) / len(accuracies))
```

训练完成后，使用 save_model 函数将完成训练的说话人识别模型保存。

```
    01.#保存模型
    02.def save_model(args, model, metric_fc, optimizer, epoch_id):
    03.     model_params_path = os.path.join(args.save_model, 'epoch_%d' %
epoch_id)
    04.     if not os.path.exists(model_params_path):
    05.         os.makedirs(model_params_path)
    06.     #保存模型参数和优化方法参数
    07.     torch.save(model.state_dict(), os.path.join(model_params_path,
'model_params.pth'))
    08.     torch.save(metric_fc.state_dict(), os.path.join(model_params_path,
'metric_fc_params.pth'))
    09.     torch.save(optimizer.state_dict(), os.path.join(model_params_path,
'optimizer.pth'))
    10.     #删除旧的模型
    11.     old_model_path = os.path.join(args.save_model, 'epoch_%d' %
(epoch_id - 3))
    12.     if os.path.exists(old_model_path):
    13.         shutil.rmtree(old_model_path)
    14.     #保存整个模型和参数
    15.     all_model_path = os.path.join(args.save_model, 'resnet34.pth')
```

```
16.     if not os.path.exists(os.path.dirname(all_model_path)):
17.         os.makedirs(os.path.dirname(all_model_path))
18.     torch.jit.save(torch.jit.script(model), all_model_path)
```

(3) 说话人身份识别。

将测试音频文件与训练好的声纹进行对比。使用 load_audio 函数读取音频数据，再使用 model 函数判断待识别的音频与说话人识别模型中的用户特征是否一致。具体而言，需要计算两个音频特征的角相似度，当相似度大于阈值时，认为两个音频的说话人一致。结果如图 7-6 所示。

```
01.#预测音频
02.def infer(audio_path):
03.     input_shape = eval(args.input_shape)
04.     data = load_audio(audio_path, mode='infer', spec_len=input_shape[2])
05.     data = data[np.newaxis, :]
06.     data = torch.tensor(data, dtype=torch.float32, device=device)
07.     #执行预测
08.     feature = model(data)
09.     return feature.data.cpu().numpy()
```

```
开始提取全部的音频特征...
100%|████████████████████████████████████████| 5332/5332 [01:09<00:00, 77.06it/s]
开始两两对比音频特征...
100%|████████████████████████████████████████| 5332/5332 [01:43<00:00, 51.62it/s]
100%|████████████████████████████████████████| 100/100 [00:03<00:00, 28.04it/s]
阈值是0.710000,相似度是: 0.999955,两个音频是同一个说话人
```

图 7-6　声纹匹配结果示例

声纹识别的实质是将待测音频文件中提取的特征与多个用户的训练特征进行对比，并判断是否存在同一用户的过程。可以通过 load_audio_db 函数读取待测的音频库，使用 register 函数可以将要识别的用户声纹特征注册到模型库中，用 recognition 函数将待测音频和注册过的用户声纹特征进行对比，从而实现特定用户的声纹识别。

```
01.#加载要识别的音频库
02.def load_audio_db(audio_db_path):
03.     audios = os.listdir(audio_db_path)
04.     for audio in audios:
05.         path = os.path.join(audio_db_path, audio)
06.         name = audio[:-4]
07.         feature = infer(path)[0]
08.         person_name.append(name)
09.         person_feature.append(feature)
10.         print("Loaded %s audio." % name)
11.def recognition(path):
12.     name = ''
```

```
    13.     pro = 0
    14.     feature = infer(path)[0]
    15.     for i, person_f in enumerate(person_feature):
    16.         dist = np.dot(feature, person_f) / (np.linalg.norm(feature) *
np.linalg.norm(person_f))
    17.         if dist > pro:
    18.             pro = dist
    19.             name = person_name[i]
    20.     return name, pro
    21.#声纹特征注册
    22.def register(path, user_name):
    23.     save_path = os.path.join(args.audio_db, user_name + os.path.
basename(path)[-4:])
    24.     shutil.move(path, save_path)
    25.     feature = infer(save_path)[0]
    36.     person_name.append(user_name)
    27.     person_feature.append(feature)
```

(4) 语音噪声生成与添加。

为了防止用户的声纹特征信息泄露，可以使用 add_noise 函数对待测的音频文件进行加噪，降低说话人识别的准确率。示例代码如下：

```
    01.import librosa
    02.import numpy as np
    03.def add_noise(data):
    04.     wn = np.random.normal(0, 2, len(data))
    05.     data_noise = np.where(data != 0.0, data.astype('float64') + 0.02
* wn, 0.0).astype(np.float32)
    06.     return data_noise
    07.data, fs = librosa.core.load('..\pycharm\\audio.wav')
    08.data_noise = add_noise(data)
    09.librosa.output.write_wav('audio1.wav', data_noise, fs)
```

(5) 声纹隐私保护效果评估。

重复步骤(3)，将加噪后的音频文件进行说话人识别，获得新的说话人识别准确率。如图 7-7 所示，可以看到加噪后的准确率已经下降到阈值以下，从而达到了声纹隐私保护的预期效果。

```
开始提取全部的音频特征...
100%|████████████████████████████████████████| 5332/5332 [01:02<00:00, 67.06it/s]
开始两两对比音频特征...
100%|████████████████████████████████████████| 5332/5332 [01:53<00:00, 81.62it/s]
100%|████████████████████████████████████████| 100/100 [00:5<00:00, 34.04it/s]
阈值为0.710000,相似度是: 0.659432,两个音频不是同一个说话人
```

图 7-7　加噪后声纹匹配结果示例

7.4　社交应用中的视频隐私保护案例

视频是多媒体文件中典型的数据形式之一。视频文件通常包括视频流和音频流两个部分，将图片和声音按照时间序列组织起来，给人们带来视听的享受。7.3 节介绍了图片和音频的个人标识符识别与隐私保护方法，本节将进一步介绍如何将图片与音频的隐私保护方法结合起来，运用在视频隐私保护中。

在人们日常生活中，所接触的视频文件主要分为两种：一种是事先录制的视频，已经存储为文件，可以重复播放；另一种是视频通话，视频数据通过摄像头和麦克风采集，并直接传输到对方的终端上进行播放。后者相较于前者，对图片处理的实时性要求更高。接下来，本节将分别介绍录制视频文件和视频通话的隐私保护。

7.4.1　录制视频文件的隐私保护

录制视频文件在发布前，通常拥有较为充分的隐私保护处理时间。如图 7-8 所示，先对视频文件的视频流进行分帧，然后对每一帧的图片进行人脸检测，对检测到的人脸进行遮蔽处理。与此同时，对分离出的音频进行加噪，再将隐私保护处理后的音视频进行组合，最终进行发布。

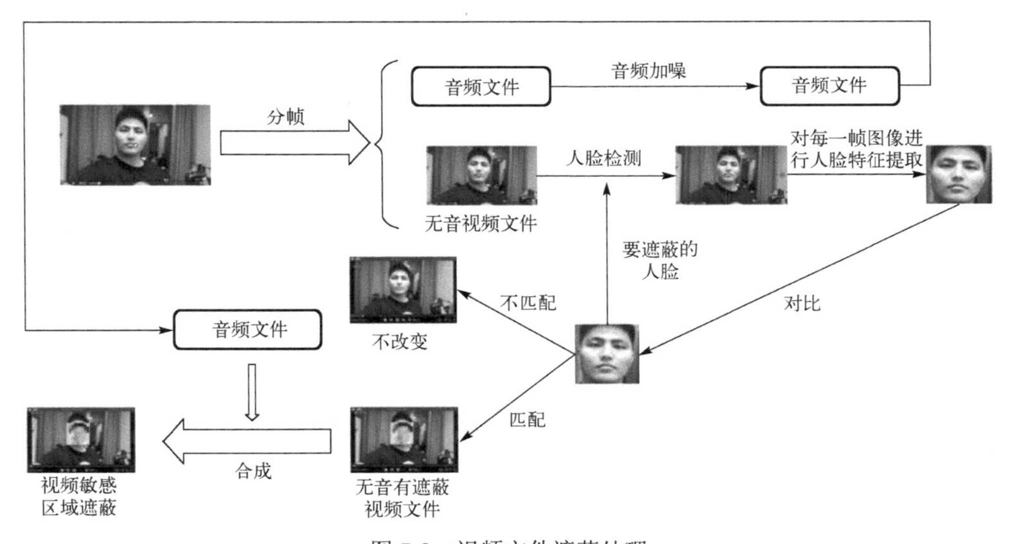

图 7-8　视频文件遮蔽处理

首先需要安装视频切割工具 FFmpeg。将已经录制好的视频进行切割，将声音和图像进行分离，分别对音频文件和图像进行个人特征信息的遮蔽。示例代码如下：

```
01.def videomp3(filename):
02.     outfile_name = filename.split('.')[0] + '.mp3'  #输出的文件名字
03.     cmd = 'ffmpeg -i ' + filename + ' -f mp3 ' + outfile_name
04.     print(cmd)
05.     subprocess.call(cmd, shell=False)                #执行 cmd 的命令
```

分离之后的音频文件的格式是 MP3，视频文件格式是 MP4。在最终发布前还要将两者进行合成。分帧和合成操作都将在 FFmpeg 中完成。为了实现对视频流中的人脸区域进行快速替换，需要预先准备替换区域的图片模板，即掩模图片库。可以针对不同的用户设置不同的掩模图片，当视频中出现了某个用户时，将其转换为相对应的掩模图片。

首先在人脸检测的基础上，实现单个用户的身份识别，即人脸识别。先对视频中出现的用户脸部区域进行注册，即将提前标注好的人脸图片训练出一个识别器。本实验使用 OpenCV 提供的人脸分类器 haarcascade_frontalface_default.xml，并使用 cv2 读取 XML 文件。

```
01.import cv2
02.detector=cv2.CascadeClassifier('haarcascade_frontalface_default.xml')
```

创建用户训练集的文件夹 dataSet。将所有视频帧中的人脸区域读取出来并存储到训练集中。为了防止将不同用户的人脸图片弄混，可以自定义一个图片命名规则。例如，命名规则为 User.[ID].[SampleNumber].jpg。如果是 2 号用户的第 10 张图片，可以将它命名为 User.2.10.jpg。

```
01.while True:
02.     img = cv2.imread("用户图片文件路径")
03.     gray = cv2.cvtColor(img, cv2.COLOR_BGR2GRAY)
04.     faces = detector.detectMultiScale(gray, 1.3, 5)
05.     for (x, y, w, h) in faces:
06.         cv2.rectangle(img, (x, y), (x + w, y + h), (255, 0, 0), 2)
07.         #增加例子数
08.         sampleNum = sampleNum + 1
09.             #把照片保存到训练集文件夹
10.             cv2.imwrite("dataSet/user."+str(Id)+'.'+str(sampleNum)
+ ".jpg", gray[y:y + h, x:x + w])
11.             cv2.imshow('frame', img)
12.         if cv2.waitKey(1) & 0xFF == ord('q'):
13.             break
```

利用 recognizer.train 函数对文件夹中的人脸图片进行训练，并将其保存在 trainer.yml 文件中。

```
01.recognizer = cv2.face.LBPHFaceRecognizer_create()
02.recognizer.train(faces,np.array(ids))
03.#保存文件
04.recognizer.write('trainer/trainer.yml')#遍历列表中的图片
```

在视频中人脸检测与识别的基础上，可以对不同用户使用不同的掩模图片进行遮蔽。即将预先准备好的图片模板在视频帧上进行覆盖，达到遮蔽人脸区域隐私信息的目的。

图 7-9 是需要进行遮蔽的人脸区域，图 7-10 是遮蔽后的效果。为了加快图片遮蔽速度，将整个视频所有需要遮蔽的区域使用图 7-10 的图片进行替换，这样就压缩了图片模

糊化的时间。首先读取马赛克图片，然后读取已经录制好的视频，包括视频的帧率、视频的宽度和视频的高度。

图 7-9　需要进行遮蔽的人脸区域

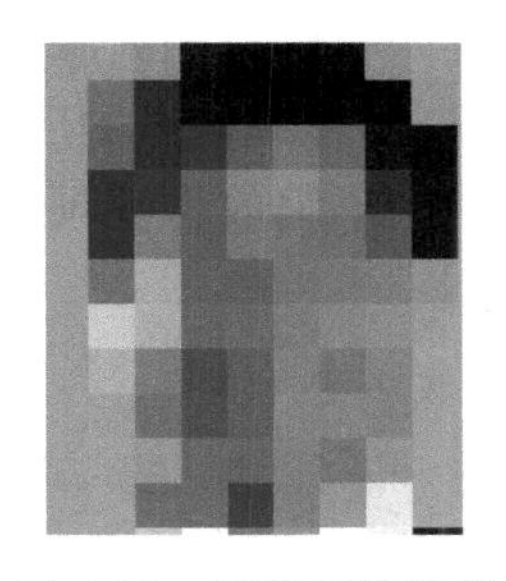

图 7-10　遮蔽后的效果

```
01.#读取马赛克图片
02.mask = cv2.imread(mask_path)
03.#读取视频文件
04.cap = cv2.VideoCapture(input_video)
05.#cap 得到 5:fps 的帧率(视频的参数)
06.#视频的帧率
07.v_fps = cap.get(5)
08.#视频的宽度
09.v_width = cap.get(3)
10.#视频的高度
11.v_height = cap.get(4)
```

设置输出视频的参数，保持输出视频的帧率、高度、宽度与输入视频的参数一致。使用 face_recognition.load_image_file 函数读取要识别的用户照片，并使用 face_recognition.face_encodings 函数对录制视频的每一帧进行人脸识别，找出对应用户的人脸区域。将识别到的人脸区域进行编码并返回到一个列表中。通过对多个目标用户执行上述的人脸识别操作，可以得到视频中出现的所有人脸数据。

```
01.#设置输入视频的参数、格式、尺寸
02.size = (int(v_width), int(v_height))
    #输出的视频后缀也就是格式
03.fourcc = cv2.VideoWriter_fourcc('m', 'p', '4', 'v')
04.#设置输出后的文件，保存图像
05.out = cv2.VideoWriter(out_video, fourcc, v_fps, size)
06.#获取人脸识别库信息
07.know_image = face_recognition.load_image_file('mayuan_1.jpg')
08.#print(know_image)                    #输出的数据是矩阵
09.#获取人脸的编码数据(具体的人脸数据)(就是嘴、眼睛等特征数据)(返回的是一个列表)
10.biden_encoding = face_recognition.face_encodings(know_image)[0]
11.#可以再次编写读取图片内容
12.cap = cv2.VideoCapture(input_video)
```

接下来读取视频文件进行人脸遮蔽操作。利用 face_recognition.face_locations 函数读取视频帧中的人脸位置。当确定了每一帧视频中人脸的位置时，与目标用户的人脸集合进行对比。如果两幅图片的人脸数据吻合，则返回；如果不吻合，则继续在目标用户的人脸集合中查找。当视频帧中的所有需要遮蔽的人脸区域都匹配到对应的马赛克照片后，将马赛克的图片大小缩放为视频帧中人脸区域的大小，替换人脸区域后输出视频。

```
01.#检测人脸
02.#人脸区域参数
03.face_location = face_recognition.face_locations(frame)  #获取人脸位置
04.for  (top_right_y,  top_right_x,  left_bottom_y,  left_bottom_x)  in
face_location:
05.     unknow_image = frame[top_right_y:left_bottom_y, left_bottom_x:top_right_x]
06.     if face_recognition.face_encodings(unknow_image) != []:
07.     unknow_encodeing = face_recognition.face_encodings(unknow_image)[0]
08.     #对比人脸数据
09.     results = face_recognition.compare_faces([biden_encoding],
unknow_ encodeing)
10.     if results[0] == True:
11.          #图像要和脸是完全贴合的
12.          mask = cv2.resize(mask, (top_right_x - left_bottom_x, left_
bottom_y - top_right_y))
13.          #得到视频中的图像内容让其与人脸更加贴合
14.          #放在原图的位置信息
15.          frame[top_right_y:left_bottom_y, left_bottom_x:top_right_x] = mask
16.out.write(frame)
```

其效果如图 7-11 所示。

图 7-11　录制视频人脸关键信息遮蔽

在视频流处理完毕后，需要对视频文件中切割出的音频文件进行加噪处理，具体方法在 7.3.2 节中已经详细介绍，此处可直接调用音频加噪函数，将生成的噪声叠加到音频文件中，其效果如图 7-12 所示。

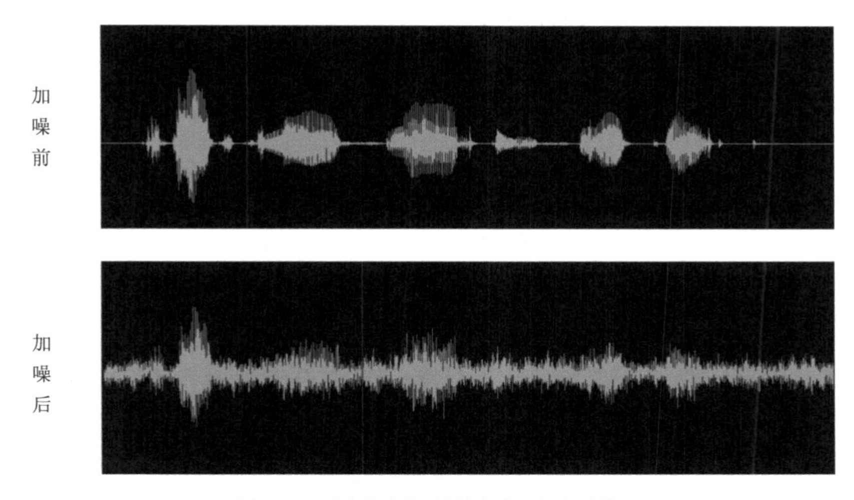

图 7-12　原声音加噪前与加噪后对比

最后，将隐私保护处理后的视频流与音频流进行合成，这里仍然使用 FFmpeg 工具，在编写合成代码时一定要注意文件格式，格式错误将导致视频无法输出。

```
01.def video_add_mp3(file_name, mp3_file):
02.    outfile_name = file_name.split('.')[0] + '-f.mp4'
03.    #将视频添加音频
04.    subprocess.call('ffmpeg -i ' + file_name + ' -i ' + mp3_file + ' -strict -2 -f mp4 ' + outfile_name, shell=False)
```

7.4.2　视频通话的隐私保护

由于视频通话中的人脸区域大小与摄像头的距离有明显的相关性，视频通话中的人脸区域大小很难控制和预测。因此，在视频通话过程中多采用马赛克模糊处理而不是使用固定大小的图片掩模进行覆盖。为了加快处理速度，本节实验采用的马赛克算法使用左上角的像素值填充马赛克区块。这样既可以模糊细节，又可以保留大体的轮廓。

此外，人脸的拍摄距离可以用于判断视频通话中误入的路人，对于非视频通话的主要用户可以利用距离判断，并对其人脸区域进行马赛克模糊处理。

马赛克模糊处理：将视频帧的图像文件、人脸区域坐标、马赛克的区块宽度输入。先判断人脸区域是否超出视频帧的大小。若不超过，则对人脸区域按马赛克区块宽度进行划分，并将每个马赛克区块的像素值设为左上角的像素值。具体示例代码如下。

```
01.#马赛克
02.def do_mosaic(frame, x, y, w, h, neighbor=9):
03.    """
04.    #取左上方像素值作为马赛克区块中的像素值
05.    :param frame: opencv frame
06.    :param int x: #马赛克左顶点
07.    :param int y: #马赛克右顶点
```

```
08.     :param int w:  #马赛克宽
09.     :param int h:  #马赛克高
10.     :param int neighbor:  #马赛克每一区块的宽
11.     """
12.     #如果人脸区域大于视频帧的大小，返回
13.     fh, fw = frame.shape[0], frame.shape[1]
14.     if (y + h > fh) or (x + w > fw):
15.         return
16.     for i in range(0, h - neighbor, neighbor):  #减去 neightbor 防止
                                                    原图片溢出
17.         for j in range(0, w - neighbor, neighbor):
18.             rect = [j + x, i + y, neighbor, neighbor]
19.             color = frame[i + y][j + x].tolist()  # 马赛克的大小
20.             left_up = (rect[0], rect[1])
21.             #减去一个像素
22.             right_down = (rect[0] + neighbor - 1, rect[1] + neighbor
- 1)
23.             cv2.rectangle(frame, left_up, right_down, color, -1)
```

为方便记录人脸与摄像头的距离，实验中加入对拍摄距离的测量代码。以方便评估图片修改的大小。该算法通过目标矩形框的宽度和摄像头焦距来计算人脸区域与摄像头之间的距离。具体原理可参考文献[22]。示例代码如下。

```
01.#距离计算函数
02.def distance_to_camera(knownWidth, focalLength, perWidth):
03.     """
04.     knownWidth:      #已知目标人脸宽度，单位：厘米
05.     focalLength:     #摄像头焦距
06.     perWidth:        #检测框宽度，单位：像素
07.     """
08.     #读入第一幅图，通过已知距离计算摄像头焦距
09.     image = cv2.imread(IMAGE_PATHS[0])
10.     marker = find_marker(image)
11.     focalLength = (marker[1][0] * KNOWN_DISTANCE) / KNOWN_WIDTH
12.     return (knownWidth * focalLength) / perWidth
```

实时视频图像人脸检测与识别效果如图 7-13 所示。

视频通话过程中一般采用单摄像头进行视频采集。而在计算机视觉中，通常需要建立“双目视觉”才能进行较为精确的距离测量，单摄像头会导致判断距离的能力下降。为了提升单目测距的准确率，需要外部参数(已知一个确定的长度)辅助计算，本实验中输入人脸宽度作为参考标准。由于人类的脸部宽度较为接近，实验中选取了 16cm 作为人脸宽度的默认值，并得到了一个误差较小的拍摄距离。拍摄距离可用于对图片中的路人进行检测。例如，设置拍摄距离阈值大于 4m 的用户为视频通话的非

主要对象，可以判断成路人。判定后可对路人的人脸区域进行模糊处理，保护路人的身份隐私。

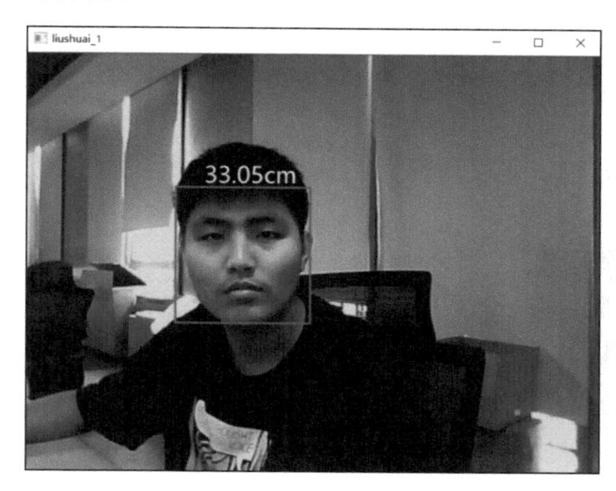

图 7-13　实时视频图像人脸检测与识别效果(拍摄距离 33cm)

7.5　讨论与挑战

本章介绍了多媒体文件中用户的个人标识符识别和遮蔽方法，包括图片、音频和视频 3 种文件格式。在图片文件中，采用 OpenCV 检测用户的人脸区域，并使用高斯模糊算法对其进行遮蔽；在音频文件中，使用白噪声干扰声纹识别程序的识别结果，阻断攻击者推断音频内容与说话人之间的联系，防止用户身份泄露；在视频文件中，分别针对录制视频和视频通话两种场景，对用户身份进行多维度的遮蔽，防止用户身份泄露。

除了本章中介绍的多媒体隐私保护方法之外，多媒体文件中的隐私信息还可以通过加密的形式进行保护，这样可以在必要的时候还原出需要展示的隐私信息。此外，当多媒体文件涉及多个不用的用户主体时，其隐私诉求可能会产生冲突。这将需要引入第 8 章的实验内容，即访问控制策略设置与冲突消解。

7.6　实验报告模板

7.6.1　问答题

(1)如何将非常相似的人脸区分开？
(2)是否可以将深度学习与人脸识别更有效地结合？
(3)在社交 APP 中是否可以完全隐藏个人标识符？
(4)社交 APP 中系统对于图片的权限控制是否安全？

7.6.2　实验过程记录

(1)视频通话人脸遮蔽实验过程记录。

①简述视频通话人脸遮蔽的步骤；

②把图像上某个像素点一定范围邻域内的所有点用邻域内左上像素点的颜色代替，这样可以模糊细节，但是可以保留大体的轮廓。

(2) 录制视频人脸遮蔽实验过程记录。

①简述录制视频人脸遮蔽的步骤；

②对视频进行切割处理，将声音与图像分割，读取马赛克图片，覆盖检测到的人脸，合成声音与图像。

(3) 音频文件个人特征信息遮蔽实验过程记录。

①简述音频文件个人特征信息遮蔽的步骤；

②从 NOISE-92 中选取四种噪声，进行切片，得到噪声的帧率、宽度等必要数据，使之与纯净语音合成，进行遮蔽；

③合成之后与原音频文件进行对比测试。

参 考 文 献

[1] 孙冬梅, 裘正定. 生物特征识别技术综述[J]. 电子学报, 2001, 29(S1): 1744-1748.

[2] ZHAO J, YAN S C, FENG J S. Towards age-invariant face recognition[J]. IEEE transactions on pattern analysis and machine intelligence, 2020, 44(1): 474-487.

[3] WU Y, YANG F, XU Y, et al. Privacy-protective-GAN for privacy preserving face de-identification[J]. Journal of computer science and technology, 2019, 34(1): 47-60.

[4] 周杰, 卢春雨, 张长水, 等. 人脸自动识别方法综述[J]. 电子学报, 2000, (4): 102-106.

[5] 姚瑞欣,李晖,曹进.社交网络中的隐私保护研究综述[J]. 网络与信息安全学报, 2016, 2(4): 33-43.

[6] LI J Y, ZHANG J M. A study of voice print recognition technology[C]. 2021 International Wireless Communications and Mobile Computing. Harbin, 2021: 1802-1808.

[7] 温熙森. 模式识别与状态监控[M]. 北京: 科学出版社, 2007.

[8] JAIN L C, SEERA M, LIM C P, et al. A review of online learning in supervised neural networks[J]. Neural computing and applications, 2014, 25(3): 491-509.

[9] BONNER R F, ASSELTA J A, HAINING F W. Advanced printed-circuit board design for high-performance computer applications[J]. IBM journal of research and development, 1982, 26(3): 297-305.

[10] 吴颖, 李璇, 金彪, 等. 隐私保护的图像内容检索技术研究综述[J]. 网络与信息安全学报, 2019, 5(4): 14-28.

[11] HANEY J, ACAR Y, FURMAN S. It's the company, the government, you and I: user perceptions of responsibility for smart home privacy and security[C]. 30th USENIX Security Symposium. Online, 2021: 411-428..

[12] KHANDELWAL R, LINDEN T, HARKOUS H, et al. PriSEC: a privacy settings enforcement controller[C]. 30th USENIX Security Symposium. Online, 2021: 465-482.

[13] SIDORENCO N, OECHSNER S, SPITTERS B. Formal security analysis of MPC-in-the-head

zero-knowledge protocols[C]. 2021 IEEE 34th Computer Security Foundations Symposium. Dubrovnik, 2021: 437.

[14] SHKEL Y Y, BLUM R S, POOR H V. Secrecy by design with applications to privacy and compression[J]. IEEE transactions on information theory, 2021, 67(2): 824-843.

[15] GOLLE P, MCSHERRY F, MIRONOV I. Data collection with self-enforcing privacy[J]. ACM transactions on information and system security, 2008, 12(2): 1-24.

[16] SHYONG K, FRANKOWSKI D, RIEDL J. Do you trust your recommendations? an exploration of security and privacy issues in recommender systems[C]. International Conference on Emerging Trends in Information and Communication Security. Freiburg, 2006: 14-29.

[17] HÄMÄLÄINEN A, MEINEDO H, TJALVE M, et al. Improving speech recognition through automatic selection of age group–specific acoustic models[C]. International Conference on Computational Processing of the Portuguese Language. Sao Carlos, 2014: 12-23.

[18] YU D, DENG L. Automatic speech recognition[M]. Berlin: Springer London Limited, 2016.

[19] TAYLOR P. Text-to-speech synthesis[M]. Cambridge: Cambridge University Press, 2009.

[20] RITHIKA H, SANTHOSHI B N. Image text to speech conversion in the desired language by translating with Raspberry Pi[C]. 2016 IEEE International Conference on Computational Intelligence and Computing Research. Chennai, 2016: 1-4.

[21] BARDUCCI A, GUZZI D, MARCOIONNI P, et al. CHRIS-PROBA performance evaluation: signal-to-noise ratio, instrument efficiency and data quality from acquisitions over San Rossore (Italy) test site[C]. European Space Agency. Frascati, 2005, (593): 39-49.

[22] LI F H, SUN Z, LI A, et al. Hideme: privacy-preserving photo sharing on social networks[C]. IEEE INFOCOM 2019-IEEE Conference on Computer Communications. Paris, 2019: 154-162.

第 8 章　基于访问控制的隐私保护

社交网络作为人们日常沟通交流的主要方式之一，丰富了人们的交流形态，已成为人们生活中不可缺少的一部分。然而在社交网络中，用户产生的信息，如聊天内容、用户配置等，包含大量的敏感信息，一旦这些信息泄露或违背拥有者意愿传播便会产生隐私泄露风险。因此，社交网络为用户提供了基于访问控制的隐私保护机制，用户可根据自身需求来配置并执行访问控制策略。

但是，社交网络中的数据具有强隐私性，每个数据相关者都想控制该数据。例如，一个用户发布一张涉及另外三个用户的照片，每个用户都想拥有控制这张照片的权限以防止自己的隐私被泄露，但这四个用户的隐私策略可能不同，甚至是有冲突的，而策略冲突也可能会造成隐私泄露。因此，对社交网络中的隐私策略进行准确的识别、冲突检测和冲突消解是十分重要的。

本章首先介绍访问控制的基本概念、基于属性的访问控制(Attribute-Based Access Control，ABAC)模型，然后介绍在社交网络中如何基于属性的访问控制模型实现隐私保护、隐私策略冲突检测以及冲突消解，最后通过示例程序展示基于时空和社会关系的访问控制机制的实现以及社交网络隐私保护策略冲突的检测与消解。

8.1　实验内容

1. 实验目的

(1) 了解访问控制的基本原理和运行机理。
(2) 掌握基于属性的访问控制机制的实现。
(3) 掌握多主体隐私策略冲突检测及消解方法。

2. 实验内容与要求

学习基于时空和社交关系属性的社交网络隐私保护方法，并解决社交网络中的隐私策略冲突问题。以社交网络场景为例，掌握基于属性的访问控制架构的搭建，其中属性源自用户分享的图片以及用户的社交信息；掌握隐私策略的静态和动态检测，并应用基于属性的访问控制组合算法实现隐私策略冲突消解。

3. 实验环境

(1) 计算机配置：AMD R5 3600 处理器，16GB 内存，RTX2070 8G 显卡，Windows 10(64 位)操作系统。
(2) 编程语言版本：Python 3.7。

(3) 开发工具：PyCharm 2020.2、Anaconda3-5.2.0、PyTorch、TorchVision。

注：本实验需要计算机配置中有英伟达显卡支持，而开发工具中的 PyTorch 以及 torchvision 需要根据显卡型号安装相应版本。

8.2 实验原理

8.2.1 访问控制

访问控制(Access Control)是系统根据预先设定的访问控制策略，保证资源只能被授权用户用以执行合法操作，从而防止信息被非授权访问的一种手段。

访问控制的发展大致可分为四个阶段。第一阶段是 20 世纪 70 年代，产生了使用在大型主机系统的访问控制机制，代表性工作是以保障机密性为目的的 BLP 模型和以保障完整性为目的的 Biba 模型。第二阶段是 20 世纪 80 年代，随着计算机功能和信任要求的提高，研究者提出了灵活性更高的访问控制机制，标志性工作是依据访问权限管理者的不同将访问控制分为自主访问控制(Discretionary Access Control，DAC)和强制访问控制(Mandatory Access Control，MAC)。第三阶段在 2000 年左右，信息系统开始在企事业单位大规模部署且互联网进入快速发展阶段，DAC 和 MAC 的本质特征(即有限拓展)使其难以满足日益复杂的应用层访问需求，由此产生了一种新的访问控制模型，即基于角色的访问控制(Role-Based Access Control，RBAC)模型，该模型本质上是将系统中的角色与企事业单位的真实组织架构进行匹配。第四阶段，随着云计算、物联网等新兴技术的出现，新型的计算环境给访问控制技术的应用带来了全新的挑战，基于属性的访问控制(Attribute-Based Access Control，ABAC)应运而生。

8.2.2 基于属性的访问控制模型

基于属性的访问控制模型以用户、资源、操作以及上下文信息等主体和客体属性作为基础决策要素，灵活应用访问者所具有的属性集合来决定是否授权[1]。

属性是访问控制相关实体的特征，通过不同属性的组合，ABAC 模型支持细粒度的访问控制，能适应海量、动态、强隐私的大型网络。ABAC 的属性包括以下三种。

(1) 主体及主体属性：主体指对资源进行访问的实体，如一个用户、一个网络请求等，主体属性则可以是用户名、用户 ID、角色、IP 地址等。

(2) 客体及客体属性：客体指被主体访问的对象实体，亦称资源，如图片、视频、文档等，而这些资源的大小、存放位置等即为客体属性。

(3) 环境属性：环境是动态的，独立于主体与客体，用于表示主体请求访问客体时的上下文环境，如访问地点、访问事件等。

ABAC 模型架构示意图如图 8-1 所示，架构中参与的角色如下。

策略管理点(Policy Administration Point，PAP)，用于管理策略库，如创建策略、测试策略以及策略冲突检测和消解等。

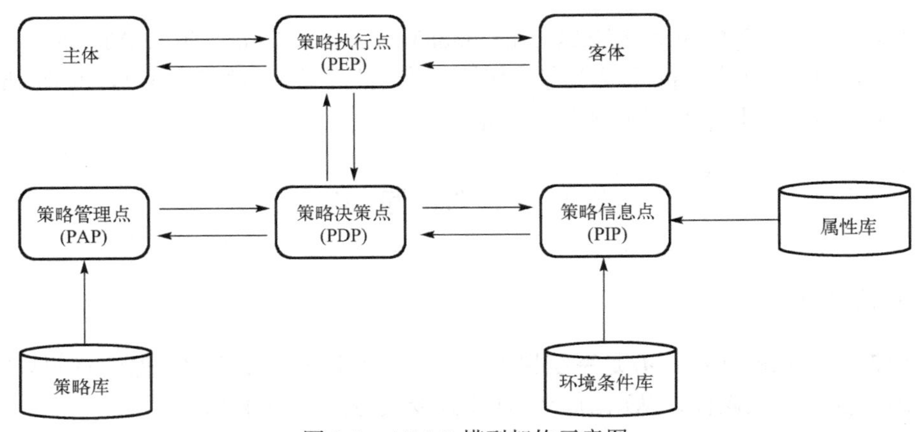

图 8-1　ABAC 模型架构示意图

策略信息点(Policy Information Point，PIP)，从属性库以及环境条件库中检测属性，获取评估策略需要用到的相关主体、客体和环境的属性信息。

策略决策点(Policy Decision Point，PDP)，根据策略以及主客体和环境的属性信息，对请求进行评估并决定是否授予主体访问客体的权限。

策略执行点(Policy Enforcement Point，PEP)，将主体访问资源的信息发送给 PDP，当收到 PDP 的决策结果后执行该决策。

假设主体 S 对客体 O 进行访问，在 ABAC 模型中，完整的访问控制授权流程可分为准备阶段和执行阶段，准备阶段主要负责收集并构建访问控制系统所需的属性集合以及描述一些基础的访问控制策略，而执行阶段则主要更新访问控制策略及响应访问请求。

准备阶段：

(1) 预先收集、标准化、存储构建出系统所需的属性和权限-属性间的对应关系等相关信息；

(2) PAP 根据(1)的信息对访问控制策略进行形式化描述。

执行阶段：

(3) 主体 S 发起对客体 O 的访问请求，请求首先会到达 PEP，PEP 在收到请求后将请求转发到 PDP；

(4) PDP 收到访问请求后依据请求的属性信息分别向 PIP 和 PAP 发送查询信息；

(5) PIP 获取主体、客体和环境的属性信息并将这些属性信息返回给 PDP；

(6) PAP 从策略库中查询与请求属性相对应的策略返回给 PDP；

(7) PDP 在 PAP 和 PIP 的返回结果中获取属性信息和策略从而进行评估，计算得出决策然后发送给 PEP；

(8) 决策若通过，则授权 S 对 O 的访问权限，将访问请求转发到 O，获取到 O 的结构后将 O 的访问结果返回给 S；若拒绝，则 S 无法对 O 进行访问，PEP 会直接返回拒绝信息给 S。

从 ABAC 模型授权的流程可发现其在决策时只关注访问者是否拥有相对应的属性信息，因此该模型可以匿名访问，保护访问者隐私不被泄露。而且，通过改变实体属性信息，ABAC 能够实现动态的访问控制。

8.2.3　基于属性的访问控制策略

对用户及资源在安全需求方面的形式化描述越精确，访问控制系统对到访的请求响应就越准确，因此，访问控制策略是 ABAC 的核心。

ABAC 策略主要由主体、客体、环境、操作及授权决策五要素组成，其中，主体、客体环境的含义与前面相同，不再赘述。操作指主体对客体执行的动作，如读取(Read)、写入(Write)、删除(Delete)、复制(Copy)、修改(Modify)等。授权决策指访问控制系统根据访问控制策略对请求进行评估而得出的授权决定，大致分为两种决定：允许访问(Permit)以及拒绝访问(Deny)。

ABAC 策略模型相关术语如下。

(1)属性表达式(Attribute Expression)：通过数学符号来表达属性与属性值之间的约束关系[2]，为了便于后文表示，本章将其记作 ap。其中，属性表达式为一个三元组(attr,$\propto$,val)，attr 表示属性，可以是主体、客体或环境的属性；$\propto \in \{=,\neq,>,<,\geqslant,\leqslant\}$ 关系运算符用于限定属性的取值范围；val 表示属性的某一取值。

例如，Salary 指主体的工资属性，6000 为 Salary 属性的一个属性值，则属性表达式 Salary = 6000 表示该主体工资为 6000 元；属性表达式 Salary < 10000 表示主体的工资在 0～10000 的值域内。

(2)规则(Rule)：ABAC 策略中用于判断主体、客体、环境的属性约束条件，以决定是否对操作予以授权的最小单位。ABAC 规则的表达形式是多样的，此处以五元组来表示一条授权规则。其中，S 表示主体(Subject)；O 表示客体(Object)；E 表示环境(Environment)；op 表示操作(Operation)；d 表示授权决策(Decision)。主体、客体、环境可能由多个部分组成，故在表达式上通过逻辑运算符“∧”连接，形如：

$$S = S_{\mathrm{ap}_1} \wedge S_{\mathrm{ap}_2} \wedge S_{\mathrm{ap}_3}$$

$$O = O_{\mathrm{ap}_1} \wedge O_{\mathrm{ap}_2} \wedge O_{\mathrm{ap}_3}$$

$$E = E_{\mathrm{ap}_1} \wedge E_{\mathrm{ap}_2} \wedge E_{\mathrm{ap}_3}$$

例如，(Sgroup = schoolmate, OpictureOwner = john, Eip = 38.10.*.*, read, deny)，该授权规则表示当访问主体属性 group(分组)为 schoolmate(同学)的访问者，访问客体属性 OpictureOwner(图片拥有者)为 john 时，在环境属性为 Ip 是 38.10.*.*范围内，可拒绝其对资源进行读操作。

(3)策略(Policy)：一个完整的 ABAC 策略通常由若干条授权规则组成，即 $P = \{R_1, R_2, \cdots, R_n\}$，策略集中的规则对访问进行评估并给出授权决策，策略集将规则给出的所有决策进行组合决定出最终的授权决策。

8.2.4　可拓展访问控制标记语言

可拓展访问控制标记语言(Extensible Access Control Markup Language，XACML)定义了策略的标准格式以及给出授权决策的标准方法[3, 4]。XACML 基于 XML 语言，在 XML

语言的基础上增加了访问控制策略相关的组件，对访问控制中的主体、资源、上下文环境、授权策略进行了完善的描述[5]。XACML 不仅能定义策略，还能指定授权请求和相应的格式以及提供了 ABAC 模型的授权框架，为 ABAC 模型的构建和策略编写提供了支撑。XACML 模型类图如图 8-2 所示。

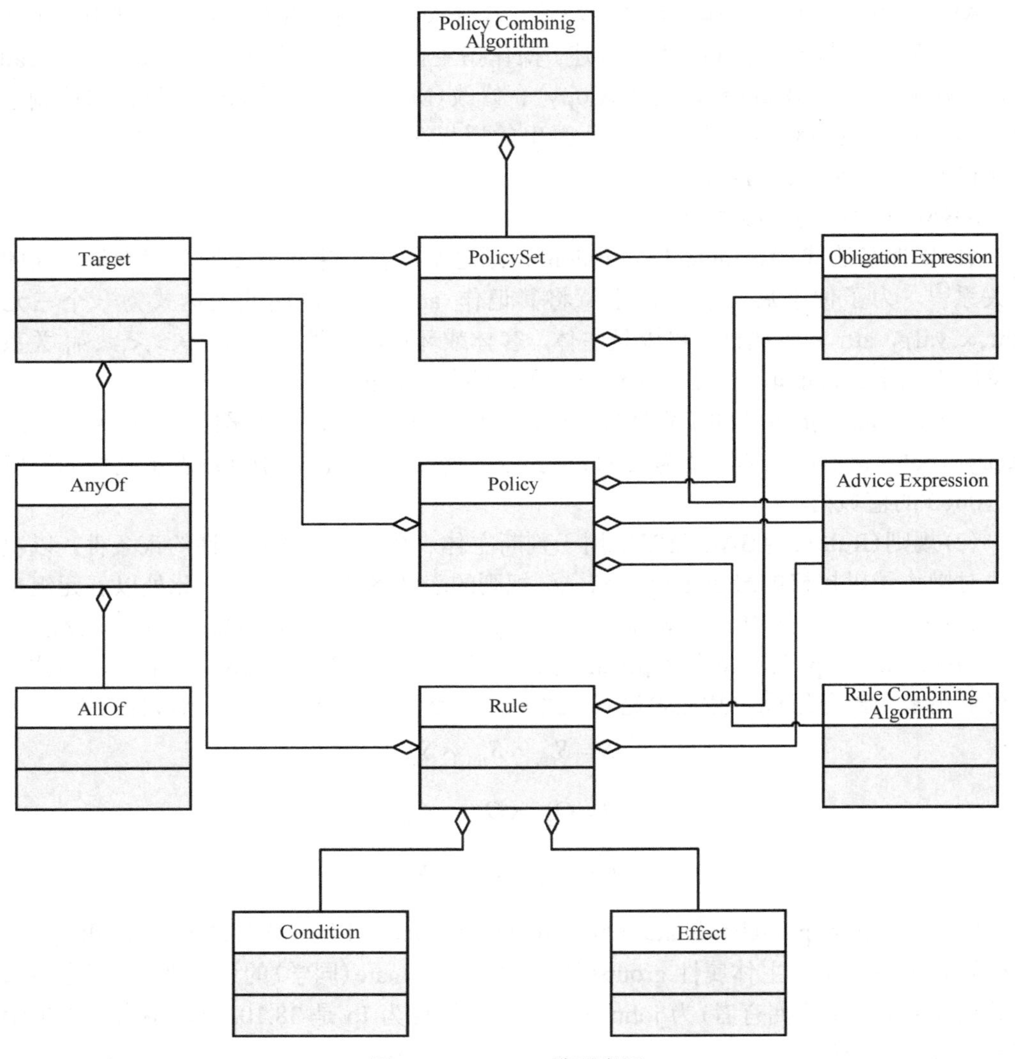

图 8-2　XACML 模型类图

各组成部分功能如下。

(1) 策略集(PolicySet)：包括目标、若干策略及策略组合算法，是 XACML 的顶层组件，多个策略组合形成一个策略集。

(2) 策略(Policy)：XACML 中标准信息交互的最小单位，策略定义了主体访问客体需要满足的一系列属性约束条件。与上面 ABAC 模型中提到的策略相同，一份策略含有若干条规则，同时，策略还拥有目标、义务以及处理规则冲突的组合算法。

(3)规则(Rule)：XACML 模型中的最基本单位，是 XACML 策略的主要组成部分，也是具有完整属性约束条件的最小授权单位。规则由目标(Target)、条件(Condition)、效果(Effect)组成，规则依据访问请求中的属性来决定授权结果。其中，目标用于描述规则作用的对象，对象包括主题、资源、环境、操作四个部分；条件框定规则的作用范围，通过一组布尔表达式描述，条件可为空；效果是指规则对访问评估后的授权结果，常见为 permit 或 deny。

(4)组合算法(Combining Algorithm)：当一个请求匹配到多条规则时，组合算法介入并会确定授权结果。组合算法作用在两个地方，作用于策略层时，名字变更为规则组合算法(Rule Combining Algorithm)，为匹配多条规则时进行授权决策；当作用于策略集层时，名字变更为策略组合算法(Policy Combining Algorithm)，为匹配多条策略时决定授权决策。在 XACML3.0 标准中有 12 种组合算法供使用，以下介绍较为常用的几种算法。

①唯一适用(Only-One-Applicable)：当策略评估时仅有一条规则或策略匹配访问，则该规则或策略的决策即为最终授权结果，若没有一条或者超过一条的规则或策略匹配，则报错。

②第一适用(First-Applicable)：将规则或策略进行排序，并按序评估，首次评估成功的规则或策略的决策即为最终的授权决策。

③允许优先(Permit-Overrides)：允许授权的优先级高于拒绝授权，若策略发生冲突，则最终结果为允许 permit。

④拒绝优先(Deny-Overrides)：拒绝授权的优先级高于允许授权，若策略发生冲突，则最终结果为拒绝 deny。

8.2.5　隐私策略冲突与冲突检测

一次访问匹配到多条规则且这些规则在授权上存在相悖的结果称为策略冲突[5]，针对隐私策略的冲突即隐私策略冲突。由于 ABAC 策略通常由多条规则组成，每条规则都会评估访问请求并给出授权决策，这就导致不同的规则可能会匹配到同一个访问请求却给出相反的授权决策，系统因而无法正确授权。

冲突检测会提前对策略集进行检查，检测策略是否有冲突，降低策略冲突对系统运行的影响。冲突检测的实质是在系统发生策略冲突时收集冲突日志，对日志进行分析和处理，从而为之后的冲突消解提供参考[7]。

其中，冲突的形式化定义如下。

定义 8.1　一个访问请求 Request 可用一个四元组表示，即 $(S_{\text{req}},O_{\text{req}},E_{\text{req}},A_{\text{req}})$，代表请求的主体 S、客体 O、环境 E 和操作 A。主体可以由一系列主体属性键值对表示 $(\text{sa}_1=\text{v}_{\text{sa}_1})\wedge(\text{sa}_2=\text{v}_{\text{sa}_2})\wedge\cdots\wedge(\text{sa}_n=\text{v}_{\text{sa}_n})$，客体和环境的属性键值对同理；操作及请求的操作通常为读 read 或写 write 等。

定义 8.2　属性表达式评估是对于给定的属性键值对 $(\text{attr}=\text{val})$，若存在属性表达式 ap 的属性键名与 attr 相同且属性值 val 在 ap 的值域内，则认为属性表达式 ap 对该属性 $(\text{attr}=\text{val})$ 评估为真 $|\text{ap}|_{(\text{attr}=\text{val})}=\text{true}$，反之为假 $|\text{ap}|_{(\text{attr}=\text{val})}=\text{false}$。

对于给定的一组属性表达式构成的主体 $S=\text{S}_{\text{ap}_1}\wedge\text{S}_{\text{ap}_2}\wedge\cdots\wedge\text{S}_{\text{ap}_n}$，以及一组由属性键值对组成的访问请求主体 $S_{\text{req}}=(\text{sa}_1=\text{v}_{\text{sa}_1})\wedge(\text{sa}_2=\text{v}_{\text{sa}_2})\wedge\cdots\wedge(\text{sa}_n=\text{v}_{\text{sa}_n})$，若 S 中有一个

属性表达式 $\text{Sap}_i\ (i \in [1,n])$，使得在访问请求主体 S_{req} 中存在一个属性键值对 $|\text{Sap}_i|_{(\text{attr}=\text{true})} = \text{true}$，则称 S 对 S_{req} 评估为真 $|S|_{\text{Sreq}} = \text{true}$，反之为假 $|S|_{\text{Sreq}} = \text{false}$。

定义 8.3 规则评估即对于一条访问请求 $\text{req} = (S_{\text{req}}, O_{\text{req}}, E_{\text{req}}, A_{\text{req}})$，规则 $\text{Rule} = (S, O, EO, OP, d)$ 对请求 req 评估为真，并给出授权决策 d 的条件是主体、客体、环境的属性评估均为真，且操作相同 $|S|_{S_{\text{req}}} \wedge |O|_{O_{\text{req}}} \wedge |E|_{E_{\text{req}}} \wedge |\text{op} = A_{\text{req}}| = \text{true}$。

基于上述定义，下面给出冲突的定义。

定义 8.4 给定两条规则 R_i 和 R_j 在访问请求 req 到来时满足下列条件。

(1) 两条规则均对该请求评估为真,即该请求同时匹配两条规则：

$$\left|S(R_i)\right|_{\text{req}} \wedge \left|O(R_i)\right|_{\text{req}} \wedge \left|E(R_i)\right|_{\text{req}} \wedge \left|\text{op}(R_i) = A_{\text{req}}\right| =$$

$$\left|S(R_j)\right|_{\text{req}} \wedge \left|O(R_j)\right|_{\text{req}} \wedge \left|E(R_j)\right|_{\text{req}} \wedge \left|\text{op}(R_j) = A_{\text{req}}\right| = \text{true}$$

(2) 两条规则的决策结果不同：

$$d(R_i) \neq d(R_j)$$

根据定义 8.4 可知，系统运行过程中策略有交集但授权结果不一致将导致冲突，那么产生冲突的两条规则即为冲突规则。这些规则中，可能会存在完全相同的属性且相同属性的属性表达式的值域有交集，将这些规则成对地进行比较，判断属性值是否存在交集，就可以在系统未运行时就检测出潜在的规则冲突，从而降低系统运行时冲突的次数。而这一类能够被静态检测出来的冲突规则，称为静态冲突规则，其定义如下。

定义 8.5 规则 R_i 与 R_j 是静态冲突规则，需满足下列条件。

(1) 两条规则具有相同的属性：

$$\forall A \,\text{in}\, S(R_i) \cup O(R_i) \cup E(R_i)$$

$$\exists A' \,\text{in}\, S(R_j) \cup O(R_j) \cup E(R_j) \rightarrow A = A'$$

(2) 相同属性的属性表达式表示的值域有交集：

$$\forall \text{ap} \,\text{in}\, S(R_i) \cup O(R_i) \cup E(R_i)$$

$$\exists \text{ap}' \,\text{in}\, S(R_j) \cup O(R_j) \cup E(R_j) \rightarrow \text{attr}(\text{ap}) = \text{attr}(\text{ap}') \,\text{and}\, \text{ap} \cap \text{ap}' \neq \varnothing$$

(3) 两条规则的操作相同：

$$\text{op}(R_i) = \text{op}(R_j)$$

(4) 两条规则的授权决策不同：

$$d(R_i) \neq d(R_j)$$

还存在另一部分冲突规则，这些规则使用的属性不完全一致，且无法通过成对的比较及交集计算进行静态检测，只有在系统运行中它们才可能发生冲突，故称这类规则为动态冲突规则，它们造成的冲突为动态冲突。

规则示例如表 8-1 所示。该表格介绍了两种冲突规则类型。

表 8-1　规则示例

规则(Rule)	主体(Subject)	客体(Object)	环境(Environment)	操作(Operation)	决策(Decision)
R_1	ip=172.23.101.*	file=img	8:00<Time<17:00	read	permit
R_2	ip=172.23.*.*	file=img	13:00<Time<23:00	read	deny
R_3	user_group=friends	path=/img/family	location=China	write	permit
R_4	sex=female	place=playground	Time<12:00	write	deny

在 R_1 和 R_2 的表达式中，可以通过检测规则中是否存在属性值域的重叠，来实现静态检测，且 R_1 和 R_2 归类于静态冲突规则。但是当规则形式如 R_3 和 R_4 时，两者在表达式上无明显的规则重叠，但也有可能重叠，假设请求 req{user_group = friends ∧ sex = female, path = /img / family ∧ place = playground, location = china ∧ time < 12:00, write}到来，那将会同时匹配到 R_3 和 R_4 且授权决策会出现分歧，用静态检测不能审查出来的这类冲突，只能交给动态检测来处理，所以 R_3 和 R_4 归类于动态冲突规则。

8.2.6　隐私策略冲突消解

冲突消解是在冲突发生时，对多个决策结果再做一次最终的决策。冲突消解方法可以根据执行消解的时机分为两种，在系统运行过程中发生策略冲突时才会激活的策略消解方法称为动态冲突消解方法，反之则为静态冲突消解方法。

静态冲突消解主要分为以下三步。

(1) 确定冲突域，即冲突规则中重合属性的值域，当访问请求的属性值在重合的值域中时，会因为匹配到多条规则而产生冲突。

(2) 采用消解策略来决定最终授权，消解方法常用的策略有宽容策略和严格策略。宽容策略即采取宽松的授权方式，在确定冲突规则的冲突域后，做出 permit 的最终授权决策；反之，严格策略做出 deny 的授权决策。

(3) 确定了冲突域便可对冲突的规则进行修改，转变成无冲突规则，完成静态冲突消解。

以表 8-1 中的 R_1 和 R_2 为例，这两条规则的冲突域为

$$(\text{ip}=172.23.*.*,\text{file}=\text{img},13:00<\text{Time}<17:00)$$

若依据宽松策略进行冲突消解，则 R_1 与 R_2 的冲突会被消解而最终得到的授权决策为 permit，且 R_2 会被提示修改以避免冲突，例如，将 R_2 修改成

$$R_2'=(\text{ip}=172.23.*.*,\text{file}=\text{img},17:00\leqslant \text{Time}<23:00)$$

修改后的规则已没有重合的属性值域，静态检测与静态冲突消解完成工作。

静态冲突消解能做到的是预先消解规则中的重合属性值域，从而达到减少系统运行时出现冲突的次数的目的。

动态冲突消解即在系统运行时对冲突进行实时消解，因此原则上动态冲突消解方法可以消解任何冲突。典型的动态冲突消解方法即组合算法中提到的唯一适用、第一适用、允许优先以及拒绝优先。

8.2.7　社交网络

在线社交网络(Online Social Network，OSN)是用户分享消息、与好友交流的常用场景。与传统系统不同的是每个用户在 OSN 中都会拥有一个虚拟的空间[8]，这个空间会存放好友列表、聊天记录、分享信息、历史信息、评价信息、配置信息等。用户可以对好友列表进行一定的控制，从而帮助访问控制策略的设计。聊天记录、历史信息、分享信息能对用户特点进行精确描述，且一定程度上体现了用户对好友的隐私倾向，这些描述是具有强隐私属性的。配置信息也反映了用户的一些基本情况。总结起来，在线社交网络有以下三个特点：①强隐私性，用户的日常交流及分享会牵涉到大量的私人信息，这些信息都具有强烈的隐私性；②数据海量且极具个性，OSN 中的用户不断交流，聊天数据不断产生，这些数据总是以一个话题为中心，从侧面反映了用户的特性；③动态性，用户总是不断地产生消息，期间客体访问不断变化，访问环境也不断变化，导致数据的属性也在动态变化。

用户的隐私信息在 OSN 上流转可能会出现以下安全问题：一是由于用户信息共享，用户数据变得越来越容易获取，且如今数据挖掘、网络数据分析等工具盛行，极易被不法分子使用；二是用户无意地分享转发信息给“错误”的访问者。导致上述情况的原因主要是用户的隐私策略设置不合理以及不法分子通过数据挖掘等方式对用户隐私信息进行推理。

在社交网络中，用户生产的信息既是维持其与社会联系的媒介，也是威胁其隐私安全的源头，因此需要使用基于访问控制的隐私保护手段[9]，在发挥 OSN 的社会效益、增进用户社会联系的同时，保护用户的个人隐私不被侵犯。

8.3　核心算法示例

通过实验原理的介绍，读者现已对访问控制、隐私策略等有了初步的认识，本节将以社交网络场景为例，详细阐释面向社交网络的访问控制架构的工作流程与核心实现，以及如何对图片信息进行时空信息提取以实现更细粒度的访问控制效果，丰富架构的访问控制策略配置。

8.3.1　面向社交网络的访问控制架构

为搭建面向社交网络的访问控制架构[10]，首先需要模拟出一个简单的社交网络，然后在该社交网络中搭建出访问控制架构。本实验的社交应用场景以朋友圈为原型，用户在朋友圈应用中进行交流以及图片分享。然后通过部署基于时空和社交关系的 ABAC 访问控制架构实现细粒度的隐私保护，保证用户在分享的同时，自身及他人的隐私都能得到充分的保护。

该系统的业务流程可简要理解为：

(1)用户 A 添加好友 B；

(2)用户 A 配置访问控制策略；

(3)用户 A 发送朋友圈；

(4)好友 B 获取朋友圈数据；

(5)系统根据访问控制架构对朋友圈数据进行授权决策；

(6)好友 B 看到经授权的朋友圈信息。

下面介绍朋友圈上传、访问控制策略配置、访问控制架构等主要业务的实现。

本实验主要针对带图片分享功能的朋友圈数据，对图片的时空信息以及社交信息进行访问控制的细粒度判断。其中场景识别与图片信息读取将在 8.3.2 节中介绍，人脸识别方法可参见第 7 章，此处不再赘述。

朋友圈上传的方法如下，该方法会对朋友圈的图片场景进行识别，获得场景信息；对图片中出现的人物进行人脸识别，获得图片的人物信息；对图片的 Exif 信息进行提取，获得图片的时空信息，最终整理出这个朋友圈的社交信息和时空信息，为后续策略判断做准备。

```
01.def upload_moment(user_id: int, img_path: str):
02.    import util_place
03.    """
04.    上传朋友圈
05.    :param user_id: 上传者 ID
06.    :param img_path: 上传的图片保存路径
07.    """
08.    #场景识别以获得图片场景信息
09.    try:
10.        place = util_place.place_recognition(img_path)
11.    except Exception as e:
12.        print(e)
13.        return False
14.    #图片 Exif 信息提取以获得时空信息
15.    try:
16.        shooting_time = util_pic.get_img_time(img_path)
17.    except Exception as e:
18.        print(e)
19.        return False
20.    #人脸识别以获得图片人物信息
21.    try:
22.        user_id_list = util.user_recognition(img_path)
23.    except Exception as e:
24.        print(e)
25.        return False
26.    #将朋友圈入库并获得 moment_id
27.    try:
28.        moment_id=moment_add(user_id, img_path, place, shooting_time)
29.    except Exception as e:
30.        print(e)
31.        return False
```

```
32.     #将朋友圈人物信息与朋友圈信息对应并入库
33.     try:
34.         moment_user_add(moment_id, user_id_list)
35.     except Exception as e:
36.         print(e)
37.         return False
38.     return True
```

访问控制策略配置方法如下，本示例仅做粗略的属性提取，用户可以根据朋友圈中图片的场景、拍摄时间、社交关系(图片出现的人物)等进行隐私策略的配置，根据用户分组配置不同的隐私策略。

```
01.def create_rule_by_detail(user_id: int,                          #用户 ID
02.                          relationship: str,                    #人物关系
03.                          place: str,                           #场景
04.                          shooting_time: RuleTime,              #拍摄时间
05.                          read_time: RuleTime,                  #浏览时间
06.                          operation: bool,                      #授权决策
07.                          moment_id: int = None):  #指定 moment_id
08.insert_rule = RuleDetail(enabled=True, moment_id=moment_id, relationship=
relationship, place=place, shooting_time=shooting_time, read_time=read_time,
operation=operation)
09.     try:
10.         add_rule(user_id=user_id, rule_detail=insert_rule)
11.         return True
12.     except Exception as e:
13.         print(e)
14.     return False
```

基于属性的访问控制中最基础的业务步骤是获取朋友圈——get_moment()方法，发挥访问控制作用的 ABAC 业务流程如图 8-3 所示。具体业务流程如下。

用户首先发起获取朋友圈数据请求，调用 get_moment()方法，moment 服务从数据库获取到用户所有朋友的朋友圈数据；请求(带有用户的主体信息)、朋友圈数据(客体信息)等发送到访问控制服务的 PEP 中，开始访问控制授权操作。

```
01.def list_moment(req_user_id: int):
02.     """ 根据请求者 ID 获取该请求者好友的朋友圈数据
03.     流程:
04.     (1)根据请求者 ID 获取请求者的朋友 list
05.     (2)遍历 list 中的朋友 ID,获取其朋友圈
06.     (3)对每条朋友圈进行 ABAC 校验
07.     (4)生成 result_moment_list,返回
08.     """
09.     res_moment_list = []
10.     friend_id_list = list_friend_id(req_user_id)
11.     for friend_id in friend_id_list:
```

```
12.         friend_moment_list = get_moment_by_owner_id(friend_id)
13.         if len(friend_moment_list) < 1:
14.             continue
15.     for friend_moment in friend_moment_list:
16.         env_attr = get_env_attr()
17.         decision = pep_service.get_decision(req_user_id, friend_moment,
env_attr)
18.         if decision:
19.             res_moment_list.append(friend_moment)
20.     return res_moment_list
```

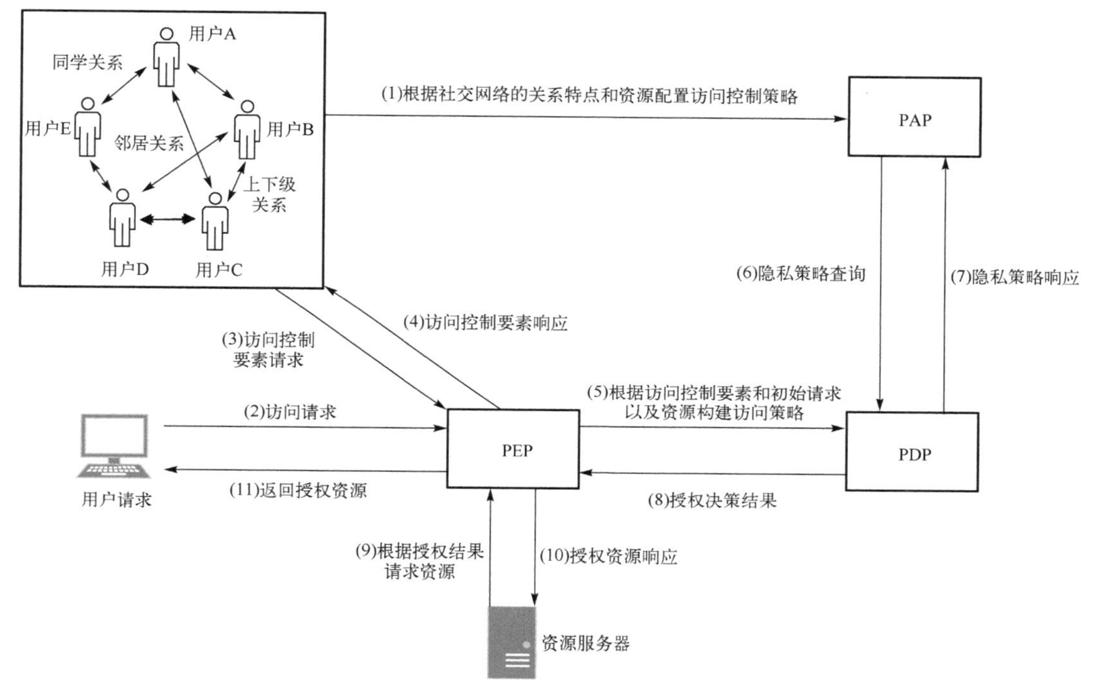

图 8-3　ABAC 业务流程图

PEP 作为访问控制服务的窗口，在收到授权请求后，将主体属性、客体属性、环境属性等转发到 PDP 策略决策点。

```
01.def get_decision(sub_attr, obj_attr: Moment, env_attr: EnvAttr):
02.     """
03.     将请求的主体属性、客体属性(客体属性的 moment_id)、环境属性发送给 PDP,
04.     待 PDP 返回授权决策后返回是否可以访问资源的结果 res_dec
05.     :param sub_attr: 主体属性
06.     :param obj_attr: 客体属性
07.     :param env_attr: 环境属性
08.     """
09.     l_sub_attr = SubAttr(sub_attr)
10.     l_obj_attr = ObjAttr(obj_attr, [])
```

```
11.     res_dec = make_decision(l_sub_attr, l_obj_attr, env_attr)
12.     return res_dec
```

PDP收到授权请求后，根据主体、客体、环境等属性信息从PAP获取相关的策略信息，进行策略匹配和策略的冲突检测，并最终生成授权决策，将授权决策返回给PEP。

```
01.def make_decision(sub_attr: SubAttr, obj_attr: ObjAttr,env_attr:EnvAttr):
02.     """
03.     根据属性信息和策略生成授权决策,判断流程:
04.     (1)获取该用户的社交关系,根据用户获取他们的隐私策略
05.     (2)所有相关用户隐私策略冲突检测,有冲突=>冲突消解=>获得授权决策;无冲突=>剩
余属性的策略判断=>获得授权决策
06.     """
07.     res_decision = False
08.     #获取社交关系
09.     obj_moment_user = moment_user_query(obj_attr.moment.moment_id)
10.     user_id_list = str.split(obj_moment_user.user_id_list, ',')
11.     obj_attr.user_id_list = user_id_list
12.     #根据图片中出现的用户,获取他们所有的策略
13.     all_rule = get_all_rule(obj_attr)
14.     if len(all_rule) < 1:
15.         return True
16.     #获取匹配的用户策略
17.     match_rule_list = get_match_rule(sub_attr, obj_attr, env_attr, all_rule)
18.     if len(match_rule_list) < 1:
19.         return True
20.     conflict_status = conflict_detect(match_rule_list) #冲突检测
21.     #策略冲突判断
22.     if conflict_status:
23.         res_decision = conflict_resolve(match_rule_list)
24.     else:
25.         #判断 read_time
26.         read_time_decision = set()
27.         for l_rule in match_rule_list:
28.             #判断是否给予访问资源的权限
29.             if is_empty(l_rule.rule_detail.shooting_time) is False:
30.                 #判断是否在策略时间内
31.                 if util.is_match_time(env_attr.env_time, l_rule.
rule_detail.shooting_time):
32.                     read_time_decision.add(l_rule.rule_detail.operation)
33.                 else:
34.                     read_time_decision.add(not l_rule.rule_detail.
operation)
35.         #set 中超过 1 种决策,即存在冲突
36.         if len(read_time_decision) > 1:
37.             res_decision = conflict_resolve(match_rule_list)
```

```
38.         else:
39.             if len(read_time_decision) == 1:
40.                 res_decision = read_time_decision.pop()
41.             else:
42.                 res_decision = match_rule_list[0].rule_detail.operation
43.     return res_decision
```

PAP 作为策略库管理中枢，提供策略匹配、策略汇集、策略冲突检测、策略冲突消解的功能。在本节先暂时介绍策略汇集方法以及策略匹配方法，策略冲突检测和策略冲突消解方法在演示策略冲突时再介绍。

策略匹配方法是指将规则内容与当前属性信息进行比对，获得与当前主客体所对应的规则策略。

```
01.def get_match_rule(sub_attr: SubAttr, obj_attr: ObjAttr, env_attr:
EnvAttr, rule_list: list):
02.     match_rule_list = []
03.     for l_rule in rule_list:
04.         #判断规则是否为空
05.         if l_rule.rule_detail.enabled is False:
06.             continue
07.         #判断专有策略是否为空
08.         if is_empty(l_rule.rule_detail.moment_id) is False:
09.             if l_rule.rule_detail.moment_id != obj_attr.moment.moment_id:
10.                 continue
11.         #判断规则关系是否为空
12.         if is_empty(l_rule.rule_detail.relationship) is False:
13.             #判断规则拥有者与请求主体的关系
14.             sub_rule_owner_rel = get_object_relationship_with_
subject (l_rule. user_id, sub_attr.user_id)
15.             #判断这条规则的关系条件是否包含主体
16.             #确定规则拥有者与主体的关系和规则配置关系存在交集
17.             rule_relationship = str.split(l_rule.rule_detail.relation-
ship, ',')
18.             relationship_check, relationship_intersection = check_list_
intersection(sub_rule_owner_rel, rule_relationship)
19.             if relationship_check is True:
20.                 continue
21.         if is_empty(l_rule.rule_detail.place) is False: #判断是否启用场景
22.             #确定 moment 的 place 与规则 place 存在交集
23.             rule_place = set(str.split(l_rule.rule_detail.place, ','))
24.             if obj_attr.moment.place not in rule_place:
25.                 continue
26.         #判断拍摄时间是否为空
27.         if is_empty(l_rule.rule_detail.shooting_time) is False:
28.             if not is_match_time(obj_attr.moment.shooting_time, l_rule.
rule_detail. shooting_time): #确定 moment 的拍摄时间在 rule 的规定拍摄时间内
```

```
29.                 continue
30.             match_rule_list.append(l_rule)
31.     return match_rule_list
```

策略汇集方法是指根据朋友圈出现的人物信息获取他们的隐私策略。

```
01.def get_all_rule(obj_attr: ObjAttr):
02.     all_rule = []
03.     #获取所有用户的规则
04.     for user_id in obj_attr.user_id_list:
05.         user_rule = get_rule_by_id(user_id)
06.         for rule in user_rule:
07.             all_rule.append(rule)
08.     if len(all_rule) > 0:
09.         for l_rule in all_rule:
10.             l_rule.rule_detail = rule_json_to_bean(l_rule.rule_detail)
11.     return all_rule
```

最后 PEP 在收到 PDP 返回的授权决策后，根据决策判断是否允许该朋友圈资源的访问请求，返回给 get_moment()方法，完成业务流程。

8.3.2　时空信息提取

在访问控制架构搭建过程中，需要对时空信息进行提取，主要分为两部分：一部分是图片在拍摄时保存的 Exif 信息，如拍摄时间、拍摄经纬度等；另一部分则是通过机器学习对大量图片场景进行学习后，判断出的图片拍摄时所在的场景。如此当用户上传一张新图片时，架构便能获取到图片的拍摄时间、地点以及拍摄场景等信息，从而提供多维度的细粒度访问控制。下面围绕 Exif 的信息提取以及图片场景识别来介绍时空信息提取的相关技术以及方法实现。

Exif 全称为 Exchangeable Image File Format，即可交换图像文件格式，用于记录照片的一些属性和拍摄数据，并附着在 JPEG、TIFF 等图像文件格式上。现在大部分的智能手机都支持在拍照的同时记录如摄像机镜头属性信息、GPS 信息(经纬度信息)、拍摄时间等。在 Windows 系统中，通过查看图片属性中的详情即可看到如图 8-4 所示的内容。

这些 Exif 信息会以二进制方式保存在图片文件中，例如，在 JPEG 文件中，JPEG 二进制以 0xFFD8 开头，0xFFD9 结束，这一段是 JPEG 标识段，用以记录图像信息，而在 0xFFE0～0xFFD9 末尾这段，JPEG 图像的编解码并不会使用到，所以 Exif 信息便可以利用这段空间来保存信息。

在本实验中，并不需要亲自以二进制的方式对图片 Exif 信息进行读取和修改，得益于 Python 的 piexif 库，可以直接根据定义好的常量名来获取我们想要的图片信息，当然，前提是这幅照片本身带有 Exif 信息。下面的方法介绍如何用 piexif 库获取一幅图片的 Exif 信息。

首先是获取图片拍摄时间的方法。

```
01.def get_img_time(pic_path):
02.     """
03.     获取图片拍摄时间
04.     :param pic_path 图片地址
05.     :return 时间 eg: 2021:07:11 15:31:49
06.     """
07.     exif_dict = piexif.load(pic_path)
08.     pic_time = str(exif_dict["Exif"][piexif.ExifIFD.DateTimeOriginal],
encoding="utf-8")
09.     return pic_time
```

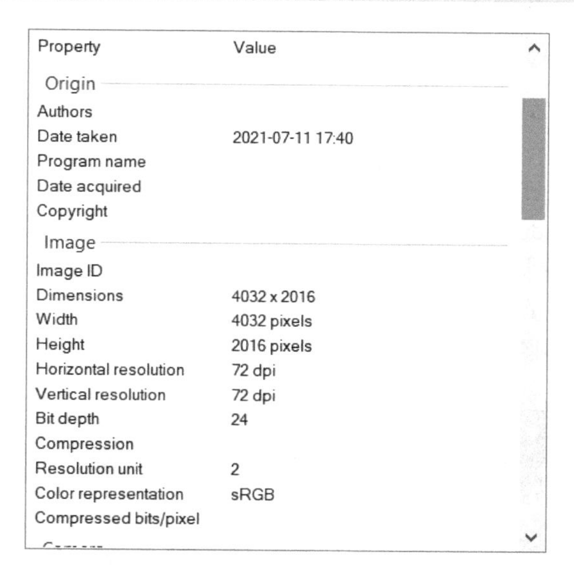

图 8-4　Windows 系统图片详情信息

其次是获取 GPS 信息的方法。

```
10.def get_img_gps(pic_path):
11.     """
12.     打印图片的 GPS 信息
13.     """
14.     exif_dict = piexif.load(pic_path)
15.     gps_attr_list = dir(piexif.GPSIFD)
16.     for item in gps_attr_list:
17.         try:
18.             print(str(item) + ' :' + str(exif_dict["GPS"][getattr
(piexif.GPSIFD, str(item))]))
19.         except Exception as e:
20.             pass
```

piexif 库不仅能读取图片的 Exif 信息，也能修改图片的 Exif 信息，例如，通过 piexif 设置图片的拍摄时间。

```
01.def set_img_time(pic_path, time_data):
02.     """
03.     设置图片时间
04.     :param pic_path 图片路径
05.     :param time_data: 时间数据 格式 eg:2021:07:11 17:40:40
06.     """
07.     img = Image.open(pic_path)
08.     exif_dict = piexif.load(pic_path)
09.     exif_dict['Exif'][piexif.ExifIFD.DateTimeOriginal] = str(time_
data).encode()
10.     exif_bytes = piexif.dump(exif_dict)
11.     img.save(pic_path, exif=exif_bytes)
```

图片自带信息获取到之后，利用 Places365-CNN 对图片中的场景进行识别，从图片中判断出场景的类型。

Places365 数据集包括超过 1000 万幅图像，包含了超过 400 个独特场景的数据集，如图 8-5 所示，室内(Indoor)场景中就有如酒吧(Bar)、会议中心(Conference Center)等独特场景分类，能够覆盖大多数的日常场景。同时 Places365 还开源了 Places365-CNN 卷积神经网络用于新的场景的训练与识别。因此在本实验中，可以通过 Places365 已开源的成熟模型来对朋友圈图片的场景进行识别。

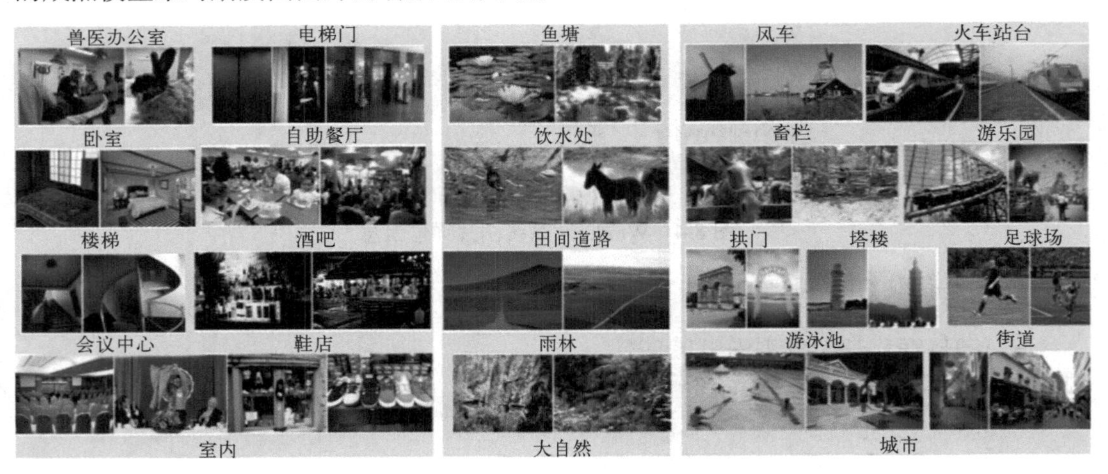

图 8-5　Places365 场景示例

将 Places365 应用到本实验中，需要有 PyTorch 环境，此处简单介绍 Places365 环境部署的大致思路以及使用方法。安装前请访问英伟达官网查询显卡支持的 PyTorch、TorchVision 版本，由于版本兼容问题，环境版本过低或过高都可能会导致 Places365 无法正常运行。Places365 的简要安装步骤如下。

(1) 安装 Conda。

(2) 安装 PyTorch 和 TorchVision。

(3) 使用命令 git clone Places365 下载数据集。

提示：若资源下载速度慢，可以尝试切换镜像源，从 yum/apt 的镜像源到 Conda 的镜像源都可以切换成国内的，如清华大学、阿里云的镜像源，下载速度会有明显改善；使用 Conda 后，Python 版本交由 Conda 来管理，可以根据不同项目的需要部署不同的虚拟环境。每个环境是隔离的，所以无须担心 Python 及依赖包版本冲突的问题。当然，不使用 Conda 也没有问题。

当 PyTorch 环境以及 Places365 部署完成后，尝试运行 run_placeCNN_basic.py。若能看到测试数据打印，则表示成功部署。以下是本实验调用 Places365 的方法。

```
01.def place_recognition(pic_path):
02.    arch = 'resnet18'
03.    #加载预训练模型
04.    model_file = '%s_places365.pth.tar' % arch
05.    model = models.__dict__[arch](num_classes=365)
06.    checkpoint = torch.load(model_file, map_location=lambda storage,
loc: storage)
07.    state_dict = {str.replace(k, 'module.', ''): v for k, v in checkpoint
['state_dict'].items()}
08.    model.load_state_dict(state_dict)
09.    model.eval()
10.    centre_crop = trn.Compose([
11.            trn.Resize((256, 256)),
12.            trn.CenterCrop(224),
13.            trn.ToTensor(),
14.            trn.Normalize([0.485, 0.456, 0.406], [0.229, 0.224, 0.225])
15.            ])
16.    img = Image.open(pic_path)
17.    input_img = V(centre_crop(img).unsqueeze(0))
18.    file_name = 'categories/categories_places365.txt'
19.    classes = list()
20.    with open(file_name) as class_file:
21.        for line in class_file:
22.            classes.append(line.strip().split(' ')[0][3:])
23.    classes = tuple(classes)
24.    logit = model.forward(input_img)
25.    h_x = F.softmax(logit, 1).data.squeeze()
26.    #置信度,场景 ID
27.    probs, idx = h_x.sort(0, True)
28.    res = []
29.    if 0 < len(idx) < 2:
30.        return classes[idx[0]]
31.    if len(idx) < 1:
32.        return ''
```

```
33.     for i in range(0, 2):
34.         res.append({
35.         'probs': probs[i],
36.         'place': classes[idx[i]]
37.     })
38.     if res[0]['probs'] > 0.3:
39.         return res[0]['place']
40.     else:
41.     return res[0]['place'] + ',' + res[1]['place']
```

8.4 社交应用中隐私策略冲突消解案例

8.3 节完成了访问控制架构的搭建，本节通过模拟一个简单的社交关系场景来介绍该架构的访问控制效果，同时介绍当访问控制策略数量增多时可能导致的策略冲突问题，以及利用该架构中的消解方法来解决策略冲突问题。

模拟场景中有以下用户：张三、李四、王五、赵六、孙七、周八。这些用户互为好友，他们在使用上面搭建的社交应用时会默认创建一个 friend 分组，该分组会默认将添加的好友置于 friend 组中。其中，孙七与赵六添加了一个 rival 用户组，并将对方置入 rival 分组中。

用户名与 ID 如表 8-2 所示。

表 8-2 用户 ID 表

用户	张三	李四	王五	赵六	孙七	周八
ID	1	2	3	4	6	9

测试步骤如下。

(1) 孙七创建两条隐私策略。

```
01.#孙七策略 1: 全局策略,对于 family 用户组,图片场景是 bar
02.#拍摄时间是 21:00～24:00,拒绝授权
03.rule1_time = RuleTime(time_type=1, time_data='* 21-23 * * *')
04.quxiaoxiao_rule1 = RuleDetail(enabled=True,moment_id=None,relationship=
'family', place='bar',shooting_time=rule1_time, read_time=None, operation=False)
05.#孙七策略 2: 全局策略,对于 rival 用户组,拒绝授权
06.quxiaoxiao_rule2 = RuleDetail(enabled=True, moment_id=None, relationship=
'rival',place=None,shooting_time=None,read_time=None, operation=False)
07.#孙七创建隐私策略 1
08.create_rule(user_id=6, rule_detail=quxiaoxiao_rule1)
09.#孙七创建隐私策略 2
10.create_rule(user_id=6, rule_detail=quxiaoxiao_rule2)
```

(2) 周八、孙七、王五上传图片到朋友圈。

```
01.#周八上传图片到朋友圈
02.upload_moment(user_id=9, img_path='./pic/bar1.jpg')
```

假设周八上传的图片中出现了孙七和周八，执行该代码显示下面的输出即周八的朋友圈发送成功。周八上传图片到朋友圈时的访问控制执行结果如图 8-6 所示。

```
operate success!
{
  "user_id": 9,
  "path": "./pic/bar1.jpg",
  "place": "beer_bar",
  "moment_user": "6,9",
  "shooting_time": "2021:08:08 22:40:40"
}
```

图 8-6　周八上传图片到朋友圈时的访问控制执行结果

```
01.#孙七上传图片到朋友圈
02.upload_moment(user_id=6, img_path='./pic/eat2.jpg')
```

假设孙七上传的图片中只出现了孙七，执行上传代码显示下面的输出即孙七的朋友圈发送成功。孙七上传图片到朋友圈时的访问控制执行结果如图 8-7 所示。

```
operate success!
{
  "user_id": 6,
  "path": "./pic/eat2.jpg",
  "place": "dining_room",
  "moment_user": "6",
  "shooting_time": "2021:06:18 06:40:40"
}
```

图 8-7　孙七上传图片到朋友圈时的访问控制执行结果

```
01.#王五上传图片到朋友圈
02.upload_moment(user_id=3, img_path='./pic/car1.jpg')
```

假设王五上传的图片中出现了王五、张三以及赵六，执行上传代码显示下面的输出即王五的朋友圈发送成功。王五上传图片到朋友圈时的访问控制执行结果如图 8-8 所示。

```
operate success!
{
  "user_id": 3,
  "path": "./pic/car1.jpg",
  "place": "car_interior",
  "moment_user": "1,3,4",
  "shooting_time": "2021:05:13 21:40:40"
}
```

图 8-8　王五上传图片到朋友圈时的访问控制执行结果

(3) 测试朋友间查看朋友圈的差异，张三和李四能够看到步骤(2)中所有人上传的朋友圈图片，而赵六只能看到王五的朋友圈，因为孙七的隐私策略对赵六是 deny 授权，所以孙七自己发送的朋友圈王五无法获取，同时因为周八的图片中出现了孙七，访问控制模块在识别到孙七后，读取孙七的隐私策略形成了对赵六的 deny 授权，从而赵六也无法获取周八的朋友圈。

```
01.#张三查看朋友圈
02.print_moment_helper(list_moment(req_user_id=1))
03.#李四查看朋友圈
04.print_moment_helper(list_moment(req_user_id=2))
05.#赵六查看朋友圈
06.print_moment_helper(list_moment(req_user_id=4))
07.def print_moment_helper(moment_list):
08.    for item in moment_list:
09.        print(item.__dict__)
```

张三或是李四请求时，都能看到全部朋友的朋友圈图片。张三、李四可访问的朋友圈图片结果 8-9 所示。

```
req_user_id:2
[
  {
    "user_id": 3,
    "path": "./pic/car1.jpg",
    "place": "car_interior",
    "moment_user": "1,3,4",
    "shooting_time": "2021:05:13 21:40:40"
  },
  {
    "user_id": 6,
    "path": "./pic/eat2.jpg",
    "place": "dining_room",
    "moment_user": "6",
    "shooting_time": "2021:06:18 06:40:40"
  },
  {
    "user_id": 9,
    "path": "./pic/bar1.jpg",
    "place": "beer_bar",
    "moment_user": "6,9",
    "shooting_time": "2021:08:08 22:40:40"
  }
]

Process finished with exit code 0
```

图 8-9　张三、李四可访问的朋友圈图片结果

赵六请求时，经过架构的访问控制鉴权后，就只能查看到一幅朋友圈图片。赵六可访问的朋友圈图片结果 8-10 所示。

```
\python.exe                                  /test_p1.py
req_user_id:4
[
  {
    "user_id": 3,
    "path": "./pic/car1.jpg",
    "place": "car_interior",
    "moment_user": "1,3,4",
    "shooting_time": "2021:05:13 21:40:40"
  }
]

Process finished with exit code 0
```

图 8-10　赵六可访问的朋友圈图片结果

到此，当发现用户配置了隐私策略后，访问控制架构在其他用户要获取资源授权时，能够根据这些策略给出符合拥有者隐私要求的资源授权。但是，前面实验仅仅有一个用户配置了隐私策略，当多个资源拥有者对同一资源都配置了隐私策略时，便会产生策略冲突，为了演示该冲突情况，添加新的用户策略形成如表 8-3 所示的用户策略表。

表 8-3　用户策略表

编号	策略制定者	场景	朋友圈 ID	用户组	拍摄时间	授权意向
1	孙七	beer_ball	*	family	21:00～24:00	deny
2	孙七	*	*	rival	*	deny
3	王五	car_interior	3	roommate、neighbor	*	permit
4	张三	*	*	friend	*	permit
5	赵六	*	*	rival	*	deny

用户关系如表 8-4 所示。

表 8-4　用户关系表

关系	孙七	王五	赵六	张三
孙七	—	friend、neighbor	friend、rival	friend、neighbor
王五	friend、neighbor	—	friend、roommate	friend、neighbor
赵六	friend、rival	friend、roommate	—	friend、neighbor
张三	friend、neighbor	friend、neighbor	friend、neighbor	—

在上面实验王五上传的朋友圈图片中，涉及的人物有王五、张三以及赵六，当孙七在请求查看朋友圈时，PDP 首先对策略进行匹配，获得所有符合这条朋友圈的隐私策略，然后检查这些策略的授权情况，如果授权不一致，则存在隐私策略冲突。

```
01.#获取所有用户的策略
02.all_rule = get_all_rule(obj_attr)
03.#获取匹配的用户策略
04.match_rule_list = get_match_rule(sub_attr, obj_attr, env_attr, all_rule)
05.#策略冲突检测
06.conflict_status = conflict_detect(sub_attr, obj_attr, env_attr, match_rule_list)
```

```
07.#存在冲突
08.if conflict_status:
09.    res_decision = conflict_resolve(match_rule_list)
10.#冲突检测
11.def conflict_detect(match_rule_list: list):
12.    """
13.    冲突检测
14.    检查匹配规则中的授权情况是否一致
15.    """
16.    #没有匹配规则
17.    if len(match_rule_list) <= 0:
18.        return False
19.    #冲突检测
20.    rule_operation = True
21.    for i in range(0, len(match_rule_list)):
22.        if i == 0:
23.            rule_operation = match_rule_list[i].rule_detail.operation
24.    if i > 0:
25.            if match_rule_list[i].rule_detail.operation != rule_operation:
26.            return True
27.    return False
```

检测出策略冲突后，程序调用冲突消解方法，获得消解后的授权决策，完成访问控制决策授权操作。以下给出最常见的拒绝优先和允许优先算法。

冲突消解方法调用拒绝优先或允许优先算法。

```
01.#冲突消解
02.def conflict_resolve(conflict_rule_list: list):
03.    """
04.    冲突消解
05.    返回一个决策
06.    :return rule
07.    """
08.    #调用冲突消解方法——拒绝优先
09.    return conflict_resolution.deny_override(conflict_rule_list)
```

拒绝优先算法如下。

```
01.def deny_override(conflict_rule_list: list):
02.    """
03.    拒绝优先
04.    存在deny授权,返回拒绝结果
05.    """
06.    for l_rule in conflict_rule_list:
07.        if l_rule.rule_detail.operation is False:
```

```
08.         return False
09.     return True
```

允许优先算法如下。

```
1.def permit_override(conflict_rule_list: list):
2.    """
3.    允许优先
4.    存在 permit 授权,返回允许结果
5.    """
6.    for rule in conflict_rule_list:
7.        if rule.operation is True:
8.            return False
9.    return False
```

在冲突实验中使用的是拒绝优先算法，因此孙七在获取朋友圈时，无法获取到王五上传的朋友圈图片，只能看到自己以及周八上传的朋友圈图片。

8.5　讨论与挑战

隐私保护从来都是一个追求平衡的过程，是信息公开程度和个人隐私暴露程度的平衡，也是系统运行性能和隐私保护强度的平衡，系统为用户提供了配置访问控制策略的方式来保护用户的隐私。但是，随着用户信息的不断增多，坚持采用人工策略配置既可能产生人工失误从而损害用户隐私权益，也会影响用户的使用体验，那么如何有效实现策略的自动配置呢？随着策略库的不断增大，如何设计访问控制架构以更好地应对分布式以及大规模策略计算也是一个需要考虑的问题。

此外，在一般访问控制场景下，拒绝优先虽然可以满足大部分的冲突消解需求。但是在社交网络环境中，可能会导致过多地拒绝授权，这会降低用户的分享体验。引入新的维度、新的思想来进行策略的选择是一个值得研究的方向，例如，加入用户间亲密度、引入博弈论思想是当前隐私策略冲突消解的前沿方向，能否设计出一种基于上述两种方法的或其他新的冲突消解方法，从而实现更优的消解决策？

8.6　实验报告模板

8.6.1　问答题

(1) 基于属性的访问控制由哪些属性组成？这些属性代表什么含义？

(2) 基于属性的访问控制架构由哪些角色组成？这些角色的主要功能是什么？

(3) 基于属性的访问控制策略模型由哪些元素组成？请尝试编写一个访问控制规则表达式。

8.6.2　实验过程记录

(1) 面向社交网络的访问控制架构搭建过程记录。

①画出面向社交网络的访问控制流程图；

②根据流程图编写出社交网络中基本的功能代码，实现用户请求查看朋友的朋友圈信息；

③根据流程图编写出 PEP、PDP、PAP 等角色的功能代码，结合步骤②的社交网络功能，实现用户对朋友请求查看朋友圈信息的访问控制。

(2) 社交网络隐私保护策略冲突及消解过程记录。

①设计简易的社交网络关系，并存入用户关系信息及朋友圈内容；

②设计具有策略冲突的两组或多组规则，尝试请求查看该朋友圈信息验证策略冲突效果；

③编写策略冲突消解代码，并应用到访问控制架构中，重新执行步骤②的请求操作，验证冲突消解效果。

参 考 文 献

[1] 房梁, 殷丽华, 郭云川, 等. 基于属性的访问控制关键技术研究综述[J]. 计算机学报, 2017, 40(7): 1680-1698.

[2] HU V C. ITL bulletin: attribute based access control（ABAC）definition and considerations[R]. NIST Special Publication, 2013, 800(162): 1-54.

[3] LORCH M, PROCTOR S, LEPRO R, et al. First experiences using XACML for access control in distributed systems[C]. Proceedings of the ACM Workshop on XML Security. Fairfax, 2003: 87-96.

[4] 马晓普, 李争艳, 鲁剑锋. 访问控制策略描述语言与策略冲突研究[J]. 计算机工程与科学, 2012, 34(10): 48-52.

[5] STEPIEN B, FELTY A . Using expert systems to statically detect “dynamic” conflicts in XACML[C]. 2016 11th International Conference on Availability, Reliability and Security. Salzburg, 2016: 127-136.

[6] 刘晨. ABAC 安全策略的冲突检测与消解方法研究[D]. 西安: 西安电子科技大学, 2019.

[7] SHAIKH R A, ADI K, LOGRIPPO L. A data classification method for inconsistency and incompleteness detection in access control policy sets[J]. International journal of information security, 2017, 16(1): 91-113.

[8] 姚瑞欣, 李晖, 曹进. 社交网络中的隐私保护研究综述[J]. 网络与信息安全学报, 2016, 2(4): 33-43.

[9] LI F, SUN Z, LI A, et al. HideMe: privacy-preserving photo sharing on social networks[C]. IEEE Conference on Computer Communications. Paris, 2019: 154-162.

[10] 陈天柱, 郭云川, 牛犇, 等. 面向社交网络的访问控制模型和策略研究进展[J]. 网络与信息安全学报, 2016, 2(8): 1-9.

第 9 章　隐私侵犯行为的取证与溯源

随着移动互联网和社交网络突飞猛进地发展，用户经常在社交网络和互联网平台发布分享图片，网络环境下的数字图像可以被随意下载、转发甚至篡改。因为发布的图片在隐私侵犯行为发生后难以发现和指证，所以网络环境下的数字图像签名和转发过程中的溯源问题成为研究者的一个关注热点。如何实现数字图像的签名并实现数字图像转发过程中隐私侵犯行为的追踪溯源[1]，已成为信息安全研究关注的重要内容之一。通过向数字图像中嵌入特定水印信息可以支撑数字图像在转发过程中隐私侵犯行为的取证与溯源信息记录。

数字水印(Digital Watermarking)技术是将一些标识信息(数字水印)直接嵌入数字载体(包括多媒体、文档、软件等)中，且不影响原载体的使用价值，只有通过专用的检测手段才能提取的信息隐藏技术[2]。用户可以通过对图片添加数字水印，并向水印中添加标注链，利用标注链标注用户对图片的隐私侵犯行为，实现对用户隐私操作行为的溯源。

本章介绍两个经典的数字水印算法：基于最低有效位(Least Significant Bits，LSB)的数字水印算法，即 LSB 数字水印算法[3]；基于离散余弦变换(Discrete Cosine Transform，DCT)的数字水印算法，即 DCT 数字水印算法[4]，具体包含水印生成、标注添加、水印嵌入和提取等详细过程，并将上述两种算法应用于数字图像的隐私侵犯行为取证与溯源场景。

9.1　实 验 内 容

1. 实验目的

(1) 熟悉 LSB 数字水印算法和 DCT 数字水印算法的基本原理。

(2) 掌握上述两种水印算法的实现方法并利用 Python 语言实现上述算法。

2. 实验内容与要求

(1) 掌握 LSB 数字水印算法，并利用 Python 语言实现该算法，实现对图片嵌入水印信息并提取水印信息。

(2) 掌握基于 DCT 数字水印算法，并利用 Python 语言实现该算法，实现对灰度图片嵌入水印信息并提取水印信息。

3. 实验环境

(1) 计算机配置：Intel(R) Core(TM) i7-9700 CPU 处理器，16GB 内存，Windows 10(64 位)操作系统。

(2) 编程语言版本：Python 3.6.13。

(3) 开发工具：PyCharm 2020.2.3。

9.2 实验原理

数字水印技术利用数学计算方法，在文本、数字图像、音频、视频等数字产品中嵌入一些可鉴别的标记信息(水印)，以达到标记产品所有者身份信息和产品归属的目的。水印信息可以是图像、声音、文字、符号、数字等一切可作为标记、标志的信息，水印信息的存在以不破坏原数据的欣赏价值、使用价值为原则。数字水印技术本质上是利用数字产品的信息冗余性，把与数字产品内容相关或不相关的一些标志信息直接嵌入数字产品内容中，再通过专用的检测算法和专用的检测器件把水印信号检测和提取出来。利用嵌入在数字产品内容中的水印信息，达到确认内容生产者、拥有者，或者数字产品内容真实性、完整性的目的。

9.2.1　数字水印系统基本框架

目前大多数的数字水印系统一般由两部分组成：水印嵌入和水印检测。图 9-1 和图 9-2 给出了数字水印系统基本框架的详细示意图。其中，图 9-1 描述了水印的生成过程；图 9-2 描述了水印的嵌入和提取检测过程[5]。

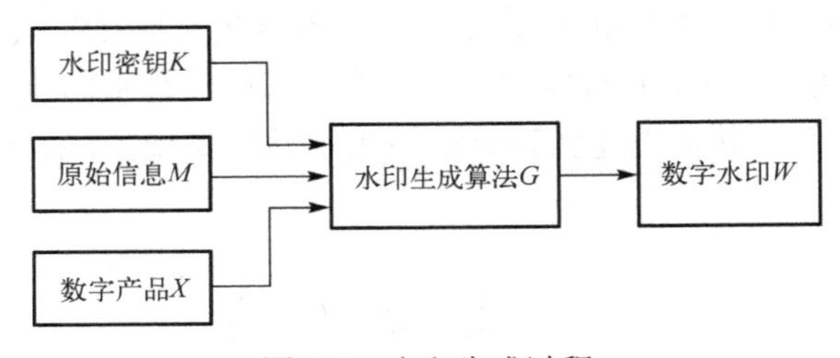

图 9-1　水印生成过程

如图 9-1 所示，数字水印系统的水印生成过程由以下五个元素组成：M (原始信息)、X (数字产品)、W (数字水印)、K (密钥)、G (水印生成算法)。换而言之，水印生成算法就是利用原始信息、密钥和数字产品生成水印的算法，即 $W = G(M, X, K)$。

如图 9-2 所示，数字水印系统的水印嵌入和提取检测过程由以下元素组成：E_m 表示将数字水印 W 嵌入到数字产品 X 中的水印嵌入算法，即 $X_w = E_m(X_0, W)$。X_0 代表原始产品，X_w 代表含水印产品。A_t 表示对含水印产品 X_w 实施攻击的算法，即 $Y_w = A_t(X_w, K')$。K' 表示攻击者伪造的密钥，Y_w 表示被攻击后的含水印产品。E_x 表示水印提取算法，即 $W = E_x(X_w, K)$。W 表示从数字产品中提取出的水印。D 表示水印检测算法，即

$$D(X,K)=\begin{cases}1, & (H_1)\\ 0, & (H_0)\end{cases}$$

式中，H_1 和 H_0 代表二值假设，分别表示水印存在与否。1 表示数字产品 X 中存在数字水印 W；0 表示数字产品 X 中不存在数字水印 W。

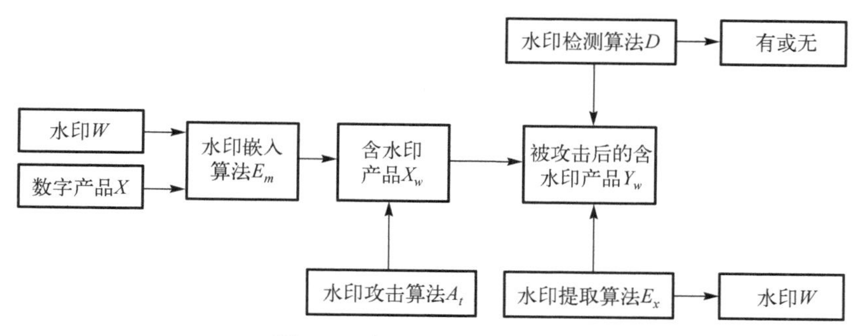

图 9-2　水印嵌入和提取过程

9.2.2　数字水印的分类

数字水印技术发展至今，已经存在相当多种类的数字水印算法。本节将从不同的角度对数字水印的分类进行介绍[6]。

按照水印载体的类型，数字水印可以分为图像水印、视频水印、音频水印、软件水印和文档水印。其中，图像水印最为常见，图像水印主要是利用图像中的冗余信息和人的视觉特点来添加水印。软件水印是近年来出现的一种水印技术，通过向软件中添加相应的模块或数据来起到保护软件版权的作用。

按照水印的加载方式，数字水印可以分为空间域水印和变换域水印。空间域水印是指将水印信息直接加载在载体数据上的水印技术。最常见的空间域水印算法是 LSB 数字水印算法。这是一种针对图像的水印算法，该算法利用原数据的最低几位来嵌入水印信息。变换域水印是一种基于变换来添加水印信息的方法。常用的变换包括离散余弦变换、小波变换、傅里叶变换等。最常见的变换域水印算法是 DCT 数字水印算法。

按照水印的外观，可将数字水印分为可察觉水印和不可察觉水印。可察觉水印是指水印信息在数字产品中可被人类察觉的水印，如视频文件中的半透明标识符、文档文件中可视的水印信息等。可察觉的水印可以有效地明确数字产品的版权。不可察觉水印是指将水印信息隐藏，使人从视觉上无法察觉的水印。带有不可察觉水印的数字产品配合相应的水印提取算法也可作为明确数字产品版权的证据。

按照水印的检测方法，数字水印可分为私钥水印和公钥水印。类似于密码学中的私钥加密体系和公钥加密体系，私钥水印是指添加和检测水印都使用同一种密钥或水印算法。因此，只有密钥或水印算法拥有者才会有资格检测水印。公钥水印是指在水印的添加和检测过程中采用不同的密钥或水印算法。具体来讲，由数字产品的所有者利用私钥或水印添加算法对数字产品添加水印，添加水印后的数字产品仅可通过水印提取公钥或水印算法进行提取或检测，从而验证数字产品的所有权。

9.2.3　LSB 数字水印算法

LSB 数字水印算法是基于最低有效位的水印算法。在一幅单通道存储的图像中，所有像素的像素值转为二进制数，例如，某个像素的值为 58，其二进制数为 111010，从左往右位权依次降低。最左边为最高有效位，位权为 2^6，最右边为最低有效位，位权为 2^0。

将每个像素值的相同位抽取出来可以组成新的平面，该平面即为图的位平面。位平面越高，所包含的原图像信息越多；位平面越低，所包含的原图像信息越少。最低有效位平面基本上不包含原图像中的信息。LSB 数字水印算法将信息嵌入到图像中像素值的最低有效位，即在最低有效位平面嵌入水印信息，因此嵌入的水印信息是不可见的。

LSB 数字水印算法嵌入水印的基本步骤如下。

(1) 读取图像，并将图像的像素值矩阵转为二进制格式。

(2) 将水印的文本数据转换为二进制格式。

(3) 用二进制的水印数据的每一位替换与之相对应的原始图像的像素值的最低有效位。

(4) 将添加水印后的图像的每一像素值由二进制转换为十进制，从而得到包含水印信息的图像。

LSB 数字水印算法提取水印的基本步骤如下。

(1) 将嵌入水印后的图像像素值转为二进制格式，依次去除每一个二进制像素值的最后一位，拼接成二进制数据。

(2) 将得到的二进制数据转换成文本数据，即可获得隐藏的信息。

9.2.4 DCT 数字水印算法

离散余弦变换是一种只针对实偶函数进行的变换。DCT 数字水印算法是基于离散余弦变换(DCT)的水印算法。DCT 除了具有一般的正交变换性质外，其变换矩阵的基向量很近似于 Toeplitz 矩阵的特征向量，后者体现了人类的语言、图像信号的相关特性。因此，在对语音、图像信号的变换中，DCT 被认为是一种准最佳变换。DCT 还有一个很重要的性质——能量集中特性，大多数自然信号(声音、图像)的能量都集中在离散余弦变换后的低频部分，因而 DCT 在(声音、图像)数据压缩中得到了广泛的使用。

对于一幅 $M \times N$ 的图像，若 $S(x,y)$ 表示图像矩阵中坐标 (x,y) 处的像素值，$S(\mu,\nu)$ 表示其相应的 DCT 系数，则图像的二维 DCT 定义为

$$S(\mu,\nu)=\frac{2}{\sqrt{MN}}c(\mu)c(\nu)\sum_{x=0}^{M-1}\sum_{x=0}^{N-1}S(x,y)\cos\left[\frac{\pi}{2M}(2x+1)\mu\right]\cos\left[\frac{\pi}{2N}(2y+1)\nu\right]$$

$$0\leqslant\mu\leqslant M-1$$

$$0\leqslant\nu\leqslant N-1$$

相应的逆变换定义为

$$S(x,y)=\frac{2}{\sqrt{MN}}\sum_{x=0}^{M-1}\sum_{x=0}^{N-1}c(\mu)c(\nu)S(\mu,\nu)\cos\left[\frac{\pi}{2M}(2x+1)\mu\right]\cos\left[\frac{\pi}{2N}(2y+1)\nu\right]$$

$$0\leqslant\mu\leqslant M-1$$

$$0\leqslant\nu\leqslant N-1$$

$$c(\mu)c(\nu)=\begin{cases}\sqrt{1/2}, & \mu,\nu=0\\ 1, & \mu=1,2,\cdots,M-1;\nu=1,2,\cdots,N-1\end{cases}$$

图像经二维 DCT 后将生成一个二维 DCT 系数矩阵，DCT 数字水印算法以 DCT 为基础，对图像的二维 DCT 系数矩阵进行适当的改变，以达到嵌入水印信息的目的。在

DCT 数字水印算法中，需要先将图像进行分块，一般将图像分成 8×8 的像素块，在每一个像素块中，根据两个 DCT 系数的相对大小来选择一个位置作为秘密信息位。

经过 DCT 的图像，图像信息主要集中在少数低频系数上，而纹理和边缘信息主要集中在中高频系数上，所以低频系数的变化在图像视觉上的影响远大于中高频系数。因此，可选择在中高频系数中嵌入水印信息，以尽可能使所嵌入的水印信息不可见。

DCT 数字水印算法嵌入水印的过程如下。

(1) 选取图像中的一个 8×8 的像素块 a_i，a_i 经过二维 DCT 后得到 A_i，在 A_i 中对信息的第 i 位进行编码。A_i 系数矩阵中，约定选择 (4,2) 和 (2,4) 这两个中频系数位置来编码信息。

(2) 如果 $A_i(4,2) \geqslant A_i(2,4)$，代表着嵌入的水印信息为 1。

(3) 如果 $A_i(4,2) < A_i(2,4)$，代表着嵌入的水印信息为 0。

(4) 如果需要的水印信息为 1，但 $A_i(4,2) < A_i(2,4)$，则把两个系数互换。

(5) 将最后的结果做二维逆 DCT，将图像转换回空间域，便得到了嵌入了水印的图像。

DCT 数字水印算法提取水印的过程如下。

(1) 水印提取过程与水印嵌入过程相反，将图像进行 DCT 后，从 DCT 的系数矩阵中按照水印嵌入的顺序和规则提取水印信息。

(2) 如果 $A_i(4,2) \geqslant A_i(2,4)$，就代表着嵌入的水印信息为 1。

(3) 如果 $A_i(4,2) < A_i(2,4)$，就代表着嵌入的水印信息为 0。

(4) 将提取的信息写成二进制数，再转为十进制数或者做其他的格式转换即可得到嵌入的水印信息[7]。

9.2.5 数字水印技术的应用及隐私侵犯行为追踪溯源

数字水印技术的发展与版权保护密切相关，随着数字产品的种类越来越多样化，数字水印技术也有了更加广泛的应用。目前，数字水印技术的应用主要集中在版权保护、图像认证、数字指纹和标签、票证防伪、使用控制、内容标识或隐藏标识等方面。随着社交网络平台和图片分享应用的流行，图片隐私信息传播控制成为用户和服务提供商所关注的话题。如何利用技术手段记录在图片流转和转发过程中发生的隐私侵犯行为，并对这些隐私侵犯行为进行跟踪溯源，是一个值得关注的问题。由于数字水印技术可以实现向图片中嵌入水印信息，并可以通过水印提取算法提取信息，因此，数字水印技术在图片隐私侵犯行为的追踪溯源中得到广泛应用。

通常可将用户对图片隐私信息执行的处理操作、分享操作和行为发生环境等信息视为用户对图片所产生的隐私侵犯行为。针对图像数据，向水印中引入标注链，标注内容不仅包含数据来源，还包含用户对数字载体的隐私侵犯行为。标注链如图 9-3 所示。

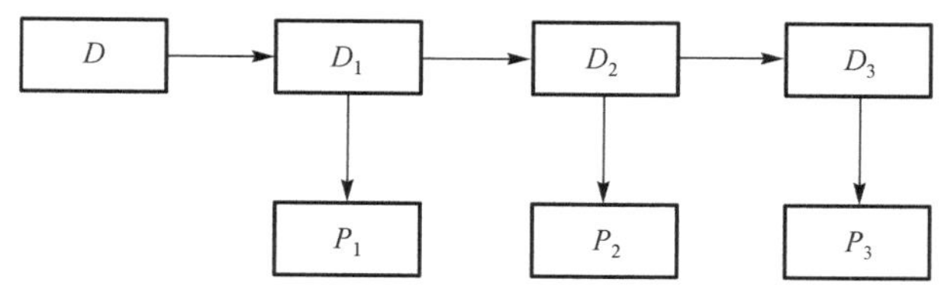

图 9-3　标注链

图 9-3 中，D、D_1、D_2、D_3 表示文档的版本。其中，D 为原始数据文档；横向箭头表示文档更新的方向；竖向箭头表示生成标注。针对每个更新后的文档，都会存在一个标注，用以记录对文档的隐私侵犯行为，这些标注组成标注链，共同标注文档中的数据起源。每次对数据隐私进行侵犯以后，都会对原始数据文档 D_i 生成一个起源记录 P_i，P_1、P_2、P_3 分别表示对文档 D_1、D_2、D_3 所产生的隐私侵犯行为。其中，P_2 包含 P_1 中所保存的记录和针对文档 D_2 所产生的新记录；P_3 包含 P_2 中所保存的记录和针对文档 D_3 所产生的新记录。该标注记录了文档的更新过程，这些标注按照时间顺序形成标注链来标注文档中的隐私侵犯行为[8]。

9.3 核心算法示例

本节介绍 LSB 数字水印算法和 DCT 数字水印算法的实现示例。

9.3.1 LSB 数字水印算法实现

LSB 数字水印算法根据水印算法中不可感知的要求，即数据的变化几乎不会引起使用者的察觉，将水印信息嵌入到数据的最低有效位。具体做法是将图片的 RGB 数值转换为二进制数据，然后用水印替换掉最低有效位。所嵌入的水印可以是图片、文本等形式，在本示例算法中将文本作为水印写入到数字图片中。LSB 数字水印算法包括水印嵌入模块和水印提取模块两部分。

1. 水印嵌入模块

水印嵌入模块实现将所要嵌入的水印信息添加到数字图像的功能，并生成嵌入水印的数字图像。

首先输出必要的提示信息，利用 filedialog.askopenfilename() 函数来打开本地文件。filedialog 是 tkinter 中的一种标准对话框工具，里面包含各种打开文件、保存文件的函数。

```
01.print("请选择 LSB 数字水印算法的图像")
02.Fpath=filedialog.askopenfilename()
```

利用 shutil.copy(source, destination, *, follow_symlinks = True) 函数将读取到的图像进行复制，并保存在变量 old 中。shutil.copy(source, destination) 函数主要用于将 source 文件的内容复制到名为 destination 的目标文件或目录。source 必须是文件，但 destination 可以是文件或目录。如果 distination 是文件并且已经存在，则将其替换为 source 文件。如果 distination 是目录，则创建一个新文件，新文件的文件名采用 source 中的文件名。

```
01.shutil.copy(Fpath,'./')
02.old = Fpath.split('/')[-1]
03.global choosepic_LSB_basic
04.choosepic_LSB_basic = old
```

变量 new 用来保存嵌入水印的图片路径。

```
01.new = old[:-4]+"_LSB-generated."+old[-3:]
```

再次利用 filedialog.askopenfilename()函数打开文件，选择需要嵌入的水印信息。

```
01.print("请选择要嵌入的水印信息(请选择 txt 文件)")
02.txtpath = filedialog.askopenfilename()
03.shutil.copy(txtpath,'./')
04.enc=txtpath.split('/')[-1]
```

利用 Image.open()函数加载图片并将其保存至变量 im 中，之后利用 im.size()函数分别读取出图片的宽度和高度，并将其分别保存在变量 width 和 height 中。

```
01.im = Image.open(old)
02.#获取图片的宽度和高度
03.global width,height
04.width = im.size[0]
05.print("width:" + str(width)+"\n")
06.height = im.size[1]
07.print("height:"+str(height)+"\n")
```

读取图片的宽度和高度之后，通过函数 get_key()读取需要嵌入的水印信息，并将其保存在变量 key 中。len()函数输出水印信息的长度，并将其保存在变量 keylen 中。

```
01.count = 0
02.#获取需要隐藏的信息
03.key = get_key(enc)
04.print('key: ',key)
05.keylen = len(key)
06.print('keylen: ',keylen)
```

在读取水印信息之后，将水印信息嵌入到图片中。下面的代码实现将水印信息嵌入到图片中的最低有效位。两个 for 循环读取图片中的每个像素点，并分别将每个像素的 RGB 值模 2，这样即可去掉最低有效位的值。从水印信息中取出一位转换为整型。将像素的 RGB 模 2 之后的值与水印信息中取出的值相加得到新的像素值。使用 im.save()函数保存添加了水印信息的图片。

```
01.for h in range(0,height):
02.    for w in range(0,width):
03.        #读取图片中的每个像素点
04.        pixel = im.getpixel((w,h))
05.        a=pixel[0]
06.        b=pixel[1]
07.        c=pixel[2]
08.        if count == keylen:
09.            break
10.        #分别将每个像素点的 RGB 值模 2，这样可以去掉最低有效位的值
11.        #再从水印信息中取出一位，转换为整型
12.        #两值相加，就把信息隐藏起来了
```

```
13.          a= a-mod(a,2)+int(key[count])
14.          count+=1
15.          if count == keylen:
16.              im.putpixel((w,h),(a,b,c))
17.              break
18.          b =b-mod(b,2)+int(key[count])
19.          count+=1
20.          if count == keylen:
21.              im.putpixel((w,h),(a,b,c))
22.              break
23.          c= c-mod(c,2)+int(key[count])
24.          count+=1
25.          if count == keylen:
26.              im.putpixel((w,h),(a,b,c))
27.              break
28.          if count % 3 == 0:
29.              im.putpixel((w,h),(a,b,c))
30.im.save(new)
31.print('图像隐写已完成,隐写后的图像保存为'+new)
```

使用 cv2.imread()函数读取嵌入水印前后的图片并分别进行保存。cv2.imread(path, flag)方法从指定的文件加载图片。如果无法读取图片(如缺少文件、权限不正确、格式不受支持或格式无效等)，则此方法将返回一个空矩阵。其参数分别是 path 和 flag。path 为字符串，代表要读取的图片的路径，flag 指定应该读取图片的方式。Flag 的默认值为 cv2.IMREAD_COLOR。

```
01.global LSB_new
02.LSB_new = new
03.old = cv2.imread(old)
04.new = cv2.imread(new)
```

读取图片之后使用 plt.figure()函数设置所要显示的画面的大小，此处将画面大小设置为 600×700。然后分别将 old 和 new 中所保存的图片使用 cv2.split()函数和 cv2.merge()函数进行图片通道的拆分与合并。函数 cv2.split(img)的功能是将 3 通道 RGB 彩色图像分离为 B、G、R 单通道图像。其中，参数 img 表示图像数据，数据格式为 nparray 多维数组。函数 cv2.merge([*r*,*g*,*b*]) 将 R、G、B 单通道合并为 3 通道 BGR 彩色图像。其中，参数[*r*,*g*,*b*]表示要合并的所有通道，数据格式为 nparray 多维数组。

```
01.plt.figure(figsize=(6, 7))  #matplotlib 设置画面大小为 600*700
02.b,g,r = cv2.split(old)
03.old = cv2.merge([r,g,b])
04.b,g,r = cv2.split(new)
05.new = cv2.merge([r,g,b])
```

通过 Python 中的可视化工具 matplotlib 绘制嵌入水印前后的图像。使用 plt.subplot()函数指定画图时的划分方式和位置。使用 plt.subplot()来创建小图，plt.subplot(2,2,1)表示将整个图像窗口分为2行2列，当前位置为1。利用matplotlib中的imshow方法来绘制图像。imshow方法首先将二维数组的值标准化为0～1的值，根据指定的渐变色依次赋予每个单元格对应的颜色形成图像。使用plt.title()函数为该图像设置标题。

plt.subplot(2,2,2)表示将整个图像窗口分为2行2列，当前位置为2，即第一行的右图。使用matplotlib中的plt.hist()函数绘制直方图。直方图将统计值的范围分段，将整个值的范围分成一系列间隔，计算每个间隔中有多少值。函数plt.hist(old.ravel(), 256, [0,256])中的参数old.ravel()表示所要统计的数据，256是统计的区间分布，[0,256]是显示的区间。

plt.subplot(2,2,3)表示将整个图像窗口分为2行2列，当前位置为3，即第二行的左图。在此处绘制添加了隐藏信息的图像。

plt.subplot(2,2,4)表示将整个图像窗口分为2行2列，当前位置为4，即第二行的右图。在此处绘制添加了隐藏信息的图像的直方图。

最后，使用plt.tight_layout()函数设置默认的间距，并使用plt.show()函数显示所绘制的图像。

```
01.plt.subplot(2,2,1)
02.plt.imshow(old)
03.plt.title("原始图像")
04.plt.subplot(2,2,2)
05.plt.hist(old.ravel(), 256, [0,256])
06.plt.title("原始图像直方图")
07.plt.subplot(2,2,3)
08.plt.imshow(new)
09.plt.title("隐藏信息的图像")
10.plt.subplot(2,2,4)
11.plt.hist(new.ravel(), 256, [0,256])
12.plt.title("隐藏信息图像直方图")
13.plt.tight_layout() #设置默认的间距
14.plt.show()
```

2. 水印提取模块

水印提取模块将嵌入到原始图像中的水印信息进行提取并输出所提取的水印信息。

输出提示信息，利用filedialog.askopenfilename()函数打开文件，选择要提取水印信息的图像LSB_new。

```
01.print("请选择提取水印信息的图像")
02.Fpath=filedialog.askopenfilename()
03.LSB_new = Fpath
04.print("请选择将水印信息保存的位置")
05.tiqu=filedialog.askdirectory()
06.tiqu = tiqu+'/LSB_recover_alice.txt'
```

输入提取的水印信息的长度。

```
01.global LSB_text_len
```

```
02.print("请输入提取信息的长度")
03.LSB_text_len = input()
04.le = int(LSB_text_len)
```

利用 Image.open()函数加载水印图片并保存至变量 im 中，利用 im.size()函数分别读取出图片的宽度和高度，并将其分别保存在变量 width 和 height 中。参数 path1 为嵌入了水印信息的图片的路径。

```
1.im = Image.open(path1)
2.width = im.size[0]
3.height = im.size[1]
4.count = 0
```

下面的代码实现提取图片中的水印信息。具体地，通过两个 for 循环和 im.getpixel()函数读取图片中的每个像素点。

```
01.for h in range(0, height):
02.    for w in range(0, width):
03.        #获得(w,h)点像素的值
04.        pixel = im.getpixel((w, h))
05.        if count%3==0:
06.            count+=1
07.            b=b+str((mod(int(pixel[0]),2)))
08.            if count ==lenth:
09.                break
10.        if count%3==1:
11.            count+=1
12.            b=b+str((mod(int(pixel[1]),2)))
13.            if count ==lenth:
14.                break
15.        if count%3==2:
16.            count+=1
17.            b=b+str((mod(int(pixel[2]),2)))
18.            if count ==lenth:
19.                break
20.    if count == le:
21.        break
22.print(b)
```

count 为计数变量，从 0 开始累加。将 count 做模 3 运算的目的是依次从 R、G、B 三个颜色通道获得最低有效位的水印信息。将每个像素中的 R、G、B 三个通道的值对 2 取模，并将运算结果保存在变量 *b* 中，数据类型为 str 类型。最终变量 *b* 将会暂存所提取出的水印信息。

将暂存的水印信息保存到文件中。变量 *b* 中的值以每 8 位为一组划分为一个二进制数，再利用 toasc()函数转换为十进制数。然后，将转换后的十进制数视为 ASCII 码，最后转换为字符串写入到文件中。参数 path2 为提取信息的保存路径。

```
01.with open(path2,"wb") as f:
02.     for i in range(0,len(b),8):
03.         stra = toasc(b[i:i+8])
04.         stra = chr(stra)
05.         strb = bytes(stra, encoding = "utf8")
06.         f.write(strb)
07.         stra =""
08.f.closed
09.print("隐藏信息已提取,请查看 LSB_recover_alice.txt")
```

9.3.2 DCT 数字水印算法实现

DCT 数字水印算法先把图像分为 8×8 的像素块,然后将每个像素块依次进行 DCT,得到 DCT 系数矩阵，依据水印嵌入规则向 DCT 系数矩阵中嵌入水印信息，然后将修改后的 DCT 系数矩阵做二维逆 DCT，得到嵌入水印信息的图片。水印提取过程与水印嵌入过程类似，只需要按照水印嵌入规则提取 DCT 系数矩阵中的水印信息即可。DCT 数字水印算法包括水印嵌入模块和水印提取模块两个部分。

1. 水印嵌入模块

水印嵌入模块将水印信息嵌入到原始的数字图像中，并生成嵌入水印的数字图像。

利用 filedialog.askopenfilename() 函数来打开本地文件，将原始图片保存在变量 original_image_file 中。使用 cv2.imread() 函数读取嵌入水印前的原始图片并将其保存在 numpy 数组 y 中。

```
01.print("请选择要进行 DCT 隐写的图像")
02.Fpath=filedialog.askopenfilename()
03.shutil.copy(Fpath,'./')
04.original_image_file = Fpath.split('/')[-1]
05.y = cv2.imread(original_image_file, 0)
```

通过 numpy 库中数组的 shape 属性，返回各个维度的维数，并用 row、col 表示。将维数除以 8 然后保存。

```
01.row,col = y.shape
02.row = int(row/8)
03.col = int(col/8)
```

将 numpy 数组 y 中元素的数据类型全部转换为 np.float32 类型，并将新的 numpy 数组保存在 y_1 中。使用 OpenCV 中的 cv2.dct() 方法，实现 numpy 数组 y 的 DCT。Y 数组中所保存的便是 DCT 系数矩阵。

```
01.y1 = y.astype(np.float32)
02.Y = cv2.dct(y1)
```

选取水印信息。使用 filedialog.askopenfilename() 函数打开文件，选择准备好的 txt

格式的水印信息，水印信息读取成功后保存在 tmp 变量中。

```
01.print("请选择要提取水印文本文件(请选择 txt 文件)")
02.txtpath = filedialog.askopenfilename()
03.shutil.copy(txtpath,'./')
04.tmp=txtpath.split('/')[-1]
05.#tmp 是水印信息文本
```

定义 get_key() 函数将水印信息文本转换为二进制格式，其功能是逐字节地将字符串转换为二进制格式并拼接起来。定义 randinterval() 函数生成伪随机数。选择在中频系数中嵌入水印信息。

```
01.msg = get_key(tmp)
02.count = len(msg)
03.print('count: ',count)
04.k1,k2 = randinterval(row,col,count,12)
05.for i in range(0,count):
06.    k1[i] = (k1[i]-1)*8+1
07.    k2[i] = (k2[i]-1)*8+1
```

根据 DCT 数字水印算法中水印嵌入的规则，即约定选择(4,2)和(2,4)这两个中频系数位置来编码信息；若 $A_i(4,2) \geqslant A_i(2,4)$，代表嵌入的水印信息为 1；若 $A_i(4,2)<A_i(2,4)$，代表嵌入的水印信息为 0。若需要的水印信息为 1，但 $A_i(4,2)<A_i(2,4)$，则将两个系数互换。进行水印信息的嵌入，代码如下。

```
01.#信息嵌入
02.temp = 0
03.H = 1
04.for i in range(0,count):
05.    if msg[i] == '0':
06.        if Y[k1[i]+4,k2[i]+1] > Y[k1[i]+3,k2[i]+2]:
07.            Y[k1[i]+4,k2[i]+1] , Y[k1[i]+3,k2[i]+2] = swap(Y[k1[i]+4,
k2[i]+1], Y[k1[i]+3,k2[i]+2])
08.    else:
09.        if Y[k1[i]+4,k2[i]+1] < Y[k1[i]+3,k2[i]+2]:
10.         Y[k1[i]+4,k2[i]+1] , Y[k1[i]+3,k2[i]+2] = swap(Y[k1[i]+4,
k2[i]+1], Y[k1[i]+3,k2[i]+2])
11.    if Y[k1[i]+4,k2[i]+1] > Y[k1[i]+3,k2[i]+2]:
12.        Y[k1[i]+3,k2[i]+2] = Y[k1[i]+3,k2[i]+2]-H  #将小系数调整为更小
13.    else:
14.        Y[k1[i]+4,k2[i]+1] = Y[k1[i]+4,k2[i]+1]-H
```

函数 cv2.idct() 将最后的结果做二维逆 DCT，将图像变回空间域，得到嵌入水印的图像。

```
01.y2 = cv2.idct(Y)
```

生成嵌入水印后的图像的文件名。

```
01.global dct_encoded_image_file
02.dct_encoded_image_file = original_image_file[:-4]+"_DCT-generated."+
original_image_file[-3:]
```

函数 cv2.imwrite()将生成的水印图像写入变量中。

```
01.cv2.imwrite(dct_encoded_image_file,y2)
```

函数 cv2.imread()读取嵌入水印前后的图片，并分别保存。

```
01.old = cv2.imread(original_image_file)
02.new = cv2.imread(dct_encoded_image_file)
```

使用 Python 中的可视化工具 matplotlib 绘制嵌入水印前后的图像，其代码的流程如下。

```
01.print("图像隐写已完成,隐写后的图像保存为"+dct_encoded_image_file)
02.b,g,r = cv2.split(old)
03.old = cv2.merge([r,g,b])
04.b,g,r = cv2.split(new)
05.new = cv2.merge([r,g,b])
06.plt.figure(figsize=(6, 7))  #matplotlib 设置画面大小为 600*700
07.plt.subplot(2,2,1)
08.plt.imshow(old)
09.plt.title("原始图像")
10.plt.subplot(2,2,2)
11.plt.hist(old.ravel(), 256, [0,256])
12.plt.title("原始图像直方图")
13.plt.subplot(2,2,3)
14.plt.imshow(new)
15.plt.title("隐藏信息的图像")
16.plt.subplot(2,2,4)
17.plt.hist(new.ravel(), 256, [0,256])
18.plt.title("隐藏信息图像直方图")
19.plt.tight_layout() #设置默认的间距
20.plt.show()
```

2. 水印提取模块

水印提取模块将嵌入到原始图像中的水印信息进行提取。在提取水印信息前需要输入提取的信息的长度。

```
01.global DCT_text_len
02.print("请输入提取信息的长度")
03.DCT_text_len = input()
04.count = int(DCT_text_len)
05.print('count: ',count)
```

输出提示信息，使用 filedialog.askopenfilename()函数打开文件，选择要进行水印提取的图像。

```
06.print("请选择要进行水印提取的图像")
07.Fpath=filedialog.askopenfilename()
08.dct_encoded_image_file = Fpath.split('/')[-1]
```

使用 cv2.imread() 函数读取嵌入水印前的原始图片并将其保存在 numpy 数组 y 中。将 numpy 数组 y 中的元素的数据类型全部转换为 np.float32 类型，然后将新的 numpy 数组保存在 y_1 中。使用 OpenCV 中的 cv2.dct() 方法，实现 numpy 数组 y_1 的 DCT。Y 数组中所保存的便是 DCT 系数矩阵。

```
01.dct_img = cv2.imread(dct_encoded_image_file,0)
02.print(dct_img)
03.y=dct_img
04.y1 = y.astype(np.float32)
05.Y = cv2.dct(y1)
06.row,col = y.shape
07.row = int(row/8)
08.col = int(col/8)
09.k1,k2 = randinterval(row,col,count,12)
10.for i in range(0,count):
11.    k1[i] = (k1[i]-1)*8+1
12.    k2[i] = (k2[i]-1)*8+1
```

用变量 b 暂存提取出的信息，并将输出的水印信息的文件命名为 Info_DCT_recover.txt。

```
1.str2 = 'Info_DCT_recover.txt'
2.b = ""
```

水印提取是水印嵌入的逆变换。将图像进行 DCT 后，从 DCT 的系数矩阵中按照水印嵌入的顺序和规则提取水印信息。若 $A_i(4,2) \geqslant A_i(2,4)$，代表嵌入的水印信息为 1；若 $A_i(4,2) < A_i(2,4)$，代表嵌入的水印信息为 0。

```
01.for i in range(0,count):
02.    if Y[k1[i]+4,k2[i]+1] < Y[k1[i]+3,k2[i]+2]:
03.        b=b+str('0')
04.    else:
05.        b=b+str('1')
06.print(b)
```

输出提示信息，使用 filedialog.askdirectory() 函数选择提取信息的保存位置。

```
01.print("请选择提取信息保存的位置")
02.tiqu=filedialog.askdirectory()
03.tiqu = tiqu+'/Info_DCT_recover.txt'
```

将变量 b 中暂存的水印信息保存到文件中。先将变量 b 中的值以每 8 位为一组划分为一个二进制数，再利用 toasc() 函数转换为十进制数，然后将转换后的十进制数视为 ASCII 码，最后转换为字符串写入到文件中。

```
01.str2 = tiqu
02.with open(str2,"wb") as f:
03.    for i in range(0,len(b),8):
04.        #以每 8 位为一组划分为 1 个二进制数，再转换为十进制数
05.        stra = toasc(b[i:i+8])
06.        #stra = b[i:i+8]
07.        #将转换后的十进制数视为 ASCII 码，再转换为字符串写入到文件中
08.        stra = chr(stra)
09.        sb = bytes(stra, encoding = "utf8")
10.        f.write(sb)
11.        stra =""
12.f.closed
13.print("隐藏信息已提取,请查看 Info_DCT_recover.txt")
```

9.3.3　数字水印算法中的辅助函数

为确保 LSB 数字水印算法和 DCT 数字水印算法代码正常运行，下面介绍上述两种算法所需的辅助函数及依赖库。

```
01.from tkinter import *
02.from tkinter import filedialog
03.import tkinter.messagebox #弹窗库
04.from PIL import Image, ImageDraw, ImageFont,ImageTk
05.import code
06.import matplotlib
07.import matplotlib.pyplot as plt
08.import cv2
09.import shutil
10.import numpy as np
11.import itertools
12.from skimage import color
13.import math
14.import random
15.import os
16.import tkinter.font as tkFont
17.from tkinter.filedialog import askopenfilename
18.from tkinter.ttk import *
19.np.set_printoptions(suppress=True)
20.quant = np.array([[16,11,10,16,24,40,51,61],
21.                  [12,12,14,19,26,58,60,55],
22.                  [14,13,16,24,40,57,69,56],
23.                  [14,17,22,29,51,87,80,62],
24.                  [18,22,37,56,68,109,103,77],
25.                  [24,35,55,64,81,104,113,92],
26.                  [49,64,78,87,103,121,120,101],
27.                  [72,92,95,98,112,100,103,99]])
```

利用 Python 中的 zfill() 方法返回指定长度的字符串，原字符串右对齐，前面填充 0。

```
01.def plus(str):
02.    return str.zfill(8)
```

get_key() 函数获取需要嵌入的水印信息，然后逐个字节将要嵌入的水印信息转换为二进制格式，并拼接起来。

```
01.def get_key(strr):
02.    tmp = strr
03.    f = open(tmp,"rb")
04.    str = ""
05.    s = f.read()
06.    global text_len
07.    text_len = len(s)
08.    for i in range(len(s)):
09.        str = str+plus(bin(s[i]).replace('0b',''))
10.        #逐个字节将要隐藏的文件内容转换为二进制格式，并拼接起来
11.    f.closed
12.    return str
```

mod() 函数做取模运算。

```
01.def mod(x,y):
02.    return x%y;
```

toasc() 函数将二进制数转换为十进制数。

```
01.def toasc(strr):
02.    return int(strr, 2)
```

q-converto_wh() 函数将 q 转换成第几行第几列。其中，*w* 表示行；*h* 表示列。

```
01.def q_converto_wh(q):
02.    w = q//600
03.    h = q%600
04.    return w,h
```

swap() 函数交换两个变量。

```
01.def swap(a,b):
02.    return b,a
```

randinterval() 函数选择中频系数。

```
01.def randinterval(m,n,count,key):
02.    print(m,n)
03.    interval1 = int(m*n/count)+1
04.    interval2 = interval1-2
05.    if interval2 == 0:
06.        print('载体太小，不能将秘密信息隐藏进去!')
```

```
07.     #生成随机序列
08.     random.seed(key)
09.     a = [0]*count #a是list
10.     for i in range(0,count):
11.         a[i] = random.random()
12.     #初始化
13.     row = [0]*count
14.     col = [0]*count
15.     #计算row和col
16.     r = 0
17.     c = 0
18.     row[0] = r
19.     col[0] = c
20.     for i in range(1,count):
21.         if a[i]>= 0.5:
22.             c = c + interval1
23.         else:
24.             c = c + interval2
25.         if c > n:
26.             k = c%n
27.             r = r + int((c-k)/n)
28.             if r > m:
29.                 print('载体太小，不能将秘密信息隐藏进去！')
30.             c = k
31.             if c == 0:
32.                 c=1
33.         row[i] = r
34.         col[i] = c
35.     return row,col
```

9.4　基于数字水印的图片转发溯源取证案例

日常生活中，人们习惯使用社交软件来进行图片分享与转发。然而，用户一旦将图片上传到应用软件平台，便失去了对所上传图片的控制。任何有权限浏览该图片的用户都可以无限制地下载并转发图片。由于图片中的信息可以直观地反映现实空间中的事物，一些包含敏感信息的图片如果被泄露，会严重损害用户或者利益相关者的隐私，甚至会影响到公共安全、舆论安全以及国家利益[1]。

为解决上述问题，可使用基于数字水印的溯源取证技术在图片中添加标注链，实现图片在转发和分享过程中隐私侵犯行为的溯源取证。隐私侵犯行为的溯源取证包括溯源信息记录和溯源取证两个阶段。在溯源信息记录阶段，图片所有者通过数字水印技术向图片中添加适当的水印作为溯源标识和传播链的起始节点。当图片开始流转，每流转到一个用户时，用户通过添加水印的方式，在传播链上记录用户对图片隐私信息执行的处理操作、分享操作和行为发生环境等信息。最后，在溯源取证阶段，当图片隐私泄露情况发生后，从发现情况的节点出发，向标注链的起始节点方向溯源，即可获得一条图片隐私信息的溯源链。取证人员通过水印提取算法提取溯源链中的信息，根据溯源记录信息和隐私侵犯行为标准判定是否有隐私侵犯行为发生。

本节调用 LSB 数字水印算法实现图像文件在转发过程中的溯源取证。

(1) 在本实验中，选取一张私人拍摄的隐私图片，图片所有者 Bob 标记了某个特定的区域为隐私区域。隐私区域在图片的中的像素为(154,134;110,190)，如图 9-4 所示。图片所有者 Bob 利用 LSB 数字水印算法中的水印嵌入模块向图像中嵌入水印信息。水印信息中包括以下信息。

“溯源记录信息 001(操作主体：Bob、操作类型：标记、操作时间：2021-11-01 10:24:08)”。

图 9-4　隐私图片

添加的水印信息的代码如下：

```
01.print("请选择要隐藏的信息(请选择 txt 文件)")
02.txtpath = filedialog.askopenfilename()
03.shutil.copy(txtpath,'./')
04.enc=txtpath.split('/')[-1]
05.enctext = {
06.      "溯源记录信息 001"
07.      "操作主体：Bob"
08.      "操作类型：标记"
09.      "操作时间：2021-11-01 10:24:08"
10.}
```

(2) 图片所有者 Bob 对外发布图片。用户 Alice 下载图片后对图片进行转发。在转发过程中，向图片中添加以下的水印信息。

“溯源记录信息 002(操作主体：Alice、操作类型：修改、操作时间：2021-11-04 20:30:43”)。

通过上述信息记录用户 Alice 对图片执行的处理操作和行为发生环境等信息，代码如下。得到的水印图像如图 9-5 所示。

```
01.key = {
02.     "溯源记录信息 002"
03.     "操作主体：Alice "
04.     "操作类型：修改"
05.     "操作时间：2021-11-04 20:30:43"
06.}
07.for h in range(0,height):
08.     for w in range(0,width):
09.         pixel = im.getpixel((w,h))          #读取每帧图片的像素值
10.         a=pixel[0]
11.         if count == keylen:
12.             break
13.         #分别将每个像素点的 RGB 值模 2，去掉最低有效位的值
14.         #再从需要嵌入的信息中取出一位，转换为整型
15.         a= a-mod(a,2)+int(key[count])
16.         count+=1
17.         if count == keylen:
18.             im.putpixel((w,h),(a,b,c))      #把修改后的像素值嵌入图片中
19.             break
20.         if count % 3 == 0:
21.             im.putpixel((w,h),(a,b,c))
22.im.save(str3)                                #保存嵌入水印的图片
23.print('图像隐写已完成,隐写后的图像保存为'+str3)
```

(3)利用 LSB 数字水印算法中的水印提取模块，将包含水印的图 9-5 作为输入，提取图像中所包含的水印信息。提取到的水印信息可以反映用户 Alice 对图片隐私信息执行的处理操作、隐私侵犯操作和行为发生环境等。

图 9-5　水印图片

提取水印信息的代码如下。

```
01.def func_LSB_tiqu(le,str1,str2):
02.    im = Image.open(str1)
03.    for h in range(0, height):
04.          for w in range(0, width):
05.                #获得(w,h)点的像素值
06.                pixel = im.getpixel((w, h))
07.                #此处模 3，依次从 R、G、B 三个颜色通道获得最低有效位的隐藏信息
08.                if count%3==0:
09.                      count+=1
10.                      b=b+str((mod(int(pixel[0]),2)))
11.                            break
12.          if count == lenth:
13.                break
```

提取的水印信息以文本形式保存，如图 9-6 所示。通过所提取的水印信息可以对图片在转发过程中发生的操作行为进行溯源，在本例中，Alice 对图片的隐私区域进行了修改操作。

其他的数字水印算法也可实现数字图像在转发过程中的溯源取证，本节采用 LSB 数字水印算法的原因在于：LSB 数字水印算法计算速度快，水印信息对图片的质量影响小，水印不易察觉。但是 LSB 数字水印算法存在容量有限、水印比较脆弱、无法经受一些有损信息处理、无法抵抗图像的几何形变等缺点。而 DCT 数字水印算法的优点在于：其具有较好的稳健性，对数据压缩、常用的滤波处理以及几何变形有一定的抵抗能力。感兴趣者也可尝试使用 DCT 数字水印算法实现图像转发过程中的溯源取证。

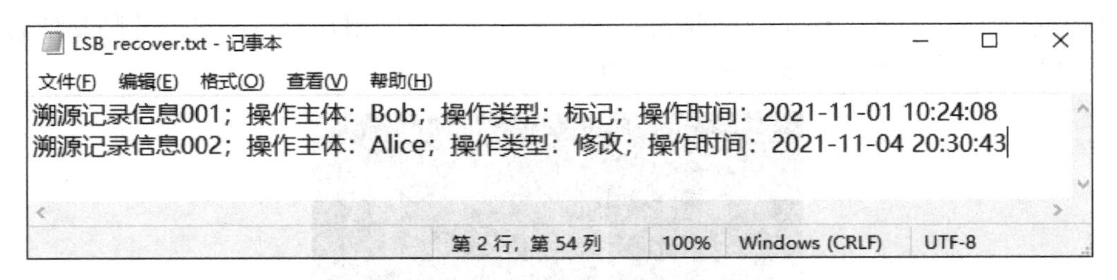

图 9-6　提取的水印信息

9.5　讨论与挑战

本章主要从算法原理和算法实现两个方面介绍了两种基础的数字水印算法。首先介绍了 LSB 数字水印算法和 DCT 数字水印算法的理论基础和算法原理，然后介绍了 LSB 数字水印算法和 DCT 数字水印算法中水印嵌入和水印提取的实现细节，最后给出了一个图片溯源取证的应用案例。

随着数字水印的发展，除溯源取证之外，数字水印还可以应用于更广的领域，包括版权保护、数字指纹、票证防伪以及使用控制等。但是，随着数字水印技术的深入研究，也涌现出了一些针对于数字水印的攻击方法。这些攻击方法从水印算法的理论入手，对水印信息和水印图片进行破坏，使水印图片不可用甚至泄露水印信息。因此，数字水印是一个具有对抗性的领域。针对数字水印的各类攻击方法，探索具有高安全性、鲁棒性的数字水印算法是数字水印领域研究的关键。

9.6　实验报告模板

9.6.1　问答题

(1) LSB 数字水印算法中，水印信息通常嵌入在什么位置？为什么会选择该位置？

(2) LSB 数字水印算法嵌入和提取的水印信息流程是什么？

(3) DCT 数字水印算法采用何种变换？简述其变换原理。

(4) DCT 数字水印算法嵌入和提取的水印信息流程是什么？

(5) 用 DCT 数字水印算法实现数字图像转发过程中的溯源取证。

9.6.2　实验过程记录

(1) LSB 数字水印算法的水印信息嵌入与提取实验过程记录。

①简述 LSB 数字水印算法的水印嵌入与水印提取的步骤；

②绘制水印嵌入前后的图片，并输出图片的直方图和提取出的水印信息。

(2) DCT 数字水印算法的水印信息嵌入与提取实验过程记录。

①简述 DCT 数字水印算法的水印信息嵌入与提取的步骤；

②绘制水印嵌入前后的图片，并输出图片的直方图和提取出的水印信息。

(3) 图像文件二次转发溯源取证案例实验过程记录。

①利用 LSB 数字水印算法，在水印信息中嵌入图片的所有权信息和转发信息，将上述信息作为水印信息通过 LSB 数字水印算法嵌入到图片中；

②通过 LSB 数字水印算法中的水印提取算法提取图片中的水印信息，并打印出水印信息和图片的直方图；

③调用 DCT 数字水印算法，重复(1)和(2)中的步骤，执行水印的嵌入和提取任务。

参 考 文 献

[1] 李凤华，孙哲，牛犇，等. 跨社交网络的隐私图片分享框架[J]. 通信学报, 2019, 40(7): 1-13.

[2] PODILCHUK C I, DELP E J. Digital watermarking: algorithms and applications[J]. IEEE signal processing Magazine, 2001, 18(4): 33-46.

[3] 安波，许宪东，王亚东. 基于最低有效位的数字水印技术[J]. 黑龙江工程学院学报，2005, (1) 30-33.

[4] BORS A G, PITAS I. Image watermarking using DCT domain constraints[C]. 3rd IEEE International Conference on Image Processing. Lausanne, 1996: 231-234.

[5] 张志广. 用于重要电子文件保护的数字水印和数字指纹算法研究[D]. 武汉: 华中科技大学, 2009.

[6] 杨榆. 信息隐藏与数字水印实验教程[M]. 北京: 国防工业出版社, 2010.

[7] SKYERHXX. Visual-watermarking-system-based-on-digital-image[EB/OL]. https://github.com/skyerhxx/Visual-watermarking-system-based-on-digital-image[2021-12-20].

[8] 杨蕾. 基于数据库水印的数据溯源技术研究[D]. 天津: 天津理工大学, 2019.